恒旭试验机
HENGXU TESTING MACHINE

全球创新推出
Globally leading launch

★ 信
Se...

★ 无
Disp... ...range without microscope

实现一键自动化试验
Achieve one-click automation of experiments

企业简介
COMPANY PROFILE ｜创｜新｜专｜注｜

济南恒旭试验机技术有限公司是一家"国家高新技术企业"，公司行业率先通过"ISO9001 质量管理体系"等三体系认证，知识产权管理认证等系列权威认证。公司不忘初心，始终秉持"创新、专注"，践行"为社会提供优质高端试验设备"的宗旨，推陈出新，为中国智造添砖加瓦，勇攀高峰。

恒旭公司产品主要聚焦摩擦磨损试验机系列产品，可满足 GB/SH/ISO/ASTM/DIN 等国际国内各种标准要求及非标需求，广泛用于润滑油脂、常规磨损材料、粉末冶金、硬质合金、耐磨涂层、超高温、超低温、载流、电化学、真空、氛围等各种抗磨耐磨材料及油品摩擦性能的研究检测。公司先后研发 50 余款摩擦磨损试验设备 100 多种规格型号，行业经验名列前茅，产品齐全，是您背后的**摩擦磨损测试实战专家**！

新一代·全自动四球机
New fully automatic four-ball machine

更适用于：科研型 精细型 任务重

核心测试能力
1、精准评估润滑剂核心性能：最大无卡咬负荷（P_B）、烧结负荷（P_D）、综合磨损值（ZMZ）、D_m值等
2、长周期抗磨性能分析：持续监测摩擦系数与磨损动态
3、扩展性试验模块：支持摩擦系数阶梯试验（SH T0762/ASTM D5183）及 KRL 润滑油剪切试验（SH T0845）
4、工艺优化辅助：数据驱动润滑油配方优化，平衡性能与经济性

标配核心优势
1、智能载荷系统：实时测量显示实际载荷，符合 ISO/ASTM/GB/SH 等国际标准具体要求，消除数据转换误差
2、人机协同设计：一键参数配置与智能级别匹配，简化操作流程，降低人为干预误差及风险操作

高配升级方案
1、全流程自动化：试样装载后仅需两步同步运行，全程无人化运行
2、超精度传感技术：载荷／摩擦力开机自检测，可选双传感器实现 mN 级动态追踪
3、智能磨斑分析：实时原点磨斑参考直径，突破传统显微镜限制，效率提升 80%
4、毫秒级安全防护：P_B/P_D多维度在线诊断系统，结合毫秒级紧急制动，双重保障设备寿命
5、多功能扩展平台：快速切换润滑剂特殊工况模拟模块，满足 ASTM/SH 等苛刻试验标准

核心定位：
*专为科研实验室、精密油品研发中心及高负荷检测机构设计，赋能润滑材料前沿研究与质量管控升级。

润滑油脂耐磨试验方法
Wear Resistance Test Method for Lubricating Grease

四球试验法

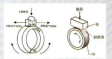

环块试验法

KRL剪切法

往复摩擦法

齿轮磨损法

设备展示 （润滑摩擦相关）
PRODUCT DISPLAY ｜创｜新｜专｜注｜

Choose a good device for yourself

新型微控杠杆四球机
New micro-controlled lever four-ball machine

HRB-5F型梯姆肯摩擦磨损试验机
Timken ring block test machine

KRL润滑油剪切试验机
KRL lubricating oil shear test machine

HRT-A02型高频往复摩擦磨损试验机
High-frequency reciprocating test machine

MFZG-1W齿轮磨损试验机
Gear wear test machine

微信咨询

关注摩擦磨损

济南恒旭试验机技术有限公司
Jinan HengXu Testing Machine Technology Co.,Ltd

摩擦磨损事业部
地　址：济南市天桥区梓东大道299号（恒旭研展中心68-102）
电　话：132 5669 8904　　联系人：刘工

成都金吉实业公司荣获"国家高新技术及国家专精特新企业",拥有上万平方的标准化厂房,具备各种重型机加工,自动化焊接装备,专用搅拌测试平台及多种检测设备,是目前国内装备齐全,加工实力雄厚并具有压力容器设计、制造资质的润滑脂设备专业制造商。

公司深耕润滑脂行业几十载,集设计、研发、制造一体。近年来,公司连续为国内众多标杆企业,如无锡中石油、山东红星、长沙众诚、无锡飞天、龙南雪弗特、青岛中科润美、南通纳拓、浙江摩路、杭州得润宝等新建项目,提供先进的专业化设备;在中原地区建造了77台国内大型的润滑脂生产线;在西北地区、东南地区分别建造5万吨产能的润滑脂生产线;设备除远销马来西亚、印尼、越南、非洲等地区外,最近还为俄罗斯卢克石油公司设计,建造88台反应釜的大型润滑脂生产线,是中国润滑脂设备制造企业一张响亮的名片。

项目前期,我们可以根据用户需求提供润滑脂生产线整体规划,详细设备平面布置图,后期可以提供工艺管道流程图;项目建成后还可以为企业制定操作规程,产品工艺配方,竭诚为客户创造最大价值。

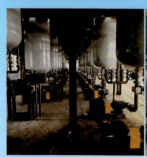   

我们的实力源于我们非常专业,我们的信誉得益我们做事非常用心。

成都市金吉实业有限公司

地址: 成都现代工业港(北区)港东三路567号　　邮箱: 982775272@qq.com

电话: 13908022719　028-61778208　　传真: 028-61778209

Tanster®
南京坦斯特润滑油有限公司

7016
中性烯基磺酸钡
南京坦斯特润滑油有限公司

新品推荐： 中性烯基磺酸钡TST-7016

96H 盐雾：15%7016+10%150N+75% D60

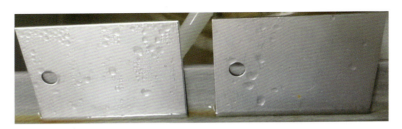

主营产品

精制磺酸钠　精制磺酸钡

烯基磺酸盐　羟基磺酸盐

微信公众号　　　　华南区销售　　　　华北区销售

　　上海裕诚化工成立于2006年，现位于上海市漕河泾经济开发区，公司设有完善的研发中心，其面积超过600平方米。公司专注于金属加工液、油添加剂等产品的研发、生产和销售，另配有以分析、合成、应用三方面的资深专家组成的专业研发团队，专注于为金属加工液和润滑油/脂为需求的客户提供专业的性能分析测试和配方研发服务，同时为有需要的客户提供添加剂、配方等各类产品的定制服务。公司致力于为客户提供具有性价比的产品和完善的一体化服务，能为业界提供全面的技术指导和产品实验分析。公司以客户为中心，为客户创造价值，让每一位客户都能体验到量身定制的产品和服务。

铜缓蚀剂 Copper Corrosion Inhibitor

铜缓蚀剂能够抑制铜的腐蚀，保护铜制工件的表面，此外还能络合体系中的铜离子，抑制其在体系中的催化氧化作用。

牌号	内容物	溶解性	外观	推荐用量	备注
MAXWELL HC	苯三唑衍生物	水溶	黄色透明液体	0.2%~1.0%	完全水溶，使用方便，可防止钴离子析出，铜缓蚀效果好
MAXWELL OC	苯三唑衍生物	油溶	黄色透明液体	0.05%~0.2%	油溶性产品，使用方便，铜缓蚀效果好，用途广泛
MAXWELL O3	三唑衍生物	油溶	黄色透明液体		三唑衍生物铜缓蚀剂，铜缓蚀效果好
MAXWELL P135	苯三唑衍生物	水溶	黄色透明液体		完全水溶，使用方便，可以抑制铜、锌、铝的腐蚀，对铸铝加工的白斑抑制有特效
MAXWELL DG192	噻二唑衍生物	油溶	黄色透明液体		高效铜缓蚀剂，具有一定极压性能，对含活性硫的配方铜缓蚀效果明显
MAXWELL DG193	噻二唑衍生物	油溶	黄色透明液体		高效铜缓蚀剂，具有一定极压性能，对含活性硫的配方铜缓蚀效果明显

二烷基二硫代氨基甲酸盐(酯) Metallic Dialkyldithiocarbamates

二烷基二硫代氨基甲酸盐(酯)是一种多效添加剂，具有良好的抗磨极压性能，与杂环化合物或二烷基二硫代磷酸锌复合使用有良好的协同效应。

牌号	内容物	外观	硫含量	元素含量	备注
—	二烷基二硫代氨基甲酸酯	黄色液体	30%	—	无灰型极压剂，可用于压缩机油、齿轮油、润滑油、液压油等，可以和抗氧剂、减摩极压剂配合使用，增强性能
HOESC M525	二烷基硫代甲酸钼盐	深棕色液体	11.3%	Mo: 10%	具有防锈、抗氧、减摩极压等作用，可应用于压缩机、发动机、齿轮润滑脂、工业油及金属加工油等
HOESC M600	二烷基硫代甲酸钼盐	黄色粉末	28.6%	Mo: 27.7%	具有防锈、抗氧、减摩极压等作用，可应用于润滑脂、合成油等
HOESC AD	二烷基硫代甲酸锑盐	深棕色液体	11.2%	Sb: 7%	热稳定性和水解安定性，具有防锈、抗氧、减摩极压等作用，可应用于压缩机、发动机、齿轮的润滑油脂

地址:上海市松江区莘砖公路518号13号楼202　　　电话:021-67678992

原油/重油/燃油/润滑油/润滑脂/冷却液/废油废渣

石油产品油液元素分析

OA800H 油料光谱仪

OA800MF 多功能油料光谱系统

SWORD 500 电感耦合等离子体发射光谱仪

广东中科谛听科技有限公司

联系方式:0757-8327 7860

地址:佛山市禅城区华宝南路13号佛山国家火炬创新创业园C座11楼1室

大连北方分析仪器有限公司
North Dalian Analytical Instruments Co., Ltd.

0411-84754555

大连市高新区七贤岭学子街2-4号

北方简介

　　大连北方分析仪器有限公司成立于2004年。 多年来，公司自主开发了石油行业百余种产品。公司现已通过ISO9001国际标准质量认证，同时公司是国家高新技术企业、ASTM标准协会会员单位，并参与了国家及行业标准的起草工作。公司目前为中石油、中石化、中海油、中航油、中燃油等单位的入库供应商。

北方业务

▶▶▶ **石油分析仪器生产及销售**

公司拥有25年石油分析仪器生产和销售经验，产品覆盖润滑油、润滑脂、燃料油、冷却液等石油产品的百余项理化指标检测和模拟试验

▶▶▶ **非标试验方法设计和仪器定制**

公司核心研发团队由南开大学、浙江大学、云南大学等国内知名高校人才组成，近年来与中石化、中科院、航天101所等知名企业/机构开展长期技术合作，共同研发十余台非标订制仪器，发表多篇学术期刊及会议论文，并参与起草盾构脂试验标准

▶▶▶ **实验室配套方案和化验员培训**

公司技术支持团队汇聚了多位前中石油大连研发中心的优秀人才，具备丰富的实验室解决方案设计经验和化验员培训指导经验，已为行业内数十家润滑油脂民营企业提供实验室设计与仪器配套方案，并多次组织化验员集中培训和现场培训

北方新品

BF-322润滑脂低温转矩测定器

- 符合SH/T 0338、ASTM D1478;
- 复叠压缩机制冷，可控温至-74℃;
- 自动试验启停;
- 自动判断起动转矩和运行转矩;
- 内置力矩校正程序，随时可校正力矩大小;
- 全程力矩曲线监测记录，曲线数据可excel/txt格式导出;
- 至少1000组试验数据存储及导出。

BF-91C润滑脂相似黏度测定器

- 符合SH/T 0048;
- 双压缩机复叠式制冷，可控温至-75℃;
- 标准、定速双试验模式;
- 可任意设置的毛细管直径和剪切速率;
- 剪切力、剪切速率采用先进传感技术实时测定;
- 内置程序自动计算相似黏度;
- 剪切力、剪切速率、相似黏度数值实时曲线记录，曲线数据可excel/txt格式导出。

RUNHUAZHI
JISHU
SHOUCE

润滑脂技术手册

王先会

主编

化学工业出版社

·北京·

内容简介

本书全面阐述了润滑脂制备过程中涉及的各种原料、生产装备、制备工艺、灌装和分装、质量标准、评定分析等方面的基础知识和最新技术成果，深入总结了各类润滑脂的结构特征和成脂规律，系统介绍了润滑脂制备所用的各种原料、典型设备和重要试验仪器的特性、技术参数等。以期提供先进、完备的润滑脂制备技术，保障润滑脂产品的生产质量。

本书可供从事润滑脂产品科研、生产、评定分析的有关技术人员、管理人员、采购人员等参考使用。

图书在版编目（CIP）数据

润滑脂技术手册 / 王先会主编. -- 北京：化学工业出版社，2025. 4. -- ISBN 978-7-122-47525-1

Ⅰ. TE626. 4-62

中国国家版本馆 CIP 数据核字第 2025ZN7425 号

责任编辑：毕仕林　冉海滢　刘　军

责任校对：张茜越　　　　　　　　　装帧设计：王晓宇

出版发行：化学工业出版社
　　　　　（北京市东城区青年湖南街 13 号　邮政编码 100011）
印　　装：河北延风印务有限公司
710mm×1000mm　1/16　印张 21¾　字数 357 千字
2025 年 7 月北京第 1 版第 1 次印刷

购书咨询：010-64518888　　　　　　售后服务：010-64518899
网　　址：http://www.cip.com.cn
凡购买本书，如有缺损质量问题，本社销售中心负责调换。

定　　价：128.00 元　　　　　　　　版权所有　违者必究

序言

　　根据美国润滑脂学会（NLGI）和中国 2023 年润滑脂产量调查情况统计结果，2023 年全球润滑脂产量达到 114.5 万吨，中国润滑脂产量达到 50.9 万吨。中国润滑脂产量已经占全球润滑脂总量的 44.5％，高居世界第一位。由此可见，我国润滑脂在世界润滑脂产业格局中，有着举足轻重的地位。

　　在 2023 年度，受到氢氧化锂价格波动的影响，我国润滑脂产品结构进一步呈现多元化、个性化、专业化的发展态势。尤其是锂基润滑脂占比由 2020 年的 50.96％，降至 31.23％；而复合锂基润滑脂则由 17.49％下降至 12.81％。2023 年，矿物油的润滑脂居主导地位，占比达 88.78％，合成油的润滑脂占 4.51％，半合成油的润滑脂占 6.66％，生物质油的润滑脂占 0.05％。润滑脂包装主要集中在 12～24.9kg 的中桶和 168～204kg 的大桶，中、大桶包装累计约占 90％。4.1kg 以下的小包装尽管不足 10％，但对于实现润滑脂包装形式的系列化、满足机械设备的个性化需求方面，发挥了越来越大的作用。

　　进入 2021 年后，作为生产润滑脂主要资源的氢氧化锂价格，出现了上涨 10 倍以上的局面。这给锂基润滑脂和复合锂基润滑脂的生产，带来了极大的冲击。在环保实现"双碳"目标的驱动下，我国及全球范围内，以锂电为动力的新能源汽车正以前所未有的增速迅猛发展。这样一来，使得锂资源的供求关系，在短期内仍难以得到平衡。如何突破氢氧化锂价格大幅度上涨的困局，依然是摆在润滑脂产业界一个亟需解决的重大课题。

　　加快传统产业的高端化、智能化、绿色化升级改造，培育壮大新一代信息技术、新能源、新材料、高端装备、新能源汽车产业、绿色环保产业、民用航空产业、船舶与海洋工程装备等新兴产业，是加快我国现代化产业体系建设的重要政策。这也为作为配套产品的润滑脂发展，明确了方向和目标。

　　可以说，目前我国润滑脂产业正处于一个十分重要的发展节点上。在面临这样的一种新形势、新挑战情况下，由原中国石化润滑油有限公司润滑脂研究院王先会高级工程师，主持编写这本《润滑脂技术手册》，是非常及时的，也是十分有针对性的。本书以简明扼要的方式，对我国润滑脂近年来在原料、生产装备、制备工艺、包装、评定分析等方面的最新技术进展，进行了全面、系统的总结，对各类润滑脂的成脂机理进行了深入分析。这些成果，对于指导润滑脂生产和科研，紧跟前沿产业发展，调整"高锂价"条件下润滑脂的产品结构等，都具有重要的参考价值。

本书作者在润滑脂行业辛勤耕耘了 40 余年，长期从事润滑脂科研、生产和市场服务等技术工作，积累了丰富的专业知识和实践经验。他对润滑脂事业孜孜不倦的钻研精神、兢兢业业的工作态度，受到了行业人士的好评和赞誉。

《润滑脂技术手册》一书内容丰富、言简意赅，既有一定的理论深度，又具有实用性强的特点。相信本书的出版，能对我国润滑脂产业积极向前发展，推动产业技术进步，以及提高润滑脂行业的科研、生产管理、产品评定分析等方面的技术水平，发挥积极的作用和影响。

中国石油和化学工业联合会润滑脂专业委员会　副主任
2025 年 1 月

前言

在润滑材料的类别中，润滑脂是一种产量较小但又十分重要的润滑材料。润滑脂被广泛地用于交通运输、工农业生产以及军械装备等众多领域，来润滑各种机械设备、运动装置以及零部件等。大约有80％以上的滚动轴承，是用润滑脂来实现润滑的。润滑脂具有特殊的纤维结构，外观为膏状或半流体状。其不仅具有通常的润滑功能，还具有特殊的密封、防护、减振等效果。这些特性，是其他液体或固体润滑材料所无法比拟的。

需要特别强调的是，要充分实现润滑脂的润滑以及密封、防护、减振等功能，必须有科学的、先进的、规范的润滑脂生产技术来保障。更具体地说，就是要具备丰富的原料资源、先进的生产设备、合理的制备工艺、高效的灌装装备、完善的质量标准体系以及健全的评定分析方法和仪器。只有具备了这些软件和硬件条件，才能保障生产出高质量的润滑脂产品。

我国润滑脂生产所使用的基础油、稠化剂、添加剂等各种润滑脂原料，国内产品基本可以满足生产的实际需求。除某些特殊原料需要进口产品外，绝大多数原料实现了国产化。润滑脂的生产设备包括接触器、压力釜、三重搅拌釜、行星搅拌釜，以及均质机、过滤器等辅助设备。经过多年来的不断创新发展，国内现在基本实现了专业化制造，从而大幅度提升了我国自主开发成套润滑脂制造装备的能力和水平。尤其是DCS自动控制系统、超精过滤装置的推广应用，促进了我国润滑脂生产技术不断向智能化、精细化方向发展。润滑脂的评定分析仪器和手段，近年来也得到快速提升；基本建立起比较完善的理化项目、模拟试验、台架试验质量评定体系，逐步缩小了与国外先进水平的差距。这对保证润滑脂质量稳定性和性能可靠性、实现试验测试方法规范性等发挥了重要作用。

中国进入5.0互联网时代，智能工业的发展日新月异，设备的更新迭代对润滑脂的要求越来越高。新能源产业、智能机器人产业、数据中心产业等高新科技设备大量普及，使得特种润滑脂需求增长成为设备润滑的新常态。一个全新的商业机会呈现在润滑脂企业面前，使得工业润滑的格局也将不断被改写。

为了满足目前润滑脂生产、科研以及评定分析的要求，需要对目前我国润滑脂生产技术水平做一个阶段性的总结。在化学工业出版社的支持下，特别编写了这本《润滑脂技术手册》，企盼能为国内润滑脂产业的发展和进步，尽到微薄之力。

本书较为全面地阐述了润滑脂生产所涉及的原料、生产装备、制备工艺、灌装和分装、质量标准、评定分析等方面的基础知识和最新技术成果，还总结了各类润滑脂的结构特征和成脂规律，力争对各类原料、典型设备和重要试验仪器的特性、技术参数以及生产厂家等进行一个全面、系统的介绍。这本书可作为从事润滑脂产品生产、科研、评定分析的有关技术人员、管理人员、采购人员的工具书。

时光荏苒，岁月如梭。回顾自己从 1982 年 8 月起踏入润滑脂这个行业，到如今已超过 42 年时间。42 年光阴，沧海桑田，世事巨变。但是，几十年来自己始终锚定了润滑脂这一件事。可以说，"润滑脂"是我一生所热爱，一生所向往，一生所追求。这本《润滑脂技术手册》既是个人对社会的一点点奉献，更是自己对几十年来所热爱、所向往、所追求的润滑脂事业的一个回顾与总结。

自己也深知，任何一个人做出一点成绩，都离不开环境给予的支持、理解和帮助。在这里，我向多年来曾经指导和关心自己的相关领导、行业专家们，表达由衷的感谢；也向给予帮助和合作的同仁同事们，表达深深的谢意。

由于本人水平有限，书中难免会存在这样那样的错误、缺点和不足之处，敬请广大读者给予批评和指正。

编者
2025 年 3 月

第3章　润滑脂制备工艺　　161

第 4 章　润滑脂灌装和分装　242

第 5 章　润滑脂质量标准　257

第 6 章　润滑脂评定分析　303

第 1 章
润滑脂原料

　　润滑脂原料广泛涉及众多行业，既有石油炼制、石油化工、有机合成、油脂化学、精细化工、粉末冶金、矿业加工等传统行业，还有纳米技术、可生物降解材料等新兴行业。生产润滑脂所使用的原料，包括矿物基础油、合成基础油、金属皂基稠化剂、非皂基稠化剂、聚脲稠化剂、添加剂、填充剂等。随着各种新型原料的开发和应用不断取得突破，如新型固体纳米润滑材料、石墨烯、食品级润滑添加剂、环保型添加剂、可生物降解基础油等，都对润滑脂品种的拓展和性能的提升，带来十分重要的影响。

1.1　矿物基础油

　　矿物基础油是利用天然原油经过常减压蒸馏和一系列精制过程而得到的基础油，目前是润滑脂基础油的主要来源。因此，在无特殊说明的情况下，所说基础油一般就是指矿物基础油。为了满足油品高品质和环保的要求，基础油正由 API Ⅰ类向 API Ⅱ/Ⅲ类转变，基础油生产工艺也由传统工艺向加氢技术发展。加氢技术生产的基础油，硫、氮及芳烃含量低，黏度指数高，热氧化安定性好，挥发性低，换油期长。

1.1.1　基础油分类

　　国际上目前基础油的分类，是根据基础油的精制深度及饱和度的大小来区分。此分类方法是美国石油协会（API）提出的，见表 1-1。

表 1-1　美国石油协会基础油分类标准（API-1509）

类别	饱和度	黏度指数（VI）	硫含量/%
Ⅰ类	<90%	80～<120	>0.3
Ⅱ类	>90%	80～<120	<0.3
Ⅲ类	>90%	>120	<0.3
Ⅳ类	聚 α-烯烃（PAO）		
Ⅴ类	所有非Ⅰ、Ⅱ、Ⅲ或Ⅳ类基础油		
试验方法	ASTM D2007	ASTM D2270	ASTM D2622/D4294/D4927/D3120

Ⅰ类基础油通常是由传统的"老三套"工艺生产制得。从生产工艺来看，Ⅰ类基础油的生产过程基本以物理过程为主，不改变烃类结构，生产的基础油质量取决于原料中理想组分的含量和性质。因此，该类基础油在改善性能方面受到一定限制。

Ⅱ类基础油是通过组合工艺（溶剂工艺和加氢工艺结合）制得，工艺主要以化学过程为主，不受原料限制，可以改变原来的烃类结构。因而Ⅱ类基础油杂质少（芳烃含量小于10%），饱和烃含量高，热安定性、抗氧性和低温性均优于Ⅰ类基础油。

Ⅲ类基础油是用全加氢工艺制得，与Ⅱ类基础油相比，属高黏度指数的加氢基础油，又称作非常规基础油（UCBO）。Ⅲ类基础油在性能上远远超过Ⅰ类基础油和Ⅱ类基础油，尤其是具有更高的黏度指数和更低的挥发性。某些Ⅲ类油的性能甚至可与聚α-烯烃（PAO）相媲美，但其价格却比合成油低很多。

1.1.2 中国石化基础油

(1) 产品特性

Ⅰ类基础油由低硫石蜡基原油经过溶剂精制—溶剂脱蜡—补充精制（包括白土精制和低压加氢精制）组合工艺制得。除去矿物油中的多环芳烃和极性物质等非理想组分，但不能改变原组分中固有的烃类结构，能够生产中、高黏度基础油。烷烃和长侧链环烷烃含量较高，芳香烃和非烃类（杂原子有机化合物、胶质、沥青质）含量较低，对添加剂溶解性好。芳烃主要为轻芳烃，也含有少量的中芳烃和重芳烃。氮含量较高。其中部分芳烃以及含硫化合物等具有天然抗氧性。与加氢Ⅱ/Ⅲ类基础油比较，具有更好的光安定性。适用于调配齿轮油、船用油、润滑脂、金属加工油等油品。Ⅱ/Ⅲ类基础油由天然原油经过加氢裂化—加氢异构/改质—加氢补充精制组合工艺制得。通过深度加氢转化的加氢裂化工艺反应，将多环芳烃转化为支链烷烃和单环环烷烃等理想组分。加氢异构化基础油的饱和烃质量分数可高达99%以上。芳烃质量分数<1%，且都为轻芳烃。基础油中硫、氮含量极低。适用于调配各类高档发动机油、工业润滑油等油品。

(2) 技术参数

中国石化Ⅰ类基础油类 HVI Ⅰa、HVI Ⅰb 和 HVI Ⅰc 的中国石化集团公司企业标准，分别见表1-2、表1-3 和表1-4。中国石化Ⅱ/Ⅲ类基础油 HVI Ⅱ、HVI Ⅱ⁺、HVI Ⅲ、HVI Ⅲ⁺ 的中国石化集团公司企业标准，分别见表1-5、表1-6、表1-7 和表1-8。

表 1-2　HVI Ⅰa 基础油中国石化集团公司企业标准（Q/SH PRD0731—2018）

项目	HVI Ⅰa										试验方法
牌号[a]	75	150	350	400	500	650	750	900	120BS	150BS	
外观	透明无絮状物										目测[b]
运动黏度/(mm²/s)　40℃	12.0~<16.0	28.0~<34.0	62.0~<74.0	74.0~<90.0	90.0~<110	120~<135	135~<160	160~<180	报告	报告	GB/T 265[c]
运动黏度/(mm²/s)　100℃	报告								22~<28	28~<34	
色度/号　≤	0.5	1.5	3.0	3.5	4.0	5.0			5.5	6.0	GB/T 6540
饱和烃含量（质量分数）/%　≥	报告										SH/T 0753
硫含量（质量分数）/%　≤	报告										SH/T 0689[d]
黏度指数　≥	85	85	80	80	80	80	80	80	80	80	GB/T 1995[e]
闪点（开口）/℃　≥	175	200	220	225	235	255	报告		275	290	GB/T 3536
倾点/℃　≤	-12	-9				-5	报告				GB/T 3535
浊点/℃	—						报告				GB/T 6986
酸值/(mgKOH/g)　≤	报告										NB/SH/T 0836[f]　GB/T 7304[g]
残炭值（质量分数）/%　≤	0.02		0.05	0.10	0.15	0.30		0.50	0.60	0.70	GB/T 17144[h]
蒸发损失率（Noack 法）（质量分数）(250℃，1h)/%　≤	报告					—					NB/SH/T 0059[i]
密度(20℃)/(kg/m³)	报告										SH/T 0604[j]
苯胺点/℃	报告										GB/T 262

第 1 章　润滑脂原料　　003

续表

项目[a]	牌号[a]										试验方法
	HVI I[a]										
	75	150	350	400	500	650	750	900	120BS	150BS	
碱性氮含量(质量分数)/(μg/g)	报告										NB/SH/T 0162
水分(质量分数)/% ≤	痕迹										目测[k]
机械杂质	无										目测[l]
氧化安定性旋转氧弹[m](150℃)/min ≥	180					130			110		SH/T 0193
泡沫性(泡沫倾向/泡沫稳定)/(mL/mL)	报告										GB/T 12579

a 75～900 为 40℃赛氏黏度整数值,120～150BS 为 100℃赛氏黏度整数值。

b 将油品注入 100mL 洁净量筒中,油品应均匀透明无絮状物,有争议时,将油温控制在 15℃±2℃下,应均匀透明无絮状物。

c 也可以采用 GB/T 30515 方法。

d 也可以采用 GB/T 387、GB/T 17040、GB/T 11140、SH/T 0253 方法。

e 也可以采用 GB/T 2541 方法,有争议时,以 GB/T 1995 为仲裁方法。

f 75 号采用该方法。

g 75 号以上牌号也可以采用 GB/T 4945 方法,有争议时,以 GB/T 7304 为仲裁方法。

h 也可以采用 GB/T 268 方法,有争议时,以 GB/T 17144 为仲裁方法。

i 试验方法也可以采用 SH/T 0731。

j 也可以采用 GB/T 1884 和 GB/T 1885 方法。

k 将试样注入 100mL 玻璃量筒中观察,应当透明,没有悬浮和沉降的水分。在有异议时,以 GB/T 260 方法为准。

l 将试样注入 100mL 玻璃量筒中观察,应当透明,没有悬浮和沉降的机械杂质。在有异议时,以 GB/T 511 方法为准。

m 加入 0.8%抗氧剂 T501(2,6-二叔丁基对甲酚)。采用精度为千分之一的天平,称取 0.88g T501 于 250mL 烧杯中,继续加入待测油样,至总重为 110g(供平行试验用)。将油样均匀加热至 50～60℃,搅拌 15min,冷却后装入玻璃瓶备用。2. 试验用铜丝最好每次使用一次即更换。

3. 建议抗氧剂 2,6-二叔丁基对甲酚(T501)采用一级品。

表 1-3　HVI Ⅰb 基础油中国石化集团公司企业标准（Q/SH PRD0731—2018）

项目	HVI Ⅰb										试验方法[b]
牌号[a]	75	150	350	400	500	650	750	900	120BS	150BS	
外观	透明无絮状物										目测[b]
运动黏度/(mm²/s)　40℃	12.0~<16.0	28.0~<34.0	62.0~<74.0	74.0~<90.0	90.0~<110	120~<135	135~<160	160~<180	报告		GB/T 265[c]
运动黏度/(mm²/s)　100℃									22~<28	28~<34	
色度/号　≤	0.5	1.5	3.0	3.5	4.0	报告	5.0	报告	5.5	6.0	GB/T 6540
饱和烃含量（质量分数）/%　≥	报告										SH/T 0753
硫含量（质量分数）/%　≤	报告										SH/T 0689[d]
黏度指数　≥	90										GB/T 1995[e]
闪点（开口）/℃　≥	175	200	220	225	235	报告	255	报告	275	290	GB/T 3536
倾点/℃　≤	-12		-9				-5				GB/T 3535
浊点/℃	—		报告								GB/T 6986
酸值/(mgKOH/g)　≤	0.02	0.03	0.05								NB/SH/T 0836[f] GB/T 7304[g]
残炭量（质量分数）/%　≤	—		报告	0.10	0.15	0.30	0.40		0.60	0.70	GB/T 17144[h]
蒸发损失率（Noack 法）（质量分数）(250℃，1h)/%　≤	—	23	报告								NB/SH/T 0059[i]
空气释放值（50℃）/min	报告										SH/T 0308
密度（20℃）/(kg/m³)	报告										SH/T 0604[j]
苯胺点/℃	报告										GB/T 262
氮含量（质量分数）/%　≤	报告										NB/SH/T 0704[k]

项目 牌号[a]	HVI Ib										试验方法
	75	150	350	400	500	650	750	900	120BS	150BS	
碱性氮含量（质量分数）/（μg/g） ≤	报告										NB/SH/T 0162
水分离性[54-40-0)]/min ≤	10			15							GB/T 7305
水分（质量分数）/%	痕迹							—			GB/T 260[l]
机械杂质	无										GB/T 511[m]
氧化安定性旋转氧弹"（150℃）/min ≥	200					180			150		SH/T 0193
泡沫性（泡沫倾向/泡沫稳定）/（mL/mL）	报告										GB/T 12579

a 75～900 为 40℃赛氏黏度整数值，120～150BS 为 100℃赛氏黏度整数值。
b 将油样注入 100mL 洁净量筒中，油品应均匀透明无絮状物，如有异议时，将油温控制在 15℃±2℃下，应均匀透明无絮状物。
c 也可以采用 GB/T 30515 方法。有争议时，以 GB/T 265 为仲裁方法。
d 也可以采用 GB/T 387、GB/T 17040、GB/T 11140、SH/T 0253 方法。
e 也可以采用 GB/T 2541 方法。有争议时，以 GB/T 1995 为仲裁方法。
f 75 号采用该方法。
g 75 号以上牌号也可以采用 GB/T 4945 方法。有争议时，以 GB/T 7304 为仲裁方法。
h 也可以采用 GB/T 268 方法。有争议时，以 GB/T 17144 为仲裁方法。
i 试验方法也可以采用 SH/T 0731。结果有争议时，以 NB/SH/T 0059 为仲裁方法。
j 也可以采用 GB/T 1884 和 GB/T 1885 方法。
k 试验方法也可以采用 GB/T 9170、SH/T 0657。
l 将试样注入 100mL 玻璃量筒中观察，没有悬浮和沉降的水分。在有异议时，采用精度为千分之一的天平，称取 0.88g T501 于 250mL 烧杯中，继续加入待测油样，至总重为 110g（供平行试验用）。将油样均匀加热至 50～60℃，搅拌 15min，冷却后装入玻璃瓶备用。2.试验用铜丝最好使用一次即更换。
m 将试样注入 100mL 玻璃量筒中观察，应当透明，没有悬浮和沉降的机械杂质。采用 T501（2,6-二叔丁基对甲酚试验用）。
3.建议补充规定：建议抗氧剂 2,6-二叔丁基对甲酚（T501）采用一级品。

表 1-4　HVI Ⅰc 基础油中国石化集团公司企业标准（Q/SH PRD0731—2018）

HVI Ⅰc

项目		75	150	350	400	500	650	750	900	120BS	150BS	试验方法 b
牌号 a												
外观		透明无絮状物										目测 b
运动黏度/(mm²/s)	40℃	12.0~<16.0	28.0~<34.0	62.0~<74.0	74.0~<90.0	90.0~<110	120~<135	135~<160	160~<180	报告	报告	GB/T 265 c
	100℃									22~28	28~34	GB/T 265 c
色度/号 ≤		0.5	1.5	3.0	3.5	4.0	报告	5.0	报告	5.5	6.0	GB/T 6540
饱和烃含量（质量分数）/%		报告										SH/T 0753
硫含量（质量分数）/%		报告										SH/T 0689 d
黏度指数 ≥		95										GB/T 1995 e
闪点（开口）/℃ ≥		175	200	220	225	235		255		275	290	GB/T 3536
倾点/℃ ≤		−21	−15			−12					−5	GB/T 3535
油点/℃ ≤			—			报告						GB/T 6986
酸值/(mgKOH/g) ≤		0.01	0.03	0.05	0.10	0.15		0.30		0.60	0.70	NB/SH/T 0836 f
残炭值（质量分数）/% ≤		—										GB/T 7304 g
蒸发损失率（Noack 法）（质量分数）（250℃，1h）/% ≤			17									GB/T 17144 h
空气释放值（50℃）/min		报告							—			NB/SH/T 0059 i
密度（20℃）/(kg/m³)		报告										SH/T 0308
苯胺点/℃		报告										SH/T 0604 j
氮含量（质量分数）/%		报告										GB/T 262　NB/SH/T 0704 k

第 1 章　润滑脂原料　007

项目	牌号[a]										试验方法
	HVI Ic										
	75	150	350	400	500	650	750	900	120BS	150BS	
碱性氮含量(质量分数)/(μg/g)					报告						NB/SH/T 0162
水分离性[54(40-40-0)]/min ≤		10		15				—			GB/T 7305
水分(质量分数)/% ≤					痕迹						目测[l]
机械杂质					无						目测[m]
氧化安定性旋转氧弹[n](150℃)/min ≥		200				180			150		SH/T 0193
泡沫性(泡沫倾向/泡沫稳定)/(mL/mL)					报告						GB/T 12579

[a] 75～900 为 40℃赛氏黏度整数值，120～150BS 为 100℃赛氏黏度整数值。

[b] 将油品注入 100mL 洁净量筒中，油品应均匀透明无絮状物，有争议，将油温控制在 15±2℃下，应均匀透明无絮状物。

[c] 也可以采用 GB/T 30515 方法，有争议，以 GB/T 265 为仲裁方法。

[d] 也可以采用 GB/T 387、GB/T 11040、SH/T 0253 方法。

[e] 也可以采用 GB/T 2541 方法，有争议时，以 GB/T 1995 为仲裁方法。

[f] 75 号采用该方法。

[g] 75 号以上牌号也可以采用 GB/T 4945 方法，有争议时，以 GB/T 7304 为仲裁方法。

[h] 也可以采用 GB/T 268 方法，有争议时，以 GB/T 17144 为仲裁方法。

[i] 试验方法也可以采用 SH/T 0731。

[j] 也可以采用 GB/T 1884 和 GB/T 1885 方法。

[k] 试验方法也可以采用 GB/T 9170、SH/T 0657。

[l] 将试样注入 100mL 玻璃量筒中观察，应当透明，没看悬浮和沉降的水分。在有异议时，以 GB/二 260 方法为准。

[m] 试样补充注入 100mL 玻璃量筒中观察，没有悬浮和沉降的机械杂质。采用精度为千分之一的天平，以 GB/T 511 方法为准。

[n] 1. 加入 0.8%抗氧剂 T501（2,6-二叔丁基对甲酚）。将油样均匀加热至 50～60℃，搅拌 15min，冷却后装入琥珀瓶备用。2. 试验用铜丝最好使用一次即更换。

3. 建议抗氧剂 2,6-二叔丁基对甲酚（T501）采用一级品。

表1-5　HVI II基础油中国石化集团公司企业标准（Q/SH PRD0731—2018）

项目		2	4	6	8	10	12	20（90BS）	26（120BS）	30（150BS）	试验方法
外观		透明无絮状物									目测[b]
运动黏度/(mm²/s)	40℃	报告									GB/T 265[c]
	100℃	1.50~<2.50	3.5~<4.50	5.50~<6.50	7.50~<9.00	9.00~<11.0	11.0~<13.0	17.0~<22.0	22.0~<28.0	28.0~<34.0	
色度/号　≤		0.5							1.5		GB/T 6540
饱和烃含量（质量分数）/%　≥		92							90		SH/T 0753
硫含量（质量分数）/%　≤		0.03									SH/T 0689[d]
黏度指数　≥		—		100		95			90		GB/T 1995[e]
闪点（开口）/℃　≥		—	185	200	220	230		265	270	275	GB/T 3536
闪点（闭口）/℃　≥		145					—				GB/T 261
倾点/℃　≤		−25			−12				−9		GB/T 3535
浊点/℃　≤		报告									GB/T 6986
酸值/（mgKOH/g）　≤		0.005			0.01				0.02		NB/SH/T 0836[f]　GB/T 7304[g]
残炭值（质量分数）/%　≤						0.05			0.15		GB/T 17144[h]
蒸发损失率（Noack法）（质量分数）（250℃,1h）/%　≤			18	13							NB/SH/T 0059[i]

续表

项目		HVI Ⅱ										试验方法
牌号 a		2	4	6	8	10	12	20	26	30		
								90BS	120BS	150BS		
密度(20℃)/(kg/m³)					报告							SH/T 0604 j
水分(质量分数)/%	≤				痕迹							目测 k
机械杂质					无							目测 l
氧化安定性旋转氧弹 (150℃)/min	≥	—		280				250				SH/T 0193

a 2～30 为 100℃运动黏度整数值，90～150BS 为 100℃赛氏黏度整数值。

b 将油品注入 100mL 洁净量筒中，油品应均匀透明无絮状物，如有争议，将油温控制在 15℃±2℃下，应均匀透明无絮状物。

c 也可以采用 GB/T 30515 方法，有争议时，以 GB/T 265 为仲裁方法。

d 也可以采用 GB/T 387、GB/T 17040、GB/T 11140、SH/T 0253 方法，有争议时，以 SH/T 0689 为仲裁方法。

e 也可以采用 GB/T 2541 方法，有争议时，以 SH/T 1995 方法。

f 2 号酸值测定采用该方法。

g 4～30 号也可以采用 GB/T 4945 方法，有争议时，以 GB/T 7304 为仲裁方法。

h 也可以采用 GB/T 268 方法，有争议时，以 GB/T 17144 为仲裁方法。

i 也可以采用 SH/T 0731 方法，有争议时，以 NB/SH/T 0059 为仲裁方法。

j 也可以采用 GB/T 1884 和 GB/T 1885 方法。

k 将试样注入 100mL 玻璃量筒中观察，应当透明，没有悬浮和沉降的水分。在有异议时，以 GB/T 260 方法为准。

l 将试样注入 100mL 玻璃量筒中观察，应当透明，没有悬浮和沉降的机械杂质。采用精度为千分之一的天平，以 GB/T 511 方法为准。

m 试验补充规定：1. 加入 0.8%抗氧剂 T501（2,6-二叔丁基对甲酚）。采用精度为千分之一的天平，称取 0.88g T501 于 250mL 烧杯中，待测油样，至总重为 110g（供平行试验用）。将油样均匀加热至 50～60℃，搅拌 15min，冷却后装入玻璃瓶备用。试验用铜丝最好使用一次即更换。2. 将试验用铜丝每次使用一次即更换。3. 建议抗氧剂 2,6-二叔丁基对甲酚 (T501) 采用一级品。

表1-6　HVI Ⅱ⁺基础油中国石化集团公司企业标准（Q/SH PRD0731—2018）

项目		4	6	8	10	12	试验方法
				HVI Ⅱ⁺			
				牌号[a]			
外观		透明无絮状物					目测[b]
运动黏度/(mm²/s)	40℃	报告					GB/T 265[c]
运动黏度/(mm²/s)	100℃	3.5~<4.50	5.50~<6.50	7.50~<9.00	9.00~<11.0	11.0~<13.0	
色度/号 ≤				0.5			GB/T 6540
饱和烃含量（质量分数）/% ≥				96			SH/T 0753
硫含量（质量分数）/% <				0.03			SH/T 0689[d]
黏度指数 ≥				110			GB/T 1995[e]
闪点（开口）/℃ ≥		185	200	220	230		GB/T 3536
倾点/℃ ≤				-15			GB/T 3535
浊点/℃ ≤		—	—	—	报告	报告	GB/T 6986
酸值/(mgKOH/g) ≤				0.01			GB/T 7304[f]
残炭值（质量分数）/% ≤		—	—	0.05	0.05	0.05	GB/T 17144[g]
蒸发损失率（Noack法）（质量分数）/（250℃·1h）/% ≤		17	13	—	—	—	NB/SH/T 0059[h]
密度（20℃）/(kg/m³)		报告					SH/T 0604[i]

续表

项目	牌号[a]					试验方法
	4	6	8	10	12	
水分（质量分数）/% ≤	痕迹					目测[j]
机械杂质	无					目测[k]
氧化安定性旋转氧弹[l]（150℃）/min ≥	280					SH/T 0193
泡沫性（泡沫倾向/泡沫稳定）/(mL/mL)	报告					GB/T 12579

a 4～12 为 100℃运动黏度整数数值。
b 将油品注入 100mL 洁净量筒中，油品应均匀透明无絮状物，如有争议，将油品温控制在 15℃±2℃下，应均匀透明无絮状物。
c 也可以采用 GB/T 30515 方法、GB/T 387、GB/T 17040，SH/T 0253 方法，有争议时，以 GB/T 265 为仲裁方法。
d 也可以采用 GB/T 2541 方法，有争议时，以 GB/T 1995 为仲裁方法。
e 也可以采用 GB/T 4945 方法，有争议时，以 GB/T 7304 为仲裁方法。
f 也可以采用 GB/T 268 方法，有争议时，以 GB/T 17144 为仲裁方法。
g 也可以采用 SH/T 0731，结果有争议时，以 NB/SH/T 0059 为仲裁方法。
h 也可以采用 GB/T 1884 和 GB/T 1885 方法。
i 将试样注入 100mL 玻璃量筒中观察，应当透明，没有悬浮和沉降的水分。在有异议时，以 GB/T 260 方法为准。
j 将试样注入 100mL 玻璃量筒中观察，应当透明，没有悬浮和沉降的机械杂质。在有异议时，以 GB/T 511 方法为准。
l 试验补充规定：1. 加入 0.8%抗氧剂 T501（2,6-二叔丁基对甲酚）。采用精度为千分之一的天平，称取 0.88g T501 于 250mL 烧杯中，继续加入待测油样，至总重为 110g（供平行试验用）。将油样均匀加热至 50～60℃，搅拌 15min，冷却后装入玻璃瓶备用。2. 试验用铜丝最好使用一次即更换。
3. 建议抗氧剂 2,6-二叔丁基对甲酚（T501）采用一级品。

表 1-7　HVI Ⅲ 基础油中国石化集团公司企业标准 (Q/SH PRD0731—2018)

项目	HVI Ⅲ　牌号[a]				试验方法
	4	6	8	10	
外观	透明无絮状物				目测[b]
运动黏度/(mm²/s)　40℃	报告				GB/T 265[c]
运动黏度/(mm²/s)　100℃	3.5~<4.50	5.50~<6.50	7.50~<9.00	9.00~<11.0	GB/T 265[c]
色度/号　≤	0.5				GB/T 6540
饱和烃含量(质量分数)/%　≥	98				SH/T 0753
硫含量(质量分数)/%　<	0.03				SH/T 0689[d]
黏度指数　≥	120				GB/T 1995[e]
闪点(开口)/℃　≥	185	200	220	230	GB/T 3536
倾点/℃　≤	-18		-15		GB/T 3535
浊点/℃　≤	报告				GB/T 6986
酸值/(mgKOH/g)　≤	0.01				GB/T 7304[f]
残炭值(质量分数)/%　≤	0.05				GB/T 17144[g]
蒸发损失率(Noack 法)(质量分数)/%(250℃,1h)　≤	15	11	—		NB/SH/T 0059[h]
密度(20℃)/(kg/m³)	报告				SH/T 0604[i]

项目	牌号[a]				试验方法
	HVI III				
	4	6	8	10	
水分（质量分数）/% ≤	痕迹				目测[j]
机械杂质	无				目测[k]
氧化安定性 旋转氧弹[l]（150℃）/ min ≥	300				SH/T 0193
泡沫性（泡沫倾向/泡沫稳定）/ (mL/mL)	报告				GB/T 12579

[a] 4～10 为100℃运动黏度整数值。

[b] 将油品注入100mL洁净量筒中，油品应均匀透明无絮状物，如有争议，将油温控制在15℃±2℃下，应均匀透明无絮状物。

[c] 也可以采用GB/T 30515方法，有争议时，以GB/T 265 为仲裁方法。

[d] 也可以采用GB/T 387、GB/T 17040，GB/T 11140，SH/T 0253 方法，有争议时，以SH/T 0689 为仲裁方法。

[e] 也可以采用GB/T 2541方法，有争议时，以GB/T 1995 为仲裁方法。

[f] 也可以采用GB/T 4945方法，有争议时，以GB/T 7304 为仲裁方法。

[g] 也可以采用GB/T 268方法，有争议时，以GB/T 17144 为仲裁方法。

[h] 也可以采用SH/T 0731、结果有争议时，以NB/SH/T 0059方法。

[i] 也可以采用GB/T 1884和GB/T 1885方法。

[j] 将试样注入100mL玻璃量筒中观察，应当透明，没有悬浮和沉降的水分。在有异议时，以GB/T 260 方法为准。

[k] 将试样注入100mL玻璃量筒中观察，应当透明，没有悬浮和沉降的机械杂质。在有异议时，以GB/T 511 方法为准。

[l] 试验补充规定：1.加入 0.8%抗氧剂 T501（2,6-二叔丁基对甲酚）。将油样均匀加热至 50～60℃，称取 0.88g T501 于 250mL 烧杯中，搅拌 15min，冷却后装入玻璃瓶备用。2.试验用铜丝最好使用一次即更换，继续加入待测油样，至总重为110g（供平行试验用）。

3.建议用抗氧剂 2,6-二叔丁基对甲酚（T501）采用一级品。

表1-8　HVI Ⅲ⁺基础油中国石化集团公司企业标准（Q/SH PRD0731—2018）

项目		4	6	8	10	试验方法
牌号/号			HVI Ⅲ⁺			
外观		透明无絮状物				目测[b]
运动黏度/(mm²/s)	40℃	报告				GB/T 265[c]
	100℃	3.5~<4.50	5.50~<6.50	7.50~<9.00	9.00~11.0	GB/T 265[c]
色度/号	≤	0.5				GB/T 6540
饱和烃含量（质量分数）/%	≥	98				SH/T 0753
硫含量（质量分数）/%	<	0.03				SH/T 0689[d]
黏度指数	≥	130				GB/T 1995[e]
闪点（开口）/℃	≥	185	200	220	230	GB/T 3536
倾点/℃	≤	−18		−15		GB/T 3535
浊点/℃	≤	—	9	报告		GB/T 6986
酸值/（mgKOH/g）	≤	0.01				GB/T 7304[f]
残炭值（质量分数）/%	≤	—		0.05		GB/T 17144[g]
蒸发损失率（Noack 法）（质量分数）（250℃，1h）/%	≤	—				NB/SH/T 0059[h]
密度（20℃）/（kg/m³）		报告				SH/T 0604[i]

续表

项目	HVI Ⅲ⁺				试验方法
牌号[a]	4	6	8	10	
水分（质量分数）/% ≤	痕迹				目测[j]
机械杂质	无				目测[k]
氧化安定性旋转氧弹[l]（150℃）/min ≥	300				SH/T 0193
泡沫性（泡沫倾向/泡沫稳定）/(mL/mL)	报告				GB/T 12579

[a] 4～10 为 100℃运动粘度整数值。

[b] 将油品注入 100mL 洁净量筒中，油品应均匀透明无絮状物。如有争议，将油温控制在 15℃±2℃下，应均匀透明无絮状物。

[c] 也可以采用 GB/T 30515 方法、GB/T 387、GB/T 17040、GB/T 11140、SH/T 265 方法。有争议时，以 GB/T 0253 方法。有争议时，以 SH/T 0689 为仲裁方法。

[d] 也可以采用 GB/T 2541 方法。有争议时，以 GB/T -995 方法。

[e] 也可以采用 GB/T 4945 方法。有争议时，以 GB/T 7304 为仲裁方法。

[f] 也可以采用 GB/T 268 方法。有争议时，以 NB/SH/T 17144 为仲裁方法。

[g] 也可以采用 SH/T 0731。结果采用 SH/T 0059 为仲裁方法。

[h] 也可以采用 SH/T 1884 和 GB/T 1885 方法。

[i] 将试样注入 100mL 玻璃量筒中观察，应当透明，没有悬浮和沉降的水分。

[j] 将试样注入 100mL 玻璃量筒中观察，应当透明，没有悬浮和沉降的机械杂质。在有异议时，以 GB/T 260 方法为准。

[k] 采用精度为千分之一的天平（供平行试验用）。采用抗氧剂 T501（2,6-二叔丁基对甲酚）。将油样均匀加热至 50～60℃，以 GB/T 511 方法为准。

[l] 试验补充规定：1. 加入 0.8% 抗氧剂 T501（2,6-二叔丁基对甲酚）。将油样均匀加热至 50～60℃，称取 0.88g T501 于 250mL 烧杯中，继续加入待测油样，至总重为 110g（供平行试验用）。采用精度为千分之一的天平，搅拌 15min，冷却后装入玻璃瓶备用。2. 试验用铜丝最好使用一次即更换。
3. 建议抗氧剂 2,6-二叔丁基对甲酚（T501）采用一级品。

1.1.3　通用环烷基基础油

（1）产品特性

采用环烷基原油经糠醛-白土精制工艺制得。适用于制备环保型橡胶填充油及各类工业用润滑油脂。

（2）技术参数

通用环烷基基础油企业标准见表1-9。

表1-9　通用环烷基基础油企业标准（Q/370000 ZLQ 016—2019）

项目	指标						试验方法
	3#	6#	10#	14#	18#	22#	
色度/号 ≤	1.5	2.0	2.0	2.5	3.0	3.0	GB/T 6540
密度(20℃)/(kg/m³) ≤	920	930	940	950	960	960	GB/T 1884 SH/T 0604
运动黏度(100℃)/(mm²/s)	1.0～6.0	4.0～9.0	9.0～12.0	12.0～16.0	16.0～20.0	20.0～24.0	GB/T 265 NB/SH/T 0870
倾点/℃ ≤	−8	10	10	20	20	20	GB/T 3535
闪点(开口)/℃ ≥	140	180	185	190	200	210	GB/T 3536
水分	痕迹	痕迹	痕迹	痕迹	痕迹	痕迹	GB/T 260

1.1.4　橡胶增塑剂芳香基矿物油

（1）产品特性

采用天然石油生产的芳香基矿物油型橡胶增塑剂。适用于苯乙烯-丁二烯橡胶（SBR）、丁二烯橡胶（BR）、异戊二烯橡胶（IR）等橡胶合成中的填充油，以及橡胶轮胎加工的增塑、软化用油。

（2）技术参数

橡胶增塑剂　芳香基矿物油国家标准见表1-10。

表1-10　橡胶增塑剂　芳香基矿物油国家标准（GB/T 33322—2016）

项目	指标							试验方法
	A0709	A1004	A1020	A1220	A1426	A1820	A2530	
(1)密度(20℃)/(kg/m³)	报告	报告	报告	报告	报告	报告	报告	GB/T 1884 GB/T 1885

项目	指标							试验方法
	A0709	A1004	A1020	A1220	A1426	A1820	A2530	
(2)运动黏度/(mm²/s) 40℃ 100℃	报告 7~11	报告 3~5	报告 16~26	报告 16~26	报告 22~30	报告 16~26	报告 ≥30	GB/T 265
(3)闪点/℃　≥	190	165	210	210	210	220	230	GB/T 3536
(4)倾点/℃　≤	15	−10ᵃ	15	15	15	20	20	GB/T 3535
(5)苯胺点/℃　≤	90	85	99	95	95	85	75	GB/T 262
(6)色度/号　≤	1.5	0.5	—	—	—	—	—	GB/T 6540
(7)酸值(以 KOH 计)/(mg/g)　≤	0.5	0.5	报告	报告	报告	报告	报告	GB/T 4945
(8)折射率 n_D^{20}	报告	报告	报告	报告	报告	报告	报告	SH/T 0724
(9)黏重常数(VGC)	报告	报告	报告	报告	报告	报告	报告	NB/SH/T 0835
(10)硫含量ᵇ/(mg/kg) 硫含量(质量分数)ᵇ/%	报告	报告	报告	报告	报告	报告	报告	SH/T 0689 GB/T 17040
(11)机械杂质(质量分数)/%	无	无	无	无	无	无	无	GB/T 511
(12)水分(体积分数)/%	痕迹	痕迹	痕迹	痕迹	痕迹	痕迹	痕迹	GB/T 260
(13)稠环芳烃(PCA)含量/%<	3	3	3	3	3	3	3	NB/SH/T 0838
(14)碳型分析ᶜ/% C_A　≥ C_N C_P	7 报告 报告	10 报告 报告	10 报告 报告	12 报告 报告	14 报告 报告	18 报告 报告	25 报告 报告	SH/T 0725 SH/T 0729
(15)八种多环芳烃(PAHs)之和/(mg/kg)　≤ 其中:1)苯并(a)芘　≤ 2)苯并(e)芘 3)苯并(a)蒽 4)䓛 5)苯并(b)荧蒽 6)苯并(j)荧蒽 7)苯并(k)荧蒽 8)二苯并(a,h)蒽	10 1 报告 报告 报告 报告 报告 报告 报告	10 1 报告 报告 报告 报告 报告 报告 报告	10 1 报告 报告 报告 报告 报告 报告 报告	10 1 报告 报告 报告 报告 报告 报告 报告	10 1 报告 报告 报告 报告 报告 报告 报告	10 1 报告 报告 报告 报告 报告 报告 报告	10 1 报告 报告 报告 报告 报告 报告 报告	SN/T 1877.3—2007 第一法

ᵃ 经用户同意,该指标可由供需双方协商确定。

ᵇ 根据油品实际硫含量选用其中一种检测方法即可。

ᶜ 如有争议时,加氢精制产品以 SH/T 0729 为仲裁方法;非加氢精制产品以 SH/T 0725 为仲裁方法。

1.2　合成基础油

合成基础油是采用有机合成的方法,而制备的具有特定化学结构和特殊性能的油品。在化学组成上,合成基础油的每一个品种都是单一的纯物质或同系物的混合物。构成合成基础油的元素除碳、氢之外,还可以包括氧、硅、磷和卤素等。与矿物基础油相比,合成基础油具更好的耐高低温性能、耐高真空性能、化学安定性、难燃性和抗辐射性等,更适用于工作条件苛刻的润滑部位。

1.2.1 合成基础油分类

根据合成润滑油基础油的化学结构,美国材料试验学会(ASTM)特设委员会制定了一个合成润滑油基础油的试行分类法。该方法合成润滑油基础油分为合成烃润滑油、有机酯和其他合成润滑油等三大类。ASTM合成基础油的分类见表1-11。

表 1-11　合成基础油的分类

类别	物质
合成烃润滑油	聚 α-烯烃油 烷基苯 聚丁烯 合成环烷烃
有机酯	双酯 多元醇酯 聚酯
其他合成润滑油	聚醚 磷酸酯 硅酸酯 卤代烃 聚苯醚

1.2.2 DowSyn 聚 α-烯烃(PAO)

(1) 产品特性

其为无色透明液体,具有优异的低温性能和低挥发性,以及更好的热稳定性。黏度指数较高,在低温下具有良好的流动性,高温下可保持较厚的油膜。适合调配在极端条件下使用的需要高稳定性的润滑油脂,如发动机油和传动油、工业齿轮油和车用齿轮油、压缩机油、液压油,以及工业、航空和汽车用宽温润滑脂等。

(2) 技术参数

DowSyn 聚 α-烯烃(PAO)的典型数据见表1-12。

表 1-12 DowSyn 聚 α-烯烃（PAO）典型数据

项目	典型值														试验方法
	PA02	PA04	PA05	PA06	PA07	PA08	PA09	PA010	PA040	PA0100	mPA065	mPA0150	V600	V1000	
运动黏度/(mm²/s)															
100℃	1.7	3.9	5.2	5.9	7.0	7.8	9.0	9.9	40	100.8	65	155	604	1010	ASTM D445
40℃	—	16.9	—	—	—	—	53.9	63	386	1258	605	1650	7348	11700	
−40℃	—	2420	—	—	—	—	—	—	—	—	—	—	—	—	
黏度指数	—	123	145	135	145	138	146	143	154	170	181	208	270	310	ASTM D2270
诺亚克蒸发损失/%	—	11	—	—	—	—	2.2	3.2	0.7	0.7	1.5	1	0.8	<0.1	ASTM D5800
密度(20℃)/(g/cm³)	—	0.82	—	—	—	—	0.8343	0.832	0.845	0.853	0.8315	0.845	0.8495	0.8490	ASTM D1298
倾点/℃	−73	−73	−70	−68	−63	−57	−56	−52	−39	−30	−45	−33	−21	−21	ASTM D97
闪点(开口)/℃	160	219	—	—	—	—	276	260	285	295	285	275	300	>300	ASTM D92
外观	清澈透明														ASTM D4176
气味	无异味														ASTM D129

1.2.3 Synnaph 重烷基苯

(1) 产品特性

清澈透明淡黄色液体。具有高的黏度指数和高的闪点，较低的倾点，以及优良的黏温特性。在热氧化条件下性能稳定。由于其结构的非极性，故不会与添加剂发生表面竞争吸附。对添加剂溶解能力强，与 PAO 或加氢基础油配合使用，以增加其添加剂的溶解性。适用于作为发动机油、自动传动液、车用齿轮油、工业齿轮油、润滑脂、导热油、冷冻机油等油品的基础油。

(2) 技术参数

Synnaph 重烷基苯的典型数据见表 1-13。

表 1-13　Synnaph 重烷基苯典型数据

项目	典型值			试验方法
	AB3	AB4	AB6	
运动黏度/(mm^2/s) 100℃ 40℃	 3.19 15.69	 3.85 20.9	 5.7 39	ASTM D445
黏度指数	40	52	81	ASTM D2270
密度(15.6℃)/(g/cm^3)	0.8762	0.8741	0.8746	ASTM D1298
倾点/℃	−66	−62	−56	ASTM D97
闪点(开口)/℃	184	190	220	ASTM D92
苯胺点/℃	49.6	60	74.8	ASTM D611
外观	清澈透明			目测
色度	0.2	0.9	2.5	ASTM D1500
气味	无异味	无异味	无异味	ASTM D1296
酸值/(mg KOH/g)	0.01	0.01	0.01	ASTM D974
水分/(μg/g)	<100	<100	<100	ASTM 6304
馏程/℃ 初馏点 5% 10% 50% 90%	 338 343 345 355 372	 340 349 352 361 390	 329 358 366 383 400	ASTM D86

1.2.4 DowSyn 烷基萘基础油

(1) 产品特性

清澈透明淡黄色液体。具有优异的热氧化稳定性。闪点高，蒸发损失低。水解安定性、添加剂溶解性、破乳化性优良。与密封材料有良好的相容性。适用于调配极端苛刻条件下的润滑油。

(2) 技术参数

DowSyn 烷基萘基础油的典型数据见表 1-14。

表 1-14　DowSyn 烷基萘基础油典型数据

项目	典型值						试验方法
	AN4	AN5	AN12	AN15	AN23	AN30	
外观	淡黄色液体						目测
运动黏度/(mm²/s)							ASTM D445
100℃	3.8	4.52	12.17	15.1	20.5	29.85	
40℃	21.54	26.5	115	140	206	301	
黏度指数	32	68	95	109	116	135	ASTM D2270
密度(20℃)/(g/cm³)	0.914	0.907	0.89	0.885	0.875	0.872	ASTM D1298
倾点/℃	−50	−50	−36	−40	−39	−20	ASTM D97
闪点(开口)/℃	210	220	270	260	288	320	ASTM D92
酸值/(mg KOH/g)	0.01	0.01	0.01	0.01	0.01	0.01	ASTM D974
苯胺点/℃	30	32	90	96	110	125	ASTM D611
诺亚克蒸发损失/%	39	18.5	4.0	2.2	1.3	<1	ASTM D5800
色度	<0.5	—	—	—	—	—	ASTM D1500
低温动力黏度(−30℃)/(mPa·s)	5120	—	—	—	—	—	ASTM D5293
馏程/℃							ASTM D86
初馏点	390	—	—	—	—	—	
5%	394	—	—	—	—	—	
50%	398	—	—	—	—	—	
95%	400	—	—	—	—	—	
终馏点	402	—	—	—	—	—	
旋转氧弹/min							ASTM D2272
不加剂	156	—	—	—	—	—	
加抗氧剂(1% DW7007 和 DW7001)	>3000	—	—	—	—	—	

1.2.5 偏苯三酸三 (2-乙基己基) 酯 (TOTM)

$$H_{17}C_8-O-C\overset{\displaystyle O}{\Vert}...$$

（1）产品特性

淡黄色透明黏稠油状液体。微溶于水，可溶于乙醚、丙酮等大多数有机溶剂。凝点≤−46℃。沸点（0.13kPa）258℃。折射率（20℃）1.482～1.488。黏度（25℃）210mPa·s。主要用于105℃级耐热PVC电线电缆料、医疗器械、食品包装，以及耐热和耐久性的板材、片材、密封垫等制品。

（2）技术参数

偏苯三酸三（2-乙基己基）酯化工行业标准见表1-15。

表1-15 偏苯三酸三（2-乙基己基）酯化工行业标准（HG/T 3874—2018）

项目		指标	
		优等品	一等品
外观		透明、无可见杂质的油状液体	
色度(Pt-Co)号	≤	40	80
酸值/(mg KOH/g)	≤	0.15	0.20
酯含量/%	≥	99.5	99.0
体积电阻率/($10^9 \Omega \cdot$ m)	≥	10	3
水分/%	≤	0.10	0.15
密度(20℃)/(g/cm^3)		0.984～0.991	0.984～0.991
闪点/℃	≥	240	240

1.2.6 三羟甲基丙烷油酸酯 (TMPTO)

$$
\begin{aligned}
&\text{CH}_2\text{OOC(CH}_2)_7\text{CH}=\text{CH(CH}_2)_7\text{CH}_3\\
&\quad\quad|\\
\text{CH}_3\text{CH}_2&\text{C}-\text{CH}_2\text{OOC(CH}_2)_7\text{CH}=\text{CH(CH}_2)_7\text{CH}_3\\
&\quad\quad|\\
&\text{CH}_2\text{OOC(CH}_2)_7\text{CH}=\text{CH(CH}_2)_7\text{CH}_3
\end{aligned}
$$

（1）产品特性

微黄色至黄色透明液体。润滑性能优异，黏度指数高，抗燃性好，生物降解率达90%以上。主要用于调配液压油、发动机油和油性剂等。

（2）技术参数

动物油酸作起始剂的三羟甲基丙烷油酸酯标记为"A型"，植物油酸作起始剂的三羟甲基丙烷油酸酯标记为"B型"。三羟甲基丙烷油酸酯轻工行业标准见表1-16。

表1-16　三羟甲基丙烷油酸酯轻工行业标准（QB/T 2975—2008）

项目		指标	
		A 型	B 型
外观(25℃)		微黄色至黄色透明液体	
酸值/(mg KOH/g)	≤	1.5	
皂化值/(mg KOH/g)		180.0～190.0	178.0～188.0
闪点/℃	≥	310	
倾点/℃	≤	−21	−27
水分/%	≤	0.1	
运动黏度(40℃)/(mm²s)		48.0～55.0	46.0～52.0

1.2.7　季戊四醇酯（PETO）

$$
\begin{array}{c}
\text{CH}_2\text{OOCR} \\
| \\
\text{RCOOH}_2\text{C}-\text{C}-\text{CH}_2\text{OOCR} \\
| \\
\text{CH}_2\text{OOCR}
\end{array}
$$

（1）产品特性

无色至黄色透明液体。润滑性能优异、黏度指数高，抗燃性好，生物降解率达90%以上。是68号合成酯型抗燃液压油理想的基础油，可用于调配要求环保的液压油、链锯油和水上游艇用发动机油。作为油性剂，在钢板冷轧制液、钢管拉拔油及其他金属加工液中也被广泛使用。

（2）技术参数

季戊四醇酯企业标准见表1-17。

表 1-17　季戊四醇酯企业标准

项目		PETO-A	PETO-B	PETO-C
外观		无色或淡黄色透明液体	黄色透明液体	深黄色透明液体
运动黏度/(mm^2/s) 40℃ 100℃		60～70 12.5～13.5	60～70 12.5～13.5	60～70 12.5～13.5
黏度指数	⩾	180	180	180
酸值/(mgKOH/g)	⩽	1	1	5
闪点(开口)/℃	⩾	280	270	255
倾点/℃	⩽	−25	−20	−10
羟值/(mg KOH/g)	⩽	15	15	20

1.2.8　双季戊四醇酯

$$ROOCH_2C-\underset{\underset{CH_2COOR}{|}}{\overset{\overset{CH_2COOR}{|}}{C}}-CH_2-O-CH_2-\underset{\underset{CH_2COOR}{|}}{\overset{\overset{CH_2COOR}{|}}{C}}-CH_2COOR$$

(1) 产品特性

无色至黄色透明油状液体。黏度高，具有优异的热、氧化稳定性。适宜作为Ⅱ型航空发动机油、高黏度合成酯冷冻机油、高温链条油和高温润滑脂等的基础油。

(2) 技术参数

双季戊四醇酯的企业标准见表1-18。

表 1-18　双季戊四醇酯企业标准

项目		DIPE-1	DIPE-2
外观		无色至黄色透明油状液体	
运动黏度(mm^2/s) 40℃ 100℃		50～60 8.5～10	200～240 18～22
黏度指数	⩾	130	90
酸值/(mg KOH/g)	⩽	0.5	0.5
闪点(开口)/℃	⩾	270	280
倾点/℃	⩽	−40	−15

1.2.9 润滑脂专用合成酯基础油

(1) 性能特点

属于饱和的高纯度合成基础油。在低温下可保持良好的流动性，高温长期保持较低的蒸发损失。具有良好的润滑性和溶解性。与稠化剂复配，可减少用量，提高滴点。制成的润滑脂，可用于超低温条件下飞机机身的润滑，超高的温度条件下钢铁厂和熔炉的润滑，还可用于汽车轴承、食品工业加工机械中的偶然接触领域，以及齿轮和其他环保要求的船舶中。

(2) 技术参数

润滑脂专用合成酯基础油的典型数据见表1-19。

表 1-19　润滑脂专用合成酯基础油典型数据

牌号	密度(25℃)/(g/cm³)	运动黏度/(mm²/s)		黏度指数	闪点(开口)/℃	倾点/℃
		40℃	100℃			
8223	0.928	7.6	2.3	140	205	−60
8273	0.92	25	5.1	137	230	−60
3292T	0.92	20	4.4	140	250	−50
5950P	0.98	50	8	126	250	−43
5995P	0.98	100	10	77	270	−35
5014P	0.98	140	13	80	250	−35
5032P	0.98	320	21	70	250	−35
2722DH	0.93	220	19	97	290	−35
2732DH	0.95	320	24	95	290	−30
2738DH	0.96	380	29	90	295	−20
2986	0.92	55000	2400	290	325	6

1.2.10 UCON水溶性聚醚基础油

$$R-O-(\overset{\overset{\displaystyle CH_3}{|}}{CH}-CH_2)_m O-(CH_2CH_2O)_n-H$$

式中，R代表烷基。

(1) 产品特性

以烷基醇、二元醇作为起始基的 EO/PO 无规共聚物。50-HB 系列是一种醇作为起始剂的含有等重量的环氧乙烷基团和环氧丙烷基团的聚合物，末端带有一个羟基。在室温下可溶于水。75-H 系列是一种二醇作为起始剂的聚合物，含 75%（质量分数）的环氧乙烷基团和 25%（质量分数）的环氧丙烷基团，带有两个末端羟基。在 75℃ 下可溶于水。具有多种不同的分子量和黏度等级。广泛应用于水-乙二醇抗燃液压液、淬火剂、金属切削液、纺织纤维润滑剂、压缩机油、润滑脂、电镀、消泡剂。

(2) 技术参数

UCON 水溶性聚醚基础油的典型数据见表 1-20。

表 1-20　UCON 水溶性聚醚基础油典型数据

牌号	运动黏度/(mm²/s)		黏度指数	密度/(g/cm³)		闪点(开口)/℃	倾点/℃	数均分子量
	40℃	100℃		40℃	100℃			
50-HB-55，Inh	8.3	2.36	97	0.947	0.864	124	−62	270
50-HB-100	19	4.59	165	0.995	0.946	196	−51	520
50-HB-170	33	7.45	197	1.005	0.943	232	−42	750
50-HB-260	53	11.1	212	1.017	0.968	238	−40	970
50-HB-400	81	16.3	220	1.018	0.956	249	−41	1230
50-HB-660	130	25.6	230	1.028	0.978	229	−34	1590
50-HB-2000	440	70.2	254	1.038	0.989	249	−32	2660
50-HB-3520	700	117	269	1.040	0.993	243	−29	3380
50-HB-5100	1020	164	281	1.045	0.997	246	−29	3930
75-H-450	60	19.6	184	1.079	1.014	240	−15	980
75-H-1400	290	41.5	207	1.066	0.991	271	4	2470
75-H-9500	1800	250	282	1.070	0.985	266	4	6950
75-H-90000	17000	2545	414	1.067	0.992	265	4	12000

1.2.11　UCON 水不溶性聚醚基础油

$$R-O-(\overset{\underset{\displaystyle |}{CH_3}}{CH}-CH_2O)_m-H$$

式中，R 代表烷基。

（1）产品特性

聚烷撑乙二醇（PAG）聚合物基础油。是一种醇作为起始剂的环氧丙烷基团的聚合物，带有一个末端羟基。不溶于水，具有多种不同的分子量和黏度等级。广泛应用于配制醚酯型压缩机油。

（2）技术参数

UCON 水不溶性聚醚基础油的典型数据见表 1-21。

表 1-21　UCON 水不溶性聚醚基础油典型数据

牌号	运动黏度/(mm²/s)		黏度指数	密度/(g/cm³)		闪点(开口)/℃	倾点/℃	数均分子量
	40℃	100℃		40℃	100℃			
LB-65	11	2.73	83	0.942	0.984	221	−57	340
LB-165	34	6.71	169	0.965	0.918	266	−46	740
LB-250	50	9.86	188	0.971	0.925	274	−51	1100
LB-285	61	10.8	184	0.972	0.925	235	−40	1020
LB-385	80	14.0	190	0.971	0.910	232	−37	1200
LB-525	100	18.4	196	0.977	0.929	238	−34	1420
LB-625	120	21.4	200	0.982	0.935	232	−32	1550
LB-1145	230	36.9	214	0.982	0.934	235	−29	2080
LB-1715	370	51.9	219	0.984	0.936	232	−23	2490

1.2.12　UCON OSP 油溶性聚醚基础油

$$R-O-(CH-CH_2O)_m-(CHCH_2O)_n-H$$
$$\quad\quad\quad\ \ |\ \ CH_3 \quad\quad |\ \ CH_2CH_3$$

式中，R 代表烷基。

（1）产品特性

以烷基醇、二元醇、三元醇为起点，PO/BO 无规共聚的聚醚合成基础油。具有高的黏度指数，优异的润滑性能。高闪点、低倾点、工作温度范围宽。对橡胶件相容性较好。毒性很低。残炭少，高温可以完全挥发掉，不留残余。摩擦系数低。抗氧化性优异。与Ⅰ～Ⅳ类基础油可相互混溶。广泛用于空压机油、车用空调压缩机油、高压聚乙烯及石油气体压缩机油、齿轮油、蜗轮蜗杆油、制动液、抗燃液压油、淬火油、金属加工液等。

(2) 技术参数

UCON OSP 油溶性聚醚基础油的典型数据见表 1-22。

表 1-22　UCON OSP 油溶性聚醚基础油典型数据

项目	OSP-32	OSP-46	OSP-68	OSP-150	OSP-220	试验方法
运动黏度/(mm^2/s) 40℃ 100℃	32 6.5	46 8.5	68 12	150 23	220 32	ASTM D445
黏度指数	146	164	171	186	196	ASTM D2270
倾点/℃	<-43	<-43	-40	-37	-34	ASTM D97
闪点(开口)/℃	216	216	218	228	226	ASTM D92
酸值/(mg KOH/g)	<0.1	<0.1	<0.1	<0.1	<0.1	ASTM D974
四球磨损直径/mm	0.58	0.58	0.48	0.43	0.46	ASTM D4172

1.2.13　润滑脂专用 PAG 聚醚基础油

(1) 产品特性

具有特殊结构 PAG 聚醚基础油。具有优良的黏温特性，倾点低，低温流动性良好。摩擦特性优异，特别是对钢/磷青铜摩擦。加入抗氧抑制剂后，又有很好的氧化稳定性。与金属及非金属材料的相容性良好。可用于汽车零部件润滑脂，如汽车制动系统中与刹车液接触的线性运动部件、活塞与 EPDM 密封圈、盘式刹车系统真空助力器的定位销、滑动防护罩、活塞片与柱塞等部位的密封润滑，同时还可以用于橡胶与金属、塑料与金属、塑料与塑料、金属与金属材料间的终身寿命润滑。

(2) 技术参数

凯联润滑脂专用 PAG 聚醚基础油的典型数据见表 1-23。

表 1-23　凯联润滑脂专用 PAG 聚醚基础油典型数据

牌号	运动黏度/(mm^2/s)		黏度指数	倾点/℃	闪点/℃	酸值/ (mg KOH/g)	水分/%
	40℃	100℃					
KLP150	150	26	200	-40	230	0.05	0.1
KLP220	220	38	210	-35	235	0.05	0.1
KLP320	320	52	225	-35	240	0.05	0.1

牌号	运动黏度/(mm^2/s)		黏度指数	倾点/℃	闪点/℃	酸值/ $(mg\ KOH/g)$	水分/%
	40℃	100℃					
KLP460	460	70	230	−35	245	0.05	0.1
KLP680	680	105	240	−30	255	0.05	0.1
KLP1000	1000	150	250	−30	260	0.05	0.1

1.2.14 二甲基硅油

(1) 产品特性

又称甲基硅油或聚二甲基硅氧烷。分子主链由硅氧原子组成，与硅相连的侧基为甲基。25℃下的黏度范围为 $10 \sim 200000 mm^2/s$，相对密度（d_4^{20}）$0.93 \sim 0.975$，折射率（n_D^{20}）$1.390 \sim 1.410$。具有优异的电绝缘性能和耐热性，闪点高、凝点低，可在 $-50 \sim 200$℃温度范围内长期使用。黏温系数小，压缩率大，表面张力小，憎水防潮性好，比热容和导热系数小。其黏度随分子中硅氧链节数 n 值的增大而增高。适用于做为橡胶，塑料轴承、齿轮的润滑剂，也可做在高温下钢对钢的滚动摩擦，或钢与其他金属摩擦时的润滑剂。一般情况下，并不推荐作为常温下金属间的润滑剂。

(2) 技术参数

201 二甲基硅油化工行业标准见表 1-24。

表 1-24　201 二甲基硅油化工行业标准（HG/T 2366—2015）

项目	指标				
	201-100	201-350	201-500	201-1000	201-TX
黏度(25℃)/(mm^2/s)	100±5	350±20	500±25	1000±50	X^a
密度(25℃)/(g/cm^3)	0.958~0.968	0.962~0.972	0.962~0.972	0.965~0.975	实测
折射率(25℃)	1.4020~1.4040	1.4020~1.4040	1.4020~1.4040	1.4025~1.4045	实测
闪点(开口)/℃	≥310	≥315	≥315	≥320	实测

项目	指标				
	201-100	201-350	201-500	201-1000	201-TX
酸值(以 KOH 计)/(μg/g)	≤10	≤10	≤10	≤10	≤10
挥发分(150℃,2h)/%	≤1.00	≤1.00	≤1.00	≤1.00	≤1.00

a 为 $X\pm X\times5\%$。

1.2.15 苯甲基硅油

(1) 产品特性

无色或淡黄色透明液体。密度 $1.01\sim1.08g/cm^3$。折射率 $1.425\sim1.533$。表面张力在 $2.1\times10^{-4}\sim2.85\times10^{-4}N/cm$。物理性质随分子量变化而异。苯基含量提高,密度和折射率增大。低苯基含量的凝固点低于 $-70℃$。中苯基和高苯基含量的热稳定性提高,并具有优良的耐辐射性。无毒。250℃热空气中的凝胶化时间为1750h,还具有良好的耐辐照性能及高的氧化稳定性、耐热性、耐燃性、抗紫外线性和耐化学性。用于绝缘、润滑、阻尼、防震、防尘及高温热载体等。

(2) 技术参数

苯甲基硅油的企业标准见表1-25。

表 1-25 苯甲基硅油企业标准 (Q/45090448—8.140—2016)

项目	GY250-30		GY255-150A		GY255-150B		GY255-80	
	一级品	合格品	一级品	合格品	一级品	合格品	一级品	合格品
外观	无色至淡黄色液体	黄色液体	无色至淡黄色透明油状液体	黄色至棕色透明油状液体	无色至淡黄色透明油状液体	黄色至棕色透明油状液体	无色至淡黄色透明油状液体	黄色至棕色透明油状液体
运动黏度(25℃)/(mm²/s)	25~40		100~200		100~200		60~100	

项目	GY250-30		GY255-150A		GY255-150B		GY255-80	
	一级品	合格品	一级品	合格品	一级品	合格品	一级品	合格品
折光率(25℃)	1.470～1.485		1.480～1.495		1.480～1.495		1.470～1.495	
闪点(开口)/℃ ≥	240		300		280		280	
密度(25℃)/(g/cm³)	—		1.02～1.08					
介质损耗因素（50Hz，90℃）≤	8×10⁻³							
介电常数(50Hz,23℃) ≥	2.7							
介电强度(2.5mm)/KV ≥	32.5		—		—		—	
凝点/℃ ≤	—		−40		−40			

1.2.16 全氟聚醚油 （PFPE）

$$C_3F_7-[CF(CF_3)-CF_2O]_n-CF_2CF_3$$

式中，$n=10～80$。

(1) 产品特性

与烃类润滑剂的分子结构基本相似。由于分子中氟原子代替了氢原子，使其具有较高的热稳定性、氧化稳定性等良好的化学惰性，以及绝缘性质。分子量较大的 PFPE 还具有低挥发性、较宽的液体温度范围及优异的黏温特性。密度较大，但表面张力和折光率却很低。从低温到高温都显示出了很低的蒸气压，同时呈现低的摩擦系数与高的耐荷重性。具有不燃性，但是暴露在空气中使用时，超过 400℃ 就开始慢慢分解。在无有效催化剂的情况下，即使有氧存在，在 270～300℃ 的范围内仍很稳定。即使在高温条件下，对强腐蚀性的酸、碱、氧化剂等仍然很稳定。黏度指数为 150～400。分子量越大的油，其黏度指数也越大。主要应用于热、化学品、溶剂、腐蚀、毒性、易燃性，以及具有润滑寿命要求的工况环境中，包括化工、电子、军事、核、航空航天和其他具有特殊要求的润滑领域。

(2) 技术参数

全氟聚醚油的企业标准见表 1-26。

表 1-26 全氟聚醚油企业标准 （Q31/0120000542C001—2017）

项目	FI04	FI06	FI25	FI45	FI50	FI80	FI120	FI150	FI180
运动黏度(20℃)/(mm²/s)	30～45	55～70	250～290	400～500	500～580	800～880	1200～1300	1500～1600	1800～1950

项目	FI04	FI06	FI25	FI45	FI50	FI80	FI120	FI150	FI180
倾点/℃	<−56	<−45	<−38	<−36	<−35	<−33	<−28	<−26	<−24
蒸发损失/% 120℃，22h 200℃，22h	<20 —	<8.0 —	<3 —	<2.5 —	<20 —	— <1.8	— <1.2	— <1.0	— <0.9
表面张力/(dyne/cm)	19~24	19~24	19~24	19~24	19~24	19~24	19~24	19~24	19~24
密度(0℃)/(g/cm³)	1.90~ 1.91	1.91~ 1.92	1.92~ 1.93	1.93~ 1.94	1.93~ 1.94	1.94~ 1.95	1.94~ 1.95	1.94~ 1.95	1.94~ 1.95
核磁氢谱	未检 出氢	未检 出氢	未检 出氢	未检 出氢	未检 出氢	未检 出氢	未检 出氢	未检 出氢	未检 出氢

1.3 金属皂基稠化剂

皂基稠化剂多为高级脂肪酸的金属皂，一般由天然动、植物油脂或脂肪酸，经过与碱类或者有机金属化合物在一定条件下反应制成。在皂基稠化剂的范畴内，还包括复合皂。复合皂是由脂肪酸金属皂与低分子酸盐类共结晶复合而成。制备金属皂基稠化剂的原料包括高级脂肪酸、低分子量有机羧酸和无机酸，以及碱类和有机金属化合物等。此外，一些长链有机羧酸金属盐，如脂肪酸盐、磺酸盐等也被直接用于润滑脂生产中。

1.3.1 金属皂基脂稠化机理

皂基稠化剂是高级脂肪酸的各种金属盐类即金属皂类。金属皂的分子一端是极性的，即被金属原子置换了氢原子的羧基，简称羧基端，而另一端是非极性的烃基端。将稠化剂分散到基础油中，所形成的微观结构是高度缠结的胶体分散体系。润滑脂的结构分散体系，是一种以基础油为分散介质（连续相），以皂-油凝胶粒子即皂纤维（非连续相）为分散相的二相结构分散体系。作为润滑脂的分散相的皂纤维，仍然是一个以油为分散介质和以皂分子聚结体（皂结晶体）为分散相的结构分散体系。皂纤维粒子内部的油（即膨化油）和作为润滑脂的分散介质的油（即游离油）之间，两者可以互相转移。稠化剂应具有良好的分散性、表面亲油性、稳定性和防腐性。理想的稠化剂，应该具有较强的稠化能力，与基础油有较好的配伍性。皂基润滑脂内部微观结构模型见图1-1。

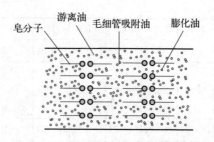

图1-1 皂基润滑脂内部微观结构模型

　　在适当的条件下，金属皂分子在基础油中能借助于羧基端的离子力和烃基端的分子力（范德瓦尔斯力）的相互吸引而聚结成皂纤维。皂纤维中皂分子的羧基端通过相互吸引而处在纤维的内部，烃基端则指向纤维的表面，因而使纤维的表面具有亲油性。皂纤维靠分子力和离子力互相吸引而形成交错的网格骨架，使基础油固定在结构骨架的空隙中、吸附在皂纤维的表面和渗入皂纤维的内部，从而形成具有塑性的半固体状润滑脂。

　　润滑脂微观结构是以高度缠结的稠化剂纤维为主体骨架，基础油吸附于结构骨架间隙内，整体形成复杂的三维网状结构。在稠化剂的分子之间，是以羧基对羧基互相衔接而烃基指向外的双分子层，即以"头碰头、尾对尾"的双分子对形式排列。皂分子羧基盐端的氧与邻近分子金属离子之间的力为离子力，本质上属于静电引力，大小与距离的平方成反比。离子力强度较大，使得皂分子相互聚集成为皂结晶体。烃基端相邻甲基、亚甲基之间的范德华力，与距离成反比，相比离子力要小得多。正是不同方向上作用力的差异，才使皂分子彼此聚结形成皂纤维结构。

1.3.2　金属皂基稠化剂种类

　　金属皂基稠化剂包括单皂、混合皂和复合皂。

　　单皂有锂皂、钠皂、钡皂、钙皂、铝皂和锌皂等。脂肪酸锂皂制成的润滑脂，属于多用途的润滑脂。锂基脂能用于120℃的高温，具有良好的减摩性质和抗水性。脂肪酸钙皂是应用最早的润滑脂稠化剂，其原料来源广、成本低，制成的润滑脂抗水性好、润滑性好，但滴点较低。脂肪酸铝皂制成的润滑脂，具有透明光滑的外观，抗水性很强，但滴点较低，只适用于工作温度在70℃以下的部位。钠皂的滴点较高，但是其抗水性差，不宜在有水和潮湿的环境下工作。

　　混合皂有锂-钙皂、钙-锂皂和钙-钠皂等。以混合皂为稠化剂得到的混合皂基润滑脂，可以发挥相应单皂基脂的优点，而克服其不足，从而使之更满足实际工况条件的要求。

复合皂有复合钙皂、复合铝皂、复合锂皂、复合钙磺酸钙皂、复合钛皂等。复合皂是由两种或两种以上成分共结晶，构成的皂结晶或皂纤维所形成的皂。复合皂基润滑脂的显著特点，是进一步提高了相应单皂基脂的耐高温性能。

制备金属皂基稠化剂的原料主要是牛油、猪油、棉籽油、菜籽油、蓖麻油等天然脂肪，经加工后得到的硬脂酸、12-OH 硬脂酸、软脂酸、油酸等单组分脂肪酸，而碱类主要是氢氧化锂、氢氧化钙、氢氧化铝和氢氧化钡。由于氢氧化铝属于两性氢氧化物，不能直接与脂肪酸反应，故采用异丙醇铝或三异丙氧基三氧基铝等有机活性铝化合物。复合皂基稠化剂是由高级脂肪酸与低分子量单元有机酸或二元酸，以及部分无机酸所制备，常用的有醋酸、辛酸、癸二酸、壬二酸、十二碳二元酸、苯甲酸、水杨酸、硼酸等。

1.3.3 工业硬脂酸

$CH_3(CH_2)_{16}COOH$

(1) 产品特性

白色或微黄色的蜡状固体。微带牛油气味。熔点 69.6℃。沸点 376.1℃（分解）。密度（20℃）0.9408g/mL。折射率（80℃）1.4299。在 90～100℃下慢慢挥发。商品硬脂酸是棕榈酸与硬脂酸的混合物。溶于乙醇、乙醚、氯仿、二硫化碳、四氯化碳等溶剂，不溶于水。主要用于生产硬脂酸盐，在香料工业中是合成酯类的原料。

(2) 技术参数

工业硬脂酸国家标准见表 1-27。

表 1-27 工业硬脂酸国家标准（GB/T 9103—2013）

项目	指标						橡塑级
	1840 型		1850 型		1865 型		
	一等品	合格品	一等品	合格品	一等品	合格品	
C_{18} 含量[a]/%	38～42	35～45	48～55	46～58	62～68	60～70	
皂化值（以 KOH 计）/(mg/g)	206～212	203～215	206～211	203～212	202～210	200～210	190～225

项目	指标						
	1840 型		1850 型		1865 型		橡塑级
	一等品	合格品	一等品	合格品	一等品	合格品	
酸值(以 KOH 计)/(mg/g)	205~211	202~214	205~210	202~211	201~209	200~209	190~224
碘值(以 I_2 计)/(g/100g)≤	1.0	2.0	1.0	2.0	1.0	2.0	8.0
色泽/Hazen ≤	100	400	100	400	100	400	400[b]
凝固点/℃	53.0~57.0		54.0~58.0		57.0~62.0		≥52.0
水分/% ≤	0.1						0.2

[a] C_{18} 含量是指十八烷酸的含量。
[b] 样品配制成 15% 的无水乙醇溶液。

1.3.4　12-OH 硬脂酸

$$CH_3(CH_2)_5CH(OH)(CH_2)_{10}COOH$$

(1) 产品特性

白色或蜡黄色片状固体。不溶于水，溶于乙醇，有较好的化学稳定性。分子内既含有羟基（—OH），又有羧基（—COOH），在一定温度下可生成内酯和一个水分子。主要用于生产耐高温优质锂基润滑脂，也可用于制取纺织润滑剂、绝缘混合物、鞋油、抛光剂、化妆品、医药品、涂料、金属加工油等。

(2) 技术参数

12-OH 硬脂酸企业标准见表 1-28。

表 1-28　12-OH 硬脂酸企业标准（Q/THGS 05—2016）

项目	指标		
	优级	一级	合格
碘值/(gI/100g) ≤	2.5	3.0	3.5
熔点/℃ ≥	75	74	73
羟基值/(mgKOH/g) ≥	155	152	148
颜色(加氏) ≤	5	6	8
水分及易挥发物/% ≤	1.0	1.2	1.5
酸值/(mgKOH/g)	175~185		
皂化值/(mgKOH/g)	180~190		

1.3.5 工业癸二酸

$$HOOC(CH_2)_8COOH$$

(1) 产品特性

白色片状或粉末状结晶体。具有有机羧酸的化学通性。可燃。熔点 134～134.4℃。密度（20℃）1.2705g/mL。燃烧热 5.424MJ/mol。微溶于水，易溶于乙醇或乙醚，难溶于苯、石油醚、四氯化碳等。在 95％乙醇中溶解度为 117g/L；在 25℃水中的离解常数 $K=2.6×10^{-5}$。主要用作尼龙产品和增塑剂原料，也可用作环氧树脂固化剂、高温润滑剂原料。

(2) 技术参数

工业癸二酸国家标准见表 1-29。

表 1-29 工业癸二酸国家标准（GB/T 2092—1992）

指标名称		指标		
		优级品	一级品	合格品
癸二酸含量/%	≥	99.5	99.2	98.5
灰分/%	≤	0.08	0.10	0.20
水分/%	≤	0.30	0.30	0.60
碱溶色度(铂-钴色号)/号	≤	35	45	85
熔点范围/℃		131.0～134.5	131.0～134.5	129.0～134.5

1.3.6 工业用壬二酸

$$HOOC(CH_2)_7COOH$$

(1) 产品特性

白色粉末或片状固体。密度 1.225g/mL。熔点 106.5℃。主要用于生产壬二酸二辛酯增塑剂，也可作为生产香料、润滑油、油剂、聚酰胺树脂的原料。

(2) 技术参数

工业用壬二酸化工行业标准见表 1-30。

表 1-30 　工业用壬二酸化工行业标准 （HG/T 4481—2012）

项目		指标			
		Ⅰ 型	Ⅱ 型	Ⅲ 型	Ⅳ 型
壬二酸(质量分数)/%	≥	98.0	95.0	88.0	79.0
一元酸(质量分数)/%	≤	0.05	0.05	0.05	2.0
熔点(终熔温度)/℃		106~108	105~107	103~107	99~103
酸值(以 KOH 计)/(mg/g)		587~594	587~594	587~594	574~591
透光率(440nm)/%	≥	90	90	90	68
透光率(550nm)/%	≥	95	95	95	85
水分(质量分数)/%	≤	0.2	0.2	0.2	—

1.3.7　十二碳二酸 (月桂二酸)

$$HOOC(CH_2)_{10}COOH$$

(1) 产品特性

白色粉末。密度 （25/4℃） 1.15g/mL。熔点 128.7~129℃。主要用于聚酰胺高档工程塑料、长碳链尼龙及其制品，是尼龙 1212、尼龙 612 和尼龙 1012 的主要原材料。还可作为高级芳香剂中间体、高档润滑油、润滑油防腐剂及高级轿车喷涂材料。

(2) 技术参数

十二碳二酸企业标准见表 1-31。

表 1-31 　十二碳二酸企业标准

项目		质量指标
总酸/%	≥	99
单酸/%	≥	98
水分/%	≤	0.3

1.3.8　工业苯甲酸

COOH

(1) 产品特性

其又称安息香酸。白色鳞片状或针状结晶体。具有安息香味。熔点122.13℃。沸点249℃。密度（15℃）1.2659g/mL。在100℃时迅速升华，蒸气有很强的刺激性，吸入后易引起咳嗽。微溶于水，易溶于乙醇、乙醚等有机溶剂。苯甲酸是弱酸，比脂肪酸强。能形成盐、酯、酰胺、酸酐等，不易被氧化。可发生亲电取代反应，主要得到间位取代产物。苯甲酸及其钠盐是食品的重要防腐剂，在合成树脂方面可用做醇酸树脂和聚酰胺树脂的改性剂，也可用于生产聚酯纤维的原料。广泛用于制药和染料的中间体，还可用于制取增塑剂和香料等，此外还是钢铁设备的防锈剂。

(2) 技术参数

工业苯甲酸企业标准见表1-32。

表1-32　工业苯甲酸企业标准（Q/FS HYS 0001—2016）

名称		指标
苯甲酸含量(以 C_6H_5COOH)/%	≥	98.0
熔点范围/℃		121.0～123.0
澄清度试验		合格
灼烧残渣(以硫酸盐计)含量/%	≤	0.05
氯化物(Cl)含量/%	≤	0.02
硫化合物(以 SO_4 计)含量/%	≤	0.005
铁(Fe)含量/%	≤	0.001
重金属(以 Pb 计)含量/%	≤	0.001
还原高锰酸钾物质		—
硫酸试验		合格

1.3.9　邻羟基苯甲酸（水杨酸)

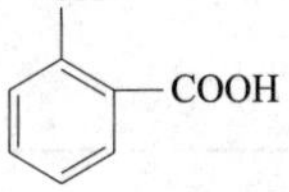

(1) 产品特性

浅粉红色至浅棕色结晶粉末。无臭味微甜。置空气中无变化，76℃以上能常压升华。常压加热易脱羧而成苯酚及二氧化碳。其水溶液呈酸性反应，与 $FeCl_3$ 呈紫色。在水中微溶，在沸水中溶解，在乙醇或乙醚中易溶，在氯仿中略溶。广泛用于医药、食品、香料、农药、染料等工业，也应用于橡胶加工过程中用助焦剂及各种橡胶、塑料的助剂。

(2) 技术参数

邻羟基苯甲酸化工行业标准见表1-33。

表1-33　邻羟基苯甲酸化工行业标准（HG/T 3398—2003）

项目		指标
外观		浅粉红色至浅棕色结晶粉末
干品初熔点/℃	≥	156.0
邻羟基苯甲酸含量/%	≥	99.0
苯酚含量/%	≤	0.20
灰分/%	≤	0.30

1.3.10　工业硼酸

H_3BO_3

(1) 产品特性

理论组成是氧化硼和水。外观为白色无臭带珍珠光泽的鳞片状或细小结晶体。有滑腻手感，无臭味。密度（15℃）1.435g/mL。溶于水、酒精、甘油、醚类及香精油中，在水中的溶解度随温度升高而增大，并能随水蒸气挥发。在无机酸中的溶解度要比在水中的溶解度小。加热至 $70\sim100℃$ 时逐渐脱水生成偏硼酸，$150\sim160℃$ 时生成焦硼酸，$300℃$ 时生成硼酸酐（B_2O_3）。用于玻璃、搪瓷、陶瓷、医药、冶金、燃料、化工、电镀等工业。

(2) 技术参数

根据用途不同，将其分为两类。Ⅰ类为一般工业用，Ⅱ类为核工业用。Ⅰ类硼酸国家标准见表1-34。

表1-34　Ⅰ类硼酸国家标准（GB/T 538—2018）

项目	指标		
	优等品	一等品	合格品
硼酸(H_3BO_3)/%	99.6~100.8	99.4~100.8	≥99.0

项目		指标		
		优等品	一等品	合格品
水不溶物/%	≤	0.010	0.040	0.060
硫酸盐(以 SO₄ 计)/%	≤	0.10	0.20	0.60
氯化物(以 Cl 计)/%	≤	0.010	0.050	0.10
铁(Fe)/%	≤	0.0010	0.0015	0.0020
重金属(以 Pb 计)/%	≤	0.0010	—	—

1.3.11 工业用冰乙酸

CH_3COOH

(1) 产品特性

无色透明液体，有刺激气味。密度 1.049g/mL。熔点 16.63℃。沸点118℃。与水、乙醇、甘油和乙醚互溶。醋酸浓溶液与无机酸同样的强酸性，是最重要的有机酸之一。是制药、染料、农药及其他有机合成的重要原料，主要用于合成醋酸乙烯、醋酸纤维、醋酸酯、金属醋酸盐及氯代醋酸等。

(2) 技术参数

工业用冰乙酸国家标准见表 1-35。

表 1-35 工业用冰乙酸国家标准 (GB/T 1628—2020)

项目		指标		
		优等品	一等品	合格品
色度/Hazen 单位(铂-钴色号)	≤	10	20	30
乙酸的质量分数/%	≥	99.8	99.5	98.5
水的质量分数/%	≤	0.15	0.20	—
甲酸的质量分数/%	≤	0.05	0.10	0.30
乙醛的质量分数/%	≤	0.03	0.05	0.10
蒸发残渣的质量分数/%	≤	0.01	0.02	0.03
铁的质量分数(以 Fe 计)/%	≤	0.00004	0.0002	0.0004
高锰酸钾时间/min	≥	30	5	—

1.3.12 工业氢氧化钙

$Ca(OH)_2$

(1) 产品特性

疏松的白色粉末。密度（25℃）2.24g/mL。580℃时失水成氧化钙。在水中的溶解度很小，100g 水只溶解 0.219g 氢氧化钙。能溶于酸、甘油、糖、氯化铵中，溶于酸中释放大量热。是一种强碱，并有强腐蚀性，损伤皮肤和纺织品。置于空气中与二氧化碳作用，生成碳酸钙。由于氢氧化钙的溶解度比氢氧化钠小得多，所以氢氧化钙溶液的腐蚀性和碱性比氢氧化钠小。主要应用于环保中和剂，酸性废水、污水处理，锅炉烟气脱硫和房屋建筑，农业上也可用它降低土壤酸性，改良土壤结构。

(2) 技术参数

工业氢氧化钙化工行业标准见表 1-36。

表 1-36 工业氢氧化钙化工行业标准 (HG/T 4120—2009)

项目		指标		
		优等品	一等品	合格品
氢氧化钙[$Ca(OH)_2$](质量分数)/%	≥	96.0	95.0	90.0
镁及碱金属(质量分数)/%	≤	2.0	3.0	—
酸不溶物(质量分数)/%	≤	0.1	0.5	1.0
铁(Fe)(质量分数)/%	≤	0.05	0.1	—
干燥减量(质量分数)/%	≤	0.5	1.0	2.0
筛余物(0.045 mm 试验筛)(质量分数)/%	≤	2	5	—
(0.125 mm 试验筛)(质量分数)/%	≤	—	—	4
重金属(以 Pb 计)(质量分数)/%	≤	0.002	—	—

1.3.13 单水氢氧化锂

$LiOH \cdot H_2O$

(1) 产品特性

白色结晶颗粒。具有流动性，无肉眼可见夹杂物。有无水 LiOH 和 $LiOH \cdot H_2O$ 两种。无水 LiOH 为白色四方结晶颗粒或流动性粉末，密度

$1.45g/cm^3$，熔点 $471.2℃$。单水氢氧化锂为白色易潮解的单晶粉末，密度 $1.5g/cm^3$，熔点 $680℃$。当温度高于 $100℃$ 时，失去结晶水成为无水 LiOH。LiOH 溶于水，微溶于醇，在空气中易吸收 CO_2 生成 Li_2CO_3。LiOH 及其浓溶液具有腐蚀性，一般温度下就能腐蚀玻璃和陶瓷。广泛用于化工、冶金、石油、玻璃、陶瓷工业，用作制备碱性蓄电池，锂基润滑脂及其他锂盐制品的原料。

(2) 技术参数

单水氢氧化锂国家标准见表 1-37。

表 1-37 单水氢氧化锂国家标准（GB/T 8766—2013）

牌号	化学成分(质量分数)/%									
	LiOH 含量，不小于	杂质含量，不大于								
		Na	K	Fe	Ca	CO_3^{2-}	SO_4^{2-}	Cl^-	盐酸不溶物	水不溶物
$LiOH \cdot H_2O$-T1	56.5	0.002	0.001	0.000 8	0.015	0.50	0.010	0.002	0.002	0.003
$LiOH \cdot H_2O$-T2	56.5	0.008	0.002	0.000 8	0.020	0.55	0.015	0.005	0.003	0.005
$LiOH \cdot H_2O$-1	56.5	0.02		0.001 5	0.025	0.70	0.020	0.015	0.005	0.010
$LiOH \cdot H_2O$-2	56.5	0.05		0.002 0	0.025	0.70	0.030	0.030	0.005	0.010

1.3.14 异丙醇铝

$$Al \begin{array}{l} -CCH(CH_3)_2 \\ -OCH(CH_3)_2 \\ -OCH(CH_3)_2 \end{array}$$

(1) 产品特性

白色块状物或粉末。初熔点 $115.0\sim135.0℃$。铝含量 $12.9\%\sim13.5\%$，密度 $1.035g/cm^3$。具有强吸湿性，遇水分解成氢氧化铝。溶于醇、苯、三氯甲烷和四氯化碳等有机溶剂。在一定条件下，可形成高分子化合物聚有机铝氧烷，并释放异丙醚。当温度达到 $260℃$ 时，发生复杂的反应，产物包括醚类、醇类等产物。医药上作异植物醇、睾丸素、黄体酮、炔孕酮等激素的中间体，也是油墨增稠剂-脂肪酸铝氧六环化合物的原料，还作为还原剂、脱水剂、防水剂等。

(2) 技术参数

异丙醇铝企业标准见表 1-38。

表 1-38　异丙醇铝企业标准（Q/ZJD 01—2017）

指标名称		等级	
		工业级	高纯级
外观		白色或半透明块状物	白色粉末或块状
溶解试验		1g 样品溶于 10mL 甲苯无不溶	1g 样品溶于 10mL 甲苯无不溶
含量(以 Al 计)/%	≥	12.70～13.50	12.70～13.50
杂质(以 Fe 计)/%	≤	—	0.0030

1.3.15　三异丙氧基三氧铝

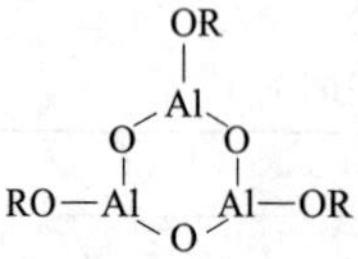

式中，R 代表异丙基。

(1) 产品特性

无色至浅黄色透明液体。由异丙醇铝经气液相水解聚合而得。产品含量约 50%。可溶于矿物油。用于生产复合铝基脂，所产生的异丙醇量只有异丙醇铝的三分之一。是一种工业阻燃剂。广泛用于建筑材料、工业制品、人造革等行业。

(2) 技术参数

三异丙氧基三氧铝企业标准见表 1-39。

表 1-39　三异丙氧基三氧铝企业标准

项目	典型值
外观	透明,无色至浅黄色液体
铝含量/%	12.5～13.0
密度/(mg/m^3)	1.02
闪点(闭口)/℃	43
黏度/(mPa·s)	600

1.3.16　钛酸四异丙酯（四异丙氧基钛）

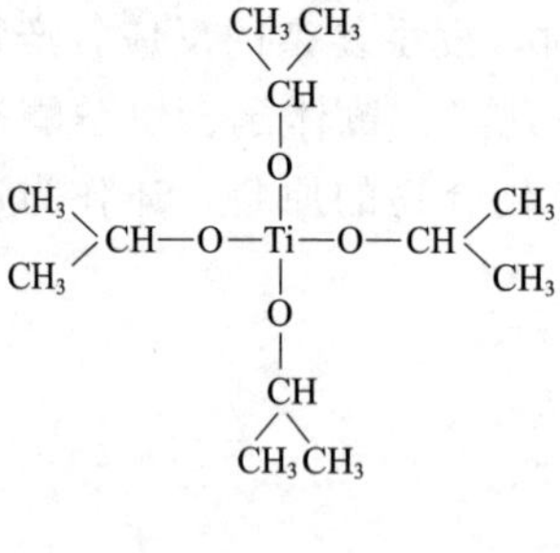

(1) 产品特性

无色或淡黄色液体。暴露于空气中冒白烟，极易吸潮并逐渐水解。当吸收足量水分，最终生成钛酸。遇水迅速水解、发热、并生成钛酸。凝固点约 20℃。沸点 220℃。相对密度 0.9711。介电常数 3.65。闪点 22℃。溶于无水乙醇、苯、氯仿。通过酯的交换反应，能增强涂料的抗热性能，以及增强橡胶、塑料在金属表面的黏附性；还用于聚合反应的催化剂，以及各种钛偶联剂、交联剂、分散剂合成、金属渗钛等。

(2) 技术参数

钛酸四异丙酯企业标准见表 1-40。

表 1-40　钛酸四异丙酯企业标准（Q/0305ZYT 001—2017）

项目	指标
外观	15℃以上为无色至浅黄色透明液体（15℃以下出现结晶）
钛（质量分数）/%	16.2～17.0
二氧化钛（质量分数）/%	28.0±0.5
密度(20℃)/(g/mL)	0.974～0.980
凝固点/℃	15～17

1.3.17　工业氢氧化钡

$Ba(OH)_2 \cdot 8H_2O$

(1) 产品特性

白色结晶或结晶性粉末。在硫酸干燥器中能失去 7 分子结晶水，约在 78℃失去全部结晶水。可溶于水、甲醇，微溶于乙醇，几乎难溶于丙酮。若从空气中迅速吸收二氧化碳变成碳酸盐后，则不能完全溶于水。相对密度 2.188。高毒。有强腐蚀性。主要用于石油加工、精制动植物油、精细化工、日用化工及生产其他钡盐等。

(2) 技术参数

工业氢氧化钡化工行业标准见表 1-41。

表 1-41　工业氢氧化钡化工行业标准（HG/T 2566—2014）

项目	指标		
	优等品	一等品	合格品
主含量[以 $Ba(OH)_2 \cdot 8H_2O$ 计]（质量分数）/% ≥	98.0	97.0	95.0

项目		指标		
		优等品	一等品	合格品
碳酸钡($BaCO_3$)(质量分数)/%	≤	1.0	1.0	1.5
氯化物(以 Cl 计)(质量分数)/%	≤	0.05	0.05	0.3
铁(Fe)(质量分数)/%	≤	0.003	0.006	0.01
盐酸不溶物(质量分数)/%	≤	0.03	0.05	—
硫酸不沉淀物(质量分数)/%	≤	0.2	0.5	—
碘还原物(以 S 计)(质量分数)/%	≤	0.05	0.10	—
氢氧化锶[以 $Sr(OH)_2 \cdot 8H_2O$ 计](质量分数)/% ≤		2.5	3.0	—

1.3.18　12-OH 硬脂酸锂

$$CH_3(CH_2)_5CH(OH)(CH_2)_{10}COOLi$$

(1) 产品特性

白色至淡黄色细粉末。广泛应用于润滑剂、稳定剂、脱色剂、增稠剂，也可用于生产锂基润滑脂。

(2) 技术参数

12-OH 硬脂酸锂企业标准见表 1-42。

表 1-42　12-OH 硬脂酸锂企业标准

项目		质量指标
干燥失重/%	≤	1.00
熔点/℃		202～208
锂含量/%		2.2～2.6
游离酸/%	≤	0.50
重金属/%	≤	0.0010
细度 200 目筛通过/%	≥	99.0

1.3.19　硬脂酸锂

$$C_{17}H_{35}COOLi$$

(1) 产品特性

白色细微粉末。不溶于水、乙醇和乙酸乙酯，在矿物油中形成胶体。熔点220~221.5℃。可广泛用于高温润滑剂、塑料工业稳定剂，以及凝胶剂、蜡笔、化妆品用乳化分散剂等，也可用于生产锂基润滑脂。

(2) 技术参数

硬脂酸锂企业标准见表1-43。

表 1-43　硬脂酸锂企业标准（Q/0523 SHX095—2017）

项目		质量指标	检验方法
外观		白色粉末	目测
气味		无不良气味	感官
颗粒度(80目通过)/%	≥	90	称重
水分/%	≤	1	GB/T 512

1.3.20　双硬脂酸羟基铝

$(C_{17}H_{35}COO)_2AlOH$

(1) 产品特性

白色粉末。不溶于水。溶于乙醇、苯、松节油、矿油、碱。加热或遇强酸分解为硬脂酸和相应的铝盐。与芳烃和脂肪烃作用形成胶体。用作聚氯乙烯的无毒热稳定剂、金属防锈剂、建筑材料防水剂、化妆品的乳化剂、涂料和油墨增光增稠剂、塑料制品润滑剂、石油钻井用消泡剂等，也可用于生产铝基润滑脂。

(2) 技术参数

双硬脂酸羟基铝企业标准见表1-44。

表 1-44　双硬脂酸羟基铝企业标准

项目		质量指标
铝含量/%		4.0~5.2
游离酸/%	≤	5
干燥失重/%	≤	1.5
熔点/℃	≥	150

1.3.21 合成烷基苯磺酸钙

$$[R—\bigcirc—SO_3]_2Ca \cdot (CaCO_3)_n$$

式中，R代表烷基。

(1) 产品特性

深褐色黏稠透明液体。由不同烯烃与苯烷基化得到的合成烷基苯为原料，经磺化、金属化制得。具有优异的高温清净性和酸中和能力，并具有良好的防锈性能，用其调制的内燃机润滑油可有效减少发动机部件上的高温沉积物。主要用于调制高档次的发动机润滑油，也可用于生产复合磺酸钙基脂。

(2) 技术参数

合成烷基苯磺酸钙石化行业标准见表1-45。

表 1-45 合成烷基苯磺酸钙清净剂 （NB/SH/T 0855—2021）

项目		质量指标				
		T104	T105	T106A	T106B	T107
外观		褐色透明液体	褐色透明液体	褐色透明液体	褐色透明液体	褐色透明液体
密度(20℃)/(kg/m³)		920~1000	1005~1100	1100~1200	1100~1200	1150~1250
运动黏度(100℃)/(mm²/s)	≤	80	30	150	60	180
闪点(开口)/℃	≥	180				
碱值(以KOH计)/(mg/g)		20~35	不小于145	不小于295	不小于295	不小于395
Ca(质量分数)/%	≥	2.00	6.65	11.50	11.50	14.00
S(质量分数)/%	≥	2.00	1.80	1.25	1.25	1.20
水分(质量分数)[a]/%	≤	0.3				
机械杂质(质量分数)/%	≤	0.08				
浊度/NTU	≤	20	20	80	20	20
有效组分/%	≥	40	45	52	52	58

[a] 当上述磺酸钙用于船用油时，水分（质量分数）要求不大于0.1%。

1.4 聚脲稠化剂

脲基稠化剂是由异氰酸酯与胺类反应而成。这是一种热稳定性较好的稠化剂，其分子中含有一个或多个脲基（—NH—CO—NH—）。在脲基润滑脂中由于不含金属原子，在使用中对基础油无催化老化作用，因而具有良好的耐高温性、抗水性、抗辐射性和胶体安定性，更长的轴承寿命。脲基润滑脂的缺点，是在低剪切速度下稠度变化很大。此外，所用部分原料是剧毒品，在原料的运输、贮存和生产中，需要采取特殊防护措施。

1.4.1 聚脲稠化剂类型

脲基稠化剂是分子中含有一个或多个脲基（—NH—CO—NH—）的润滑脂稠化剂。按脲基个数不同，脲基稠化剂有二脲、四聚脲以及六聚脲、八聚脲等。目前应用最广的还是二脲和四聚脲。制备脲基润滑脂常用的二异氰酸酯有甲苯二异氰酸酯（TDI）和 4,4′-二苯甲基二异氰酸酯（MDI）。常用的胺类有十二胺、十八胺、乙二胺、苯胺、对甲苯胺、环己胺、三聚氰胺等。在脲基润滑脂中，脲基稠化剂是异氰酸酯和有机胺的加成反应产物。

1.4.2 二苯基甲烷-4,4-二异氰酸酯（MDI-100)

$$OCN—\!\!\bigcirc\!\!—CH_2—\!\!\bigcirc\!\!—NCO$$

(1) 产品特性

室温下呈白色或微黄色固体状态，熔化为无色至微黄色液体。相对密度（d_4^{50}）1.19。熔点 40～41℃。沸点 156～158℃（1.33kPa）。溶于丙酮、苯、煤油。广泛应用于制造各类聚氨酯弹性体、热塑性弹性体及浇铸型弹性体，还大量用于制造人造革、合成革、黏合剂、涂料、织物涂层整饰剂、人体器官代用品等。

(2) 技术参数

二苯基甲烷-4,4-二异氰酸酯国家标准见表 1-46。

表 1-46 二苯基甲烷二异氰酸酯国家标准 (GB/T 13941—2015)

检验项目	技术指标
	MDI-100
外观	固体为白色至浅黄绿色晶体;液体为透明液体,无机械杂质
色度(铂-钴色号)/度	≤30
MDI 含量/%	≥99.6
2,4'-MDI 含量/%	≤2.0
4,4'-MDI 含量/%	≥97.0
结晶点/℃	≥38.1
水解氯含量/%	≤0.003
环己烷不溶物/%	≤0.2
劣化试验 色度(铂-钴色号)/度	≤50
劣化试验 环己烷不溶物/%	≤1.65

1.4.3 脂肪烷基伯胺

$$CH_3(CH_2)_n NH_2$$

(1) 产品特性

无色液体或白色结晶固体。$C_8 \sim C_{10}$ 短链脂肪胺在水中有一定溶解度,长链脂肪胺不溶于水。具有碱性。以蒸馏脂肪酸为原料,经氨化制腈、加氢等工艺制得。主要用于制备阳离子表面活性剂、非离子型表面活性剂、沥青乳化剂、防结块剂和浮选剂等。

(2) 技术参数

脂肪烷基伯胺轻工行业标准见表 1-47。

表 1-47 脂肪烷基伯胺轻工行业标准 (QB/T 2853—2007)

类型		外观 25℃	含量/% ≥	总胺值/(mgKOH/g)	色度(铂-钴色号)/度 ≤	水分/% ≤	凝固点/℃	碘值/(gI₂/100g)
辛胺	一等品	无色至黄色透明液体	98	410~435	30	0.3	-8~0	≤2
辛胺	合格品	无色至黄色透明液体	95	398~435	100	0.5	-8~0	≤3
癸胺	一等品	无色至黄色透明液体	98	330~357	30	0.3	10~20	≤2
癸胺	合格品	无色至黄色透明液体	95	320~357	100	0.5	10~20	≤3

类型		外观 25℃	含量/% ≥	总胺值/ (mgKOH/g)	色度(铂-钴 色号)/度 ≤	水分/% ≤	凝固点/ ℃	碘值/ (gI₂/100g)
十二胺	一等品	白色固体	98	295～305	30	0.3	20～30	≤2
	合格品		95	288～305	100	0.5	20～30	≤3
椰油胺	一等品	无色至黄色 透明液体	98	275～287	30	0.3	13～24	≤12
	合格品		95	265～287	100	0.5	13～24	≤12
十二/十四胺	一等品	白色固体	98	270～290	30	0.3	20～30	≤2
	合格品		95	260～290	100	0.5	20～30	≤3
十四胺	一等品	白色固体	98	250～270	30	0.3	30～40	≤2
	合格品		95	245～265	100	0.5	30～40	≤3
十六胺	一等品	白色固体	98	215～235	30	0.3	35～45	≤2
	合格品		95	213～233	100	0.5	35～45	≤3
棕榈胺	一等品	白色固体	98	215～223	30	0.3	38～55	≤2
	合格品		95	210～223	100	0.5	38～55	≤3
氢化牛脂胺	一等品	白色固体	98	210～220	30	0.3	38～55	≤2
	合格品		95	205～220	100	0.5	38～55	≤3
硬脂胺	一等品	白色固体	98	210～216	30	0.3	40～65	≤2
	合格品		95	205～216	100	0.5	40～65	≤3
十八胺	一等品	白色固体	98	204～210	30	0.3	40～56	≤2
	合格品		95	200～210	100	0.5	40～56	≤3
牛脂胺	一等品	白色固体	98	210～220	60	0.3	30～45	40～56
	合格品		95	205～220	150	0.5	30～45	38～56

1.4.4 苯胺

(1) 产品特性

无色或微黄色油状液体。有强烈气味。在空气中氧的影响和光的照射或高温时易被氧化，颜色变化过程为：无色→黄色→红棕色→黑色。熔点－6.2℃。沸点184.4℃。闪点70℃。相对密度1.02。微溶于水，溶于乙醇、乙醚、苯。苯胺在水中溶解度随温度升高而增大，且在温度大于167.5℃时能与水互溶。苯胺呈弱碱性，能腐蚀铜和金。主要用于合成染料、香料、医药、农药、油漆、橡胶助剂、聚氨酯类等。

（2）技术参数

苯胺国家标准见表1-48。

表 1-48　苯胺国家标准（GB/T 2916—2014）

项目		指标			试验方法
		优等品	一等品	合格品	
外观		无色至浅黄色透明液体,贮存时允许颜色变深			6.2
苯胺纯度/%	≥	99.80	99.60	99.40	6.3
硝基苯含量/%	≤	0.002	0.010	0.015	6.3
低沸物含量/%	≤	0.008	0.010	0.015	6.3
高沸物含量/%	≤	0.01	0.03	0.05	6.3
水分含量/%	≤	0.10	0.30	0.50	6.4

1.4.5　对苯二胺

H_2N—◯—NH_2

（1）产品特性

白色至淡紫红色晶体。熔点139℃。闪点156℃。微溶于水，溶于乙醇、乙醚、苯、氯仿、丙酮。受热分解出有毒的氧化氮烟气。主要用于制造偶氮染料和硫化染料等，也可作橡胶防老剂、汽油阻聚剂及显影剂的原料。

（2）技术参数

对苯二胺国家标准见表1-49。

表 1-49　对苯二胺国家标准（GB/T 25789—2023）

项目		指标		
		优等品	一等品	合格品
外观		白色至浅红色结晶	类白色至灰褐色结晶	黄褐色至灰褐色结晶
干品初熔点/℃	≥	138.0	138.0	136.0
对苯二胺纯度/%	≥	99.90	99.50	99.00

项目		指标		
		优等品	一等品	合格品
邻苯二胺含量/%	≤	0.04	0.20	—
间苯二胺含量/%	≤	0.04	0.20	—
对氯苯胺含量/%	≤	0.01	0.03	—

1.4.6 环己胺

$C_6H_{11}NH_2$

(1) 产品特性

无色透明液体。有似鱼腥和胺的气味。为强碱性有机物。能与水和一般有机溶剂任意混溶。沸点 134.5℃。凝固点 −17.7℃。主要用作锅炉水处理剂及腐蚀抑制剂、橡胶促进剂、有机合成中间体。

(2) 技术参数

环己胺化工行业标准见表 1-50。

表 1-50 环己胺化工行业标准 (HG/T 2816—2014)

项目		指标	
		优等品	一等品
环己胺/%	≥	99.5	98.5
苯胺/%	≤	0.05	0.15
二环己胺/%	≤	0.05	0.15
水分/%	≤	0.15	0.30
高沸物/%	≤	报告	—
高沸物指二环己胺组分之后所有留出组分之和			

1.4.7 工业用乙二胺

$H_2NCH_2CH_2NH_2$

(1) 产品特性

无色透明的黏稠液体。有氨的气味。熔点 8.5℃。沸点 116.5℃。相对密度 (d_{20}^{20}) 0.8995。溶于水和乙醇，微溶于乙醚。为强碱，遇酸易成盐。

溶于水时生成水合物。能吸收空气中的潮气和二氧化碳，生成不挥发的碳酸盐。具强腐蚀性、强刺激性，可致人体烧伤。可与许多无机盐形成络合物。广泛用于制造药物、乳化剂、农药、离子交换树脂等，也是黏合剂环氧树脂的固化剂，以及酪蛋白、白蛋白和虫胶等的良好溶剂。

(2) 技术参数

工业用乙二胺国家标准见表 1-51。

表 1-51　工业用乙二胺国家标准 (GB/T 36761—2018)

项目		指标	
		优等品	合格品
乙二胺(质量分数)/%	≥	99.5	99.0
水分(质量分数)/%	≤	0.5	0.5
色度(铂-钴色号)/度	≤	20	30

1.4.8　工业用 1,6-己二胺

$$H_2N(CH_2)_6NH_2$$

(1) 产品特性

常温下为无色固体粉末。具有强烈的胺气味。熔点 42～45℃。沸点 204～205℃。密度 0.89g/mL (25℃)。主要用于有机合成、生产聚合物，也可用作环氧树脂固化剂等。

(2) 技术参数

工业用 1,6-己二胺化工行业标准见表 1-52。

表 1-52　工业用 1,6-己二胺化工行业标准 (HG/T 3937—2021)

项目		指标		
		优等品	一等品	合格品
熔融外观		无色透明液体		
1,6-己二胺(质量分数)/%	≥	99.70		
水溶液(700g/L)色度(铂-钴色号)/度	≤	5		
水(质量分数)/%	≤	0.15	0.20	0.30
结晶点/℃	≥	40.9	40.7	40.5
极谱值/[mmol(异丁醛)/t(1,6-己二胺)]	≤	200		300
反式 1,2-二氨基环己烷(假二氨基环己烷)/(mg/kg)	≤	18	24	30

1.4.9 DPU-AS 预制聚脲稠化剂

(1) 产品特性

采用预制聚脲稠化剂技术加工而成。具有储存方便、环保、安全的特点。适用于生产聚脲基润滑脂。

(2) 技术参数

DPU-AS 预制聚脲稠化剂企业标准见表 1-53。

表 1-53　DPU-AS 预制聚脲稠化剂企业标准 （Q/0523SHX 097—2024）

项目	质量指标	检验方法
外观	白色粉末	目测
气味	无不良气味	感官
粒径 $d_{50}/\mu m$	≤35	GB/T 19077
粒径 $d_{90}/\mu m$	≤150	GB/T 19077
水分/%	≤1	GB/T 6284

1.4.10 DPU-B 预制聚脲稠化剂

(1) 产品特性

采用预制聚脲稠化剂技术加工而成。具有储存方便、环保、安全的特点。适用于生产聚脲基润滑脂。

(2) 技术参数

DPU-B 预制聚脲稠化剂企业标准见表 1-54。

表 1-54　DPU-B 预制聚脲稠化剂企业标准 （Q/0523SHX 098—2024）

项目	质量指标	检验方法
外观	白色粉末	目测
气味	无不良气味	感官
粒径 $d_{50}/\mu m$	≤35	GB/T 19077
粒径 $d_{90}/\mu m$	≤150	GB/T 19077
水分/%	≤1	GB/T 6284

1.4.11 DPU-C 预制聚脲稠化剂

(1) 产品特性

采用预制聚脲稠化剂技术加工而成。具有储存方便、环保、安全的特点。适用于生产聚脲基润滑脂。

(2) 技术参数

DPU-C 预制聚脲稠化剂企业标准见表 1-55。

表 1-55　DPU-C 预制聚脲稠化剂企业标准（Q/0523SHX 105—2024）

项目	质量指标	检验方法
外观	白色粉末	目测
气味	无不良气味	感官
粒径 $d_{50}/\mu m$	≤35	GB/T 19077
粒径 $d_{90}/\mu m$	≤150	GB/T 19077
水分/%	≤1	GB/T 6284

1.5　各类非皂基稠化剂

非皂基润滑脂是指用非脂肪酸金属皂作为稠化剂而制得的润滑脂。按化学成分不同，非皂基稠化剂划分为有机稠化剂、烃类稠化剂和无机稠化剂等。在有机稠化剂中，除用量最大的聚脲稠化剂外，还有氟聚合物稠化剂、酰胺盐稠化剂等类型。烃基润滑脂的稠化剂主要是石油蜡和合成蜡。无机稠化剂有膨润土、硅胶、氮化硼等。

1.5.1　各类非皂基稠化剂种类

(1) 氟聚合物

氟聚合物是一类结构中含有氟原子的聚合物。其主要包括聚四氟乙烯（PTFE）系列、聚偏二氟乙烯（PVDF）系列和全氟乙烯丙烯共聚物（FEP）系列。其中，PTFE 是最重要的氟聚合物。国外氟聚合物供应商主要包括杜邦、大金工业（Daikin）、苏威（Solvay）、旭硝子株式会社（AGC）、达尼昂（Dyneon）、阿科玛（Arkema）、道康宁、吴羽（Kureha）等。以聚四氟乙烯为稠化剂，通过稠化全氟醚油、氟硅油等可制得耐高温、长寿命氟润滑脂。

(2) 酰胺盐

酰胺是羧酸分子中羧基上的羟基，被氨基或烃氨基（—NHR 或—NR$_2$）取代而成的化合物。采用对苯二甲酸酰胺钠盐稠化基础油制得的酰胺钠润滑脂，具有良好的高低温性、润滑性、抗水性和机械安定性。

(3) 石油蜡

石油蜡是由含蜡馏分油或渣油经加工精制得到的一类石油产品。烃基脂就是一种以石油蜡为稠化剂得到的润滑脂。烃基脂抗水性最好，既不吸水也不乳化。但是，因稠化剂石油蜡熔点相对较低，故烃基脂难以满足较高温度条件下的使用要求。石油蜡种类很多，主要包括石蜡、微晶蜡、石油脂、特种蜡等 4 大类。

(4) 合成蜡

为了获得具有更好高温特性的润滑脂，合成蜡逐步得到了重视和应用。合成蜡由合成烃的低分子量聚乙烯及其衍生物、费托蜡及其衍生物等构成，是蜡的重要来源之一。此类化合物具备各种天然蜡的主要性质，同时具有许多超过天然蜡的突出优点。合成蜡通常能与天然蜡以任何比例混合，并能与大多数其他组分完全调和并具备特定的用途。合成蜡主要分为聚乙烯蜡、氧化聚乙烯蜡、氢化蓖麻油蜡、S 蜡、OP 蜡、E 蜡等六种蜡。其中聚乙烯蜡，又是合成蜡中最主要的蜡。

(5) 无机稠化剂

由于无机化合物极性较强，具有憎油亲水性，一般不宜直接做润滑脂稠化剂。无机化合物粒子表面通过被非极性根所覆盖，即可在非极性介质中形成稳定的分散体系，制成具有更好胶体安定性的润滑脂。无机稠化剂常用的是有机膨润土、氮化硼、改质硅胶（气相二氧化硅）和乙炔炭黑。一些天然矿物质，如云母、石棉等的胶体颗粒精处理后，也可以制成结构稳定的润滑脂。

硅胶润滑脂稠化剂用纳米二氧化硅，目前国内常用的二氧化硅为 A-200 和 A-380 两种。德国德固赛公司 A300、A380，德国瓦克公司 T40、T30，日本德山公司 QS-30、QS-40，以及美国卡博特公司 EH-5 等，广泛运用于高透明度的润滑脂；而 A200、V15、N20、M-5、LM-150、QS-102 等，则广泛运用于透明度要求不高的产品。

1.5.2 聚四氟乙烯微粉

$$-CF_2-CF_2-_n$$

(1) 产品特性

白绝粉末，比表面大于 $10m^2/g$，摩擦系数 $0.06\sim0.07$，润滑性好，能很好地分散在许多材料中。可用作塑料、橡胶、油墨、涂料、润滑油脂的防黏、减摩、阻燃添加剂，也可作干性润滑剂制成气溶胶等。

(2) 技术参数

聚四氟乙烯微粉企业标准见表 1-56。

表 1-56　聚四氟乙烯微粉企业标准 (Q/320509NOR001—2017)

牌号	堆积密度/(g/L) ASTM D4895	熔点/℃ ASTM D4894	平均粒径/μm 激光衍射法	外观
TP100	225～600	325±5	5～20	白色粉末
TP110	225～600	325±5	1～7	白色粉末
TP200	225～600	325±5	2～6	白色粉末
TP200PLUS	225～600	325±5	2～6	白色粉末
TP250	225～600	325±5	4～8	白色粉末
TP260	225～600	325±5	4～8	白色粉末
TP300	225～600	325±5	8～20	白色粉末
TP350	225～600	325±5	15～25	白色粉末
TP400	225～600	325±5	7～15	白色粉末
TP550	225～600	325±5	25～35	白色粉末
TP112	225～600	322±5	2～6	白色粉末
TP114	225～600	325±5	1～7	白色粉末
TP117	200～650	325±5	20～200	白色粉末
TP202	250～600	322±5	3.5～5.5	白色粉末
TP214	225～600	320±5	2～4	白色粉末
TP219	225～600	320±5	2～4	白色粉末
TP255	225～600	320±5	3～5	白色粉末
TP301	225～600	322±5	8～14	白色粉末
TP302	225～600	325±5	8～14	白色粉末
TP300S	400～800	325±5	15～35	白色粉末

1.5.3 工业用精对苯二甲酸 (PTA)

(1) 产品特性

白色针状结晶或粉末。相对密度 1.51。低毒。可燃。加热不熔化，300℃以上升华。若与空气混合，在一定的限度内遇火即燃烧甚至发生爆炸。自燃点 680℃。能溶于热乙醇，微溶于水，不溶于乙醚、冰醋酸和氯仿。用于生产聚对苯二甲酸乙二酯（聚酯），是聚酯纤维、薄膜、塑料制品、绝缘漆及增塑剂的重要原料，也用于医药、染料及其他产品的生产，也可用作酰胺润滑脂的原料。

(2) 技术参数

对苯二甲酸国家标准见表 1-57。

表 1-57 对苯二甲酸国家标准 (GB/T 32685—2016)

项目			指标	
			优等品	一等品
外观			白色粉末	
酸值(以氢氧化钾计)/(mg/g)			675±2	
对羧基苯甲醛/(mg/kg)		≤	25	
对甲基苯甲酸/(mg/kg)		≤	150	180
灼烧残渣/(mg/kg)		≤	6	10
总重金属(钼铬镍钴锰钛铁)/(mg/kg)		≤	3	5
铁/(mg/kg)		≤	1	2
水分(质量分数)/%		≤	0.2	
DMF 色度(5g/100mL)(铂-钴色号)/度		≤	10	
b* 值			供需商定	
粒度分布	250μm 以上,φ/% 45μm 以下,φ/% 平均粒径/μm		供需商定	
	250μm 以上,w/% 45μm 以下,w/% 平均粒径/μm		供需商定	

1.5.4 微晶蜡

(1) 产品特性

白色无定形非晶状固体蜡。无臭无味。由含油蜡膏为原料，经溶剂脱油、白土精制而成。以 $C_{31} \sim C_{70}$ 的支链饱和烃为主，含少量的环状、直链烃。不溶于乙醇，略溶于热乙醇，可溶于苯、氯仿、乙醚等；可与各种矿物蜡、植物蜡及热脂肪油互溶。结晶微细，晶粒比普通石蜡小，能改变石蜡的晶体结构、提高熔点和硬度，增强石蜡韧性。有较强的亲油能力，与油形成混合物。有较好的渗透性，附着性和韧性。防潮绝缘性好。适用于防潮、防腐、黏结、上光、钝感、铸模、绝缘、橡胶、医药、化妆、食品及食品包装等。

(2) 技术参数

微晶蜡石化行业标准见表1-58。

表 1-58 微晶蜡石化行业标准 (SH/T 0013—2008)

牌号		质量指标				
		70	75	80	85	90
滴熔点/℃	≥	67	72	77	82	87
	<	72	77	82	87	92
针入度/0.1mm 35℃,100g		报告				
25℃,100g	≤	30	30	20	18	14
含油量(质量分数)/%	≤	3.0				
颜色/号	≤	3.0				
运动黏度(100℃)/(mm²/s)	≥	6.0	10			
水溶性酸或碱		无				

1.5.5 聚乙烯蜡

$$+CH_2-CH_2+_n$$

(1) 产品特性

白色小微珠状/片状。熔点较高、硬度大、光泽度高、颜色雪白。具有优异的外部润滑作用和较强的内部润滑作用，与聚乙烯、聚氯乙烯、聚丙烯等树脂相溶性好。加入绝缘油、石蜡或微晶石蜡中，使其软化温度升高、黏度和绝缘性能提高。可广泛应用于制造色母粒、造粒、塑钢、PVC 管材、热熔胶、橡胶、鞋油、皮革光亮剂、电缆绝缘料、地板蜡、塑料型材、油墨、注塑等产品。

（2）技术参数

聚乙烯蜡企业标准见表 1-59。

表 1-59　聚乙烯蜡企业标准（Q/SY JH C112.013—2019）

分析项目	技术指标				
	JHPW-90	JHPW-95	JHPW-100	JHPW-105	JHPW-110
外观[a]	白色片状				
动力黏度(140℃)/(mPa·s)	<20	<20	<20	20～50	20～50
软化点/℃	87.0～92.9	93.0～96.9	97.0～101.9	102.0～106.9	107.0～113.0
密度(25℃)/(kg/m³)	900～930				

　[a] 采用目视法进行测定。

1.5.6　聚丙烯蜡

$$\begin{array}{c} CH_3 \\ | \\ -\!\!\!\!\begin{array}{c} CH-CH_2 \end{array}\!\!\!\!-_n \end{array}$$

（1）产品特性

简称 PP 蜡，学名低分子量聚丙烯蜡。具有熔点高、熔融度低、润滑性好、分散性好的特点。广泛用于化纤粒料、静电复印墨粉载体制造、油墨耐磨剂，还用于聚丙烯注塑、拉丝脱模剂等。

（2）技术参数

聚丙烯蜡企业标准见表 1-60。

表 1-60　聚丙烯蜡企业标准（Q/320205 GLER03—2015）

项目	指标
外观	白色或微黄色粉末
软化点/℃	135～150
酸值/(mg KOH/g)	0.5

1.5.7 煤基费托蜡

(1) 产品特性

由煤制气通过合成后制取。为饱和直链烷烃，不含双键，抗氧化能力强，产品耐候性好。高熔点（一般高于 85℃）的费托蜡主要由分子量在 500～1000 的直链、饱和的高碳烷烃组成，而普通石蜡有少量带个别支链的烷烃和带长侧链的单环环烷烃。具有精细的晶体结构、熔点高、熔点范围窄、油含量低、针入度低、迁移率低、熔融黏度低及稳定性高等特点。广泛用于塑料加工、油墨、涂料、胶黏剂等领域。

(2) 技术参数

煤基费托蜡企业标准见表 1-61。

表 1-61 煤基费托蜡企业标准 (Q/YT 0005—2018)

项目		质量指标					试验方法
		78 号	84 号	90 号	96 号	102 号	
熔点/℃	≥	78	84	90	96	102	GB/T 2539
	<	84	90	96	102	108	
含油量(质量分数)/%	≤	8.0					GB/T 3554
针入度(25℃)/(0.1mm)	≤	10					GB/T 4985
外观(蓝光白度)		报告					GB/T 17749

1.5.8 油酸酰胺

$$CH_3(CH_2)_7CH = CH(CH_2)_7CONH_2$$

(1) 产品特性

淡黄色或白色，粉状或粒状。由动植物油酸、液氨为主要原料，经合成和提纯等工序制成。熔点 72～77℃。不溶于水，可溶于乙醇、乙醚、丙酮等有机溶剂。是近乎中性的物质，对于空气氧化、加热、稀酸、稀碱的作用几乎都是稳定的。可以降低树脂颗粒成型熔融黏度，改进流动性。主要用作聚乙烯加工过程的润滑剂。

(2) 技术参数

油酸酰胺化工行业标准见表 1-62。

表 1-62 油酸酰胺化工行业标准 （HG/T 4232—2011）

项目		指标	试验方法
外观		淡黄色或白色，粉状或粒状	本标准 4.2
色度（铂-钴色号）/度	≤	400	本标准 4.3
酸值/（mg KOH/g）	≤	0.80	本标准 4.4
熔程/℃		71～76	本标准 4.5
碘值/（g I_2/100g）		80～95	本标准 4.6
水分/%	≤	0.05	本标准 4.7
$C_{18:1}$ 酰胺含量（GC）/%	≥	66.0	本标准 4.8
$C_{18:2}$ 酰胺含量（GC）/%	≤	15.0	本标准 4.8
有效组分含量/%	≥	95.0	本标准 4.8
机械杂质[a] /（个/10g）	ϕ（0.10～0.20mm）≤	8	本标准 4.9
	ϕ（>0.20mm）≤	0	本标准 4.9

[a] 为根据用户要求的检验项目。

1.5.9 硬脂酸酰胺

$$CH_3(CH_2)_{16}CONH_2$$

(1) 产品特性

白色固体。由硬脂酸与氨反应生成铵盐，再脱水得成品。相对密度（d_4^{25}）0.96g/mL。熔点 108.5～109℃。能与石蜡混溶，溶于有机溶剂，不溶于水。无吸湿性，滑爽性好，有润滑性及模性。可提高颜料、染料的分散效果。主要用作表面活性剂、纤维油剂、脱模剂、聚氯乙烯和脲醛树脂的润滑剂，以及颜料油墨和彩色蜡笔的配合剂。

(2) 技术参数

硬脂酸酰胺企业标准见表 1-63。

表 1-63 硬脂酸酰胺企业标准 （Q/915107007847153106/03.03—2017）

项目	指标
酰胺含量/%	97.00～100.00
酸值/（mg KOH/g）	0.00～5.00
碘值/（g I_2/100g）	0.00～2.00
熔点/℃	96.0～108.0
加德纳色泽	0.0～3.0
水分/%	0.00～0.50

1.5.10 气相二氧化硅

SiO_2

(1) 产品特性

白色固体胶状微粒。原生微粒 5～40nm。具有显著的触变、补强、增稠、填充等功能。除氢氟酸和浓碱外，在所有的溶剂和液体中均不能溶解。气相二氧化硅一般分为亲水型的 A 类和疏水型的 B 类共两类产品。A 类气相二氧化硅表面没有覆盖有机物；B 类气相二氧化硅由 A 类产品经有机物表面改性制成。气相二氧化硅的产品名称，以类型代号（A/B）加典型的氮吸附比表面积（NSA）构成。主要应用于硅橡胶、建筑密封胶、涂料、电子电力、航天航空、医药及医用材料、树脂加工、油墨印刷、农药等行业。

(2) 技术参数

气相二氧化硅典型分类名称详见表 1-64，技术指标见表 1-65。

表 1-64 气相二氧化硅典型分类名称 (GB/T 20020—2013)

A 类	B 类	NSA 典型值/(m^2/g)
A90	B90	90
A110	B110	110
A150	B150	150
A200	B200	200
A250	B250	250
A300	B300	300
A380	B380	380

表 1-65 气相二氧化硅技术指标 (GB/T 20020—2013)

项目	要求	
	A 类	B 类
氮吸附比表面积/(m^2/g)	典型值±30	典型值±30
灼烧减量/%	≤2.5	≤10.0
二氧化硅含量/%	≥99.8	≥99.8
三氧化二铝含量/(mg/kg)	≤400	≤400
二氧化钛含量/(mg/kg)	≤200	≤200

项目	要求	
	A 类	B 类
三氧化二铁含量/(mg/kg)	≤30	≤30
碳含量/%	≤0.2	≥0.3
氯化物含量/(mg/kg)	≤250	≤250
悬浮液 pH 值	3.7～4.5	≥3.6
105℃挥发物/%	≤3.0	≤1.0
振实密度/(g/dm³)	30～60	30～60
45μm 筛余物/(mg/kg)	≤250	—

注：1. 碳含量可以是灼烧减量的一部分。

2. 疏水产品碳含量可根据不同产品由相关方协商。

3. 用1+1的甲醇水溶液，相关方经协商一致亦可使用1+1的乙醇水溶液。

4. 振实密度亦可根据包装形式由相关方协商。

5. 压缩产品和氮吸附比表面积低于90m²/g的特殊型号由相关方协商。

1.5.11 有机膨润土

(1) 产品特性

白色或灰白色粉末。膨润土经季铵盐等表面活性剂插层改性而制成。密度1.7～1.8g/cm³。加少量极性溶剂如甲醇、乙醇、丙酮等，能使蒙脱土层间的季铵碳氢链通过氢键桥接，从而使层间膨胀、分散，并形成触变性凝胶体。有机膨润土按功能和组分分为高黏度有机膨润土、易分散有机膨润土、自活化有机膨润土和高纯度有机膨润土等四类。各类有机膨润土按插层表面活性剂亲水亲油平衡值不同，分为低极性（Ⅰ型）、中极性（Ⅱ型）和高极性（Ⅲ型）三个型号。在涂料方面，一般作为防沉剂和增稠剂。在纺织工业方面，主要合成纤维织物的染色助剂。在高速印刷油墨方面，用来调节油墨的稠度、黏度及控制渗透性。在钻井方面，可作为乳胶稳定剂。在润滑脂方面，特别用于制备适于高温和长时间连续运转作业环境下的耐高温润滑脂。

(2) 技术参数

高黏度有机膨润土国家标准见表1-66，易分散有机膨润土国家标准见表1-67，自活化有机膨润土国家标准见表1-68，高纯度有机膨润土国家标准见表 1-69。

表 1-66   高黏度有机膨润土国家标准（GB/T 27798—2011）

试验项目		Ⅰ型		Ⅱ型		Ⅲ型	
		一级品	二级品	一级品	二级品	一级品	二级品
表观黏度/(Pa·s)	≥	2.5	1.0	3.0	1.0	2.5	1.0
通过率(75μm,干筛)/%	≥	95					
水分(105℃)/%	≤	3.5					

表 1-67   易分散有机膨润土国家标准（GB/T 27798—2011）

试验项目		Ⅰ型	Ⅱ型	Ⅲ型
剪切稀释指数	≥	5.5	6.0	5.0
通过率(75μm,干筛)/%	≥	95		
水分(105℃)/%	≤	3.5		

表 1-68   自活化有机膨润土国家标准（GB/T 27798—2011）

试验项目		Ⅰ型		Ⅱ型		Ⅲ型	
		一级品	二级品	一级品	二级品	一级品	二级品
胶体率/%	≥	70	60	98	95	95	92
分散体粒度(D50)/μm	≤	8	15	8	15	8	15
通过率(75μm,干筛)/%	≥	95					
水分(105℃)/%	≤	3.5					

表 1-69   高纯度有机膨润土国家标准（GB/T 27798—2011）

项目		Ⅰ型		Ⅱ型		Ⅲ型	
		一级品	二级品	一级品	二级品	一级品	二级品
物相		X射线衍射分析中不得检出除有机蒙脱石、石英和方英石以外其他矿物成分					
表观黏度/(Pa·s)	≥	2.5		3.0		2.5	
石英含量/%	≤	1.0	1.5	1.0	1.5	1.0	1.5
方英石含量/%	≤	1.0	1.5	1.0	1.5	1.0	1.5
通过率(75μm,干筛)/%	≥	95					
水分(105℃)/%	≤	3.5					

1.6 添加剂

在润滑脂中，除了稠化剂和基础油外，还会有各种不同的功能添加剂。通常所说的添加剂，是指为改善润滑脂某方面的使用性能而添加的少量化学品。但是，润滑脂是胶体分散体，有许多添加剂是极性化合物，加入后有时会造成润滑脂胶体体系一定程度的破坏，从而造成润滑脂稠度、滴点、分油、机械安定性等性能的变化。润滑脂常用添加剂主要有结构稳定剂、抗氧剂、极压抗磨剂、防锈剂、增黏剂和染色剂等。

1.6.1 添加剂分类

（1）结构稳定剂

结构稳定剂通常是一些极性较强但分子比较小的化合物，如有机酸、甘油、醇类、胺类等，水也是一种结构稳定剂。结构稳定剂的作用机理，是由于其所含有极性基能够吸附在稠化剂内的极性端，从而使稠化剂分子间排列间距相应增大，稠化剂内外表面增大，稠化剂-基础油间的吸附能力也就增强。因此，在结构稳定剂存在时，可使稠化剂和基础油形成更加稳定的胶体结构。

（2）抗氧剂

抗氧剂按分子结构的不同，可分为胺类抗氧剂、受阻酚类抗氧剂、亚磷酸酯类抗氧剂、含硫类抗氧剂。根据其作用机理，可以分为过氧化物分解剂、自由基清除剂、金属减活剂等。根据官能团种类分为有机金属盐、有机铜抗氧剂、有机磷抗氧剂、有机硫抗氧剂，以及酚型、胺型、杂环型抗氧剂。金属钝化剂也属于抗氧剂的一类，主要作用是抑制金属离子对润滑脂的氧化催化作用。

（3）极压抗磨剂

极压抗磨剂是一种重要的润滑脂添加剂，大部分是一些含硫、磷、钼的化合物。在一般情况下，硫类可提高润滑脂的耐负荷能力，防止金属表面在高负荷条件下发生烧结、卡咬、刮伤；而磷类、有机金属盐类具有较高的抗磨能力，可防止或减少金属表面在中等负荷条件下的磨损。实际应用中，通常将不同种类的极压抗磨剂按一定比例混合的使用性能更好。利用一般磷化物具有的抗磨性、与硫化物具有的极压性，通过复配使用，从而使润滑脂既具有极压性，又具有抗磨性。极压抗磨剂的品种繁多，根据所含活性元素和复合元素的不同，大致可分为硫系、磷系、钼系、硼系、稀土化合物等类型。

(4) 防锈剂

金属由于受到环境介质中水、氧、酸性物质等化学或电化学作用而引起腐蚀和锈蚀。防锈剂是能防止金属机件生锈，延迟或限制生锈时间，减轻生锈程度的添加剂。为了提高润滑脂的防护性，防止空气、水分等透过润滑脂膜，造成金属的生锈，需要向润滑脂中加入防锈剂。作为防锈剂的物质是一些有机极性化合物，如金属皂、有机酸、酯、胺等。

(5) 增黏剂

提高润滑脂黏附性的方法，主要是在润滑脂中加入增黏剂。增黏剂的主要种类有：聚异丁烯（PIB）、乙烯-丙烯共聚物（OCP）、氢化异戊二烯及苯乙烯共聚物（SV）、聚甲基丙烯酸酯（PMA）、苯乙烯-聚酯共聚物、PMA/OCP 混合体等。考虑到原料的来源、产品的经济性以及对润滑脂生产的适用性，目前在润滑脂生产中使用较多的是聚异丁烯和乙烯-丙烯共聚物（OCP）。在润滑脂中，增黏剂可以增加黏度，提高黏附性和附着力，抑制润滑脂的分油，提高了润滑脂的胶体安定性，同时改善抗水性。

(6) 染色剂

有时在某些润滑脂中加入特定染色剂，以改变其的本来颜色。目的是起到警示作用，或区别其他润滑脂，或防止误食。一般来说，染色剂不会起到任何润滑保护的作用。一些产品制备成特殊的荧光色，具有便于检漏的功能。润滑油脂常用的染色剂主要有耐晒黄、油溶红、苏丹红、荧光绿、孔雀蓝等。

1.6.2　工业用季戊四醇

$C(CH_2OH)_4$

(1) 产品特性

白色或淡黄色结晶粉末。熔点 269℃。易溶于热水，在冷水中溶解度较小，微溶于乙醇，不溶于苯、乙醚和石油醚等。是制作油漆、涂料、合成树脂和炸药的重要原料。

(2) 技术参数

工业用季戊四醇国家标准见表 1-70。

表 1-70　工业用季戊四醇国家标准（GB/T 7815—2008）

项目	指标			
	98 级	95 级	90 级	86 级
季戊四醇(质量分数)/%　　　　　≥	98.0	—	—	—
季戊四醇(以 $C(CH_2OH)_4$ 计)[a](质量分数)/%　　　　　　　　　　　≥	—	95.0	90.0	86.0
羟基(质量分数)/%　　　　　　≥	48.5	47.5	47.0	46.0
干燥减量(质量分数)/%　　　　≤	0.20	0.50		
灼烧残渣(质量分数)/%　　　　≤	0.05	0.10		
邻苯二甲酸树脂着色度(Fe、Co、Cu 标准比色液)/号　　　　　　　　　≤	1	2		4
终熔点/℃　　　　　　　　　　≥	250	—	—	—

　[a] 季戊四醇和季戊四醇环状缩甲醛的含量折算以 $C(CH_2OH)_4$ 计入。

1.6.3　二苯基硅二醇

(1) 产品特性

白色粉末状晶体。闪点 55℃。不溶于水，溶于一般的化学溶剂。是白炭黑表面改性剂，其特点是反应温度较高，反应时间长，对白炭黑表面活性羟基具有选择性。主要用于医药中间体或其他高分子的合成等。

(2) 技术参数

二苯基硅二醇企业标准见表 1-71。

表 1-71　二苯基硅二醇企业标准

项目	质量指标	
	优级品	合格品
外观	白色针状晶体	
二苯基硅二醇/%　　　　　　≥	98.0	97.0
熔点/℃	135～145	

1.6.4 2,6-二叔丁基对甲酚 (T501)

(1) 产品特性

白色或微黄色晶体。无味无臭。毒性小。熔点 70～71℃。沸点 265℃。密度（20℃）1.048g/cm³。易溶于油品、甲醇及苯等有机溶剂，不溶于水、丙二醇及苛性钠等。在工作温度 100℃ 以下时，具有较好的抗氧效果。可直接或调成母液加入橡胶、塑料、工业油及燃料油中，以提高其产品的抗氧性能，延长其使用寿命。添加量 0.1%～1%。

(2) 技术参数

2,6-二叔丁基对甲酚企业标准见表 1-72。

表 1-72 2,6-二叔丁基对甲酚企业标准 (Q/HGDAJ008—2020)

项目		质量指标
外观		白色结晶或结晶性粉末
水分/%	≤	0.05
熔点(初熔)/℃	≥	69
游离甲酚/%	≤	0.015
灰分/%	≤	0.005
闪点(闭口)/℃		报告

1.6.5 二苯胺

(1) 产品特性

白色至微红色结晶。有花香气味。有刺激性。见光变色。相对密度

1.16。熔点 54～55℃。沸点 302℃。闪点 153℃。易溶于乙醚、苯、冰乙酸和二硫化碳，1g 溶于 2.2mL 乙醇、4.5mL 丙酮，不溶于水。能与强酸生成盐。低毒，LD_{50}（大鼠，经口）3000mg/kg。主要用于合成橡胶防老剂、染料和医药中间体、润滑油抗氧剂等，也是火药的稳定剂。

（2）技术参数

二苯胺企业标准见表 1-73。

表 1-73　二苯胺企业标准（Q/320682NBB01—2016）

项目		质量指标	
		优级品	合格
纯度/%	≥98.5	99.6	99.0
不纯物	1.05	0.4	1.0

1.6.6　N-苯基-α-萘胺（T531）

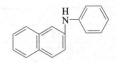

（1）产品特性

淡黄色结晶体。易燃。有毒。相对密度（d_4^{25}）1.18～1.22。熔点 62℃。易溶于乙醇、乙醚、丙酮、氯仿、二硫化碳、醋酸乙酯，微溶于汽油，不溶于水。暴露在日光和空气中逐渐变为紫色。具有优良的高温抗氧性能。主要用于各种航空润滑油及其他工业用润滑油中。参考用量 0.5%～3.0%。

（2）技术参数

N-苯基-α-萘胺国家标准见表 1-74。

表 1-74　N-苯基-α-萘胺国家标准（GB/T 8827—2006）

项目		指标
外观		浅黄棕色或紫色片状
结晶点/℃	≥	53.0
游离胺（以苯胺计）(质量分数)/%	≤	0.20
挥发分(质量分数)/%	≤	0.30
灰分(质量分数)/%	≤	0.10

1.6.7 对,对′-二异辛基二苯胺 (T516)

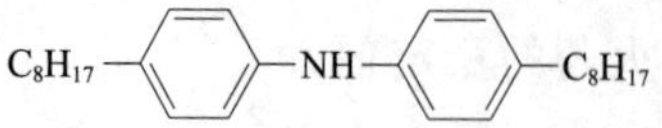

$$C_8H_{17} \text{——} \text{NH} \text{——} C_8H_{17}$$

(1) 产品特性

白色粉状固体。熔点 100～101℃。溶于醇、苯等有机溶剂，不溶于水。自燃点 498℃。具有优良的高温抗氧性，可延长油品在高温下使用寿命，减少结焦。纯度高，油溶性好，毒性低。主要作为合成油脂高档油及橡胶的抗氧剂、合成润滑油的耐高温抗氧剂、无灰抗氧剂等。参考用量 0.5%～1.0%。

(2) 技术参数

对,对′-二异辛基二苯胺企业标准见表 1-75。

表 1-75 对,对′-二异辛基二苯胺企业标准

项目		质量指标	
		一级品	优级品
外观		白色至灰白色粉状固体	白色晶状粉末
熔点/℃	≥	95	98
灰分/%	≤	0.1	0.1
水分/%	≤	0.5	0.3

1.6.8 苯三唑衍生物 (T551)

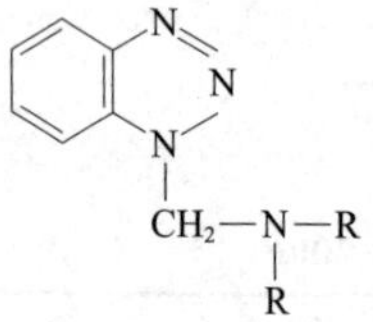

(1) 产品特性

棕红色透明液体。具有低挥发性。在矿物油中有很好的油溶性。热分解温度为 180℃左右。具有良好的改善油品抗氧化性能的功能。与其他添加剂复合使用，具有优异的抗氧增效作用，并降低 T501 用量。不能与 ZDDP 或氨基甲酸盐类复合使用，以防发生沉淀。以配价键在金属表面形成惰性膜或与金属离子形成螯合物，从而抑制金属对氧化反应的催化加速作用。

广泛应用于汽轮机油、油膜轴承油、工业齿轮油、变压器油及循环油中。加入量 $0.03\%\sim0.1\%$。

(2) 技术参数

苯三唑衍生物（T551）企业标准见表 1-76。

表 1-76　苯三唑衍生物（T551）企业标准（Q/JAT 005—2021）

项目		质量指标
密度(20℃)/(kg/m³)		910.0～1040.0
闪点(开口)/℃	≥	130
运动黏度(50℃)/(mm²/s)		10.00～14.00
色度号		报告
氧化试验(增值)/min	≥	90
溶解度/%		合格
热分解度/℃		报告

1.6.9　噻二唑衍生物金属减活剂（T561）

$$C_{12}H_{25}SS-\underset{S}{\overset{N-N}{\underset{\parallel}{C}}}\underset{}{\overset{}{C}}-SSC_{12}H_{25}$$

(1) 产品特性

黄色透明液体。主要由噻二唑衍生物组成。具有良好的抑制铜腐蚀性和抗氧化性。油溶性好。能降低 ZDDP 添加剂对铜的腐蚀，提高水解安定性。对于有机钼添加剂对铜的腐蚀有优良的抑制作用，并可提高内燃机油的抗氧性。能捕捉油品中的活性硫，抑制金属的腐蚀。含有多硫键，可与金属表面形成硫化膜，而有效地控制金属离子对油品的催化作用。与其他添加剂复合，适用于调配抗磨液压油、工业齿轮油和优质汽轮机油等油品。参考用量 $0.3\%\sim0.4\%$。

(2) 技术参数

噻二唑衍生物金属减活剂企业标准见表 1-77。

表 1-77　噻二唑衍生物金属减活剂企业标准（Q/ABHR002—2000）

项目	质量指标	
	一级品	二级品
外观	黄色透明液体	黄色透明液体

项目	质量指标	
	一级品	二级品
密度(20℃)/(kg/m³)	900~1100	
运动黏度(100℃)/(mm²/s)	10~20	10~20
闪点(开口)/℃ ≥	130	
酸值/(mgKOH/g) ≤	8	12
铜片腐蚀/级 ≤	1	1
硫含量/%	30	30
水分/% ≤	0.05	0.1
机械杂质/% ≤	0.08	0.1

1.6.10 硫化烯烃棉籽油

(1) 产品特性

深红至棕色透明黏稠液体。由棉籽油和烯烃混合物在一定温度下进行硫化及后处理而制得。按硫含量的不同分为 T405、T405A 两个产品。具有优良的极压抗磨性能和油性，油溶性好，对铜腐蚀性小。适合用于配制导轨油、液压导轨油、工业齿轮油和切削油等油品。T405A 油溶性较差，只适用于配制极压润滑脂。

(2) 技术参数

硫化烯烃棉籽油企业标准见表 1-78。

表 1-78 硫化烯烃棉籽油企业标准 (Q/JKTJ008—2016)

项目	性能要求	
	T405	T405A
运动黏度(100℃)/(mm²/s)	20~28	40~90
闪点(开口杯)/℃ ≥	140	140
硫含量(质量分数)/%	7.5~8.5	9.0~10.5
机械杂质(质量分数)/% ≤	0.07	0.07

项目		性能要求	
		T405	T405A
水分(质量分数)/%	≤	0.05	0.05
铜片腐蚀(100℃,3h)/级	≤	1	2a

1.6.11 硫化异丁烯 (T321)

$$CH_3-\underset{\underset{S}{|}}{\overset{\overset{CH_3}{|}}{C}}-CH_2-S-S-CH_2-\underset{}{\overset{\overset{CH_3}{|}}{C}}-CH_3$$

(1) 产品特性

橘黄色透明油状液体。以硫黄和异丁烯为原料,经加合、脱氯等反应制得。具有颜色浅、油溶性好、硫含量高 (40%~46%)、极压抗磨性和抗冲击负荷性能好的特点。适用于车辆齿轮油、工业齿轮油、极压润滑脂和金属加工油等。

(2) 技术参数

硫化异丁烯石化行业标准见表 1-79。

表 1-79 硫化异丁烯石化行业标准 (SH/T 0664—1998)

项目		质量指标	试验方法
外观		橘黄~琥珀色透明液体	目测
水分(体积分数)/%	≤	痕迹	GB/T 260
机械杂质(质量分数)/%	≤	0.05	GB/T 511
闪点(开口)/℃	≥	100	GB/T 3536
运动黏度(100℃)/(mm²/s)		5.50~8.00	GB/T 265
密度(20℃)/(kg/m³)		1100~1200	GB/T 13377
油溶性		透明无沉淀	目测[a]
硫含量(质量分数)/%		40.0~46.0	SH/T 0303[b]
氯含量(质量分数)/%	≤	0.4	SH/T 0161
铜片腐蚀(121℃,3h)/级	≤	3	GB/T 5096[c]

项目		质量指标	试验方法
四球机试验 P_D/N	≥	4900	GB/T 3142[c]

  [a] 5%（质量分数）T321+95%（质量分数）基础油［60%（质量分数）HVI150BS+40%（质量分数）HVI500］在室温下（20℃）搅拌均匀后，目测应为透明无沉淀。

  [b] T321硫含量除用SH/T 0303测定外，也可以用其他试验方法测定。

  [c] 5%（质量分数）T321+95%（质量分数）基础油［60%（质量分数）HVI150BS+40%（质量分数）HVI500］。

1.6.12 磷酸三甲酚酯（T306）

(1) 产品特性

琥珀色透明液体。有毒。具有良好的阻燃、耐磨和耐霉菌性能，挥发性低，电气性能好。可调制齿轮油及抗磨液压油。推荐添加量0.5%～1.5%。

(2) 技术参数

磷酸三甲酚酯企业标准见表1-80。

表 1-80 磷酸三甲酚酯企业标准

项目		质量指标
密度(20℃)/(kg/m³)	≤	1185
酸值/(mgKOH/g)	≤	0.15
闪点(开口)/℃	≥	225
游离甲酚/%	≤	0.15

1.6.13　硫代磷酸三苯酯（T309）

$$\left(\!\!\left<\!\!\right>\!\!-O\right)_3\!-P\!=\!S$$

(1) 产品特性

白色结晶颗粒。熔点 55℃。可溶于大多数有机溶剂，不溶于水。具有良好的抗磨性、抗氧性、热稳定性和颜色安定性。可用于抗磨液压油、油膜轴承油、液力传动油和汽轮机油等油品。参考用量 $0.5\%\sim3.0\%$。

(2) 技术参数

硫代磷酸三苯酯企业标准见表 1-81。

表 1-81　硫代磷酸三苯酯企业标准（Q/0302HH001—2022）

项目	指标
外观	白色或微黄色粉末
熔点/℃	51～54
磷含量/% ≥	8.7
硫含量(质量分数)/% ≥	9.0
铜片腐蚀(100℃,3h)/级 ≤	1
水溶性酸及碱	无

1.6.14　二丁基二硫代氨基甲酸氧钼（T351）

$$\begin{array}{c}(CH_2)_3CH_3\\(CH_2)_3CH_3\end{array}\!\!N\!-\!\overset{S}{\overset{\|}{C}}\!-\!S\!-\!\overset{O}{\overset{\|}{Mo}}\!\underset{S}{\overset{S}{\diagup}}\!\overset{O}{\overset{\|}{Mo}}\!-\!S\!-\!\overset{S}{\overset{\|}{C}}\!-\!N\!\begin{array}{c}(CH_2)_3CH_3\\(CH_2)_3CH_3\end{array}$$

(1) 产品特性

黄色粉末。在润滑脂中具有抗极压、抗磨和抗氧化等多种性能，对润滑脂结构无破坏作用，是一种优良的多效添加剂。适于作为航空润滑脂、极压锂基脂、复合锂基脂、复合铝基脂、极压膨润土脂等各种润滑脂的极压抗磨添加剂。推荐用量 $1\%\sim4\%$。

(2) 技术参数

二丁基二硫代氨基甲酸氧钼企业标准见表 1-82。

表 1-82　二丁基二硫代氨基甲酸氧钼企业标准（Q/ABHR 005—2002）

项目		质量指标
外观		黄色粉末
熔点/℃	≥	200
机械杂质		无
加热减量（100℃）/%	≤	0.2
颗粒度（140目筛余物）/%	≤	1.0

1.6.15　二丁基二硫代氨基甲酸锑（T352）

$$\left[\begin{array}{l} H_3CH_2CH_2C \\ H_3CH_2CH_2C \end{array} N-\overset{\overset{\textstyle S}{\|}}{C}-S \right]_3 Sb$$

(1) 产品特性

黄色或浅黄色粉末。在润滑脂中具有抗极压、抗磨和抗氧化等多种性能，对润滑脂结构无破坏作用，是一种优良的多效添加剂。适于作为航空润滑脂、极压锂基脂、复合锂基脂、复合铝基脂、极压膨润土脂等各种润滑脂的极压抗磨添加剂。推荐用量 1%～4%。

(2) 技术参数

二丁基二硫代氨基甲酸锑盐企业标准见表 1-83。

表 1-83　二丁基二硫代氨基甲酸锑盐企业标准（Q/ABHR 005—2002）

项目		质量指标
外观		黄色或浅黄色粉末
熔点/℃		60～70
机械杂质		无
加热减量（100℃）/%	≤	0.2

1.6.16　4,4′-亚甲基双（二丁基二硫代氨基甲酸酯）（T323）

$$\begin{array}{l} H_9C_4 \\ H_9C_4 \end{array} N-\overset{\overset{\textstyle}{\|}}{\underset{S}{C}}-H_2C-\overset{\overset{\textstyle}{\|}}{\underset{S}{C}}-N \begin{array}{l} C_4H_9 \\ C_4H_9 \end{array}$$

(1) 产品特性

棕红色透明液体。其结构中不含金属原子，为多效添加剂。硫含量高达 30%。具有突出的抗磨极压性能和良好的抗氧效果，并与其他添加剂配伍性好。可用于汽轮机油、液压油、齿轮油、内燃机油等多种油品中，以提高其抗氧化和抗磨损性能，也是润滑脂的极压添加剂。作为抗氧剂添加 0.1%～1.0%，极压剂 2.0%～4.0%。

(2) 技术参数

4,4′-亚甲基双（二丁基二硫代氨基甲酸酯）企业标准见表 1-84。

表 1-84　4,4′-亚甲基双（二丁基二硫代氨基甲酸酯）企业标准（Q/JYJ 001—2016）

项目	质量指标	试验方法
外观	棕红色透明液体	目测
密度/(g/cm³)	0.95～1.15	GB/T 1884—2000
黏度(100℃)/(mm²/s)	13～17	GB/T 265
闪点(开口)/℃	≥130	GB/T 3536
S 元素含量(质量分数)/%	29～32	SH/T 0472—1992

1.6.17　二烷基二硫代磷酸锌（ZDDP）

$$R'O \underset{RO}{\overset{S}{>}}P \underset{S-Zn-S}{\overset{}{<}} P \underset{OR}{\overset{S}{<}} OR'$$

(1) 产品特性

浅黄色透明液体。加入油品中可控制油品的氧化，具有抗氧化、抗磨和抗腐蚀作用。按产品功能分为以下 9 种产品：T202 硫磷丁辛伯烷基锌盐、T203 硫磷双辛伯烷基锌盐、T204 碱式硫磷双辛伯烷基锌盐、T205 硫磷丙辛仲伯烷基锌盐、T206 硫磷仲伯烷基锌盐、T207 硫磷伯仲辛烷基锌盐、T208 硫磷仲烷基锌盐、T209 硫磷仲烷基锌盐、T213 硫磷伯烷基锌盐。适用于调制中高档柴油机油、抗磨液压油、中速船用油、抗磨液压油、中高档内燃机油、齿轮油、液压油、轴承油、导轨油、润滑脂及金属加工油等。

(2) 技术参数

二烷基二硫代磷酸锌企业标准见表 1-85。

表 1-85　二烷基二硫代磷酸锌企业标准（Q/JTH 005—2018）

表 1-85　二烷基二硫代磷酸锌企业标准（Q/JTH 005—2018）

项目	质量指标			
	T202	T203	T204	T205
运动黏度(100℃)/(mm²/s)	报告	报告	报告	报告
磷(质量分数)/%	7.40～8.30	7.20～7.90	7.00～7.70	8.50～9.30
硫(质量分数)/%	15.0～16.0	14.0～16.0	13.5～16.0	16.5～18.5
锌(质量分数)/%	8.50～9.30	8.50～9.00	8.50～9.50	9.50～10.3
闪点(闭口)/℃	≥145	≥145	≥145	≥145
水分(质量分数)/%	≤0.06	≤0.06	≤0.06	≤0.06

项目	质量指标				
	T206	T207	T208	T209	T213
运动黏度(100℃)/(mm²/s)	报告	报告	报告	≤11.00	报告
磷(质量分数)/%	7.70～8.40	6.80～8.80	7.00～8.40	6.54～8.00	9.20～9.90
硫(质量分数)/%	15.0～17.0	13.6～15.5	14.5～16.5	报告	19.0～21.0
锌(质量分数)/%	8.40～9.20	8.10～8.90	7.20～8.60	7.00～8.54	10.0～11.2
闪点(闭口)/℃	≥145	≥145	≥145	≥145	≥145
水分(质量分数)/%	≤0.06	≤0.06	≤0.06	≤0.06	≤0.06

1.6.18　硼酸盐（T361）

(1) 产品特性

棕红色透明黏稠液体。采用高碱值石油磺酸钙、硼酸等为原料，与氢氧化钾或氢氧化钠反应得到。通过分散剂将无机硼酸盐以极细的颗粒分散在矿物油中，分散体系中硼酸盐是非结晶小球。平均直径 0.1μm。具有良好的抗锈蚀、抗磨损性和热氧化安定性，在高负荷下有很强的抗磨和抗擦伤能力，但耐水性差。不含硫、磷、氯等活泼元素，属于惰性极压抗磨剂。适用于配制车辆齿轮油、工业齿轮油、蜗轮蜗杆油、防锈润滑两用油和机械加工用油等。

(2) 技术参数

硼酸盐（T361）的石化行业标准见表 1-86。

表 1-86 硼酸盐（T361）石化行业标准 [SH/T 0016—1990（1998）]

项目	质量指标	试验方法
外观[a]	红棕色透明黏稠液体	目测
密度(20℃)/(kg/m^3)	1200～1400	GB/T 1884 GB/T 1885
运动黏度(100℃)/(mm^2/s)	实测	GB/T 265
硼含量/% ≥	5.8	SH/T 0227
闪点(开口杯法)/℃ ≥	170	GB/T 267
水分/% ≤	0.1	GB/T 260
碱值/(mg KOH/g)	280～350	SH/T 0251
铜片腐蚀(120℃,3h)/级 ≤	1	GB/T 5096
四球机试验[b] 　最大无卡咬负荷 P_B/N ≥	900	GB/T 3142
抗极压性能[b] 　梯姆肯试验(OK值)/N ≥	267	GB/T 11144

　[a] 把产品注入 100mL 量筒中，在室温下观测应均匀透明。

　[b] 以 650SN 的中性油为基础油，加 T361 至油中，在含硼量为 0.6%±0.01% 时进行四球机试验和梯姆肯试验，梯姆肯试验为保证项目，每年评定一次。

1.6.19 油溶性石油磺酸钡 (701)

$(R—SO_3)_2Ba$

(1) 产品特性

黄色至棕红色透明稠状物。能吸附于金属表面形成保护膜，防止对金属的腐蚀和锈蚀，对黑色和有色金属有良好的防锈性能。其中含有一类金属钡含量超过 10%，碱值高的碱性产品。碱性磺酸钡中钡金属一部分来自磺酸钡正盐，另一些来自胶体胶束中的载荷氢氧化钡。抗盐雾性优良，对汗液和水膜有置换作用。常与环烷酸锌、羊毛脂镁皂等复合使用。加入防锈油脂中作为防锈添加剂，配制置换型防锈油、工序间防锈油、封存用油和润滑防锈两用油以及防锈脂。参考用量 3%～15%。

(2) 技术参数

油溶性石油磺酸钡（T701 防锈剂）石化行业标准见表 1-87。

表 1-87　油溶性石油磺酸钡（T701 防锈剂）石化行业标准 ［SH/T 0391—1995 （1998）]

项目		质量指标				试验方法
		1 号		2 号		
		一等品	合格品	一等品	合格品	
外观		棕褐色、半透明、半固体				目测
磺酸钡含量/%	≥	55	52	45		附录 A
平均分子量	≥	1000				附录 A
挥发物含量/%	≤	5				附录 B
氯根含量/%		无				附录 C
硫酸根含量/%		无				附录 C
水分[a]/%	≤	0.15	0.30	0.15	0.30	GB/T 260
机械杂质/%	≤	0.10	0.20	0.10	0.20	GB/T 511
pH 值		7～8				广泛试纸
钡含量[b]/%	≥	7.5	7.0	6.0		SH/T 0225
油溶性		合格				附录 E
防锈性能 湿热试验(49℃±1℃,湿度 95%以上)[c]/级		72h	24h	72h	24h	GB/T 2361
10♯ 钢片	≤	A				
62♯ 黄铜片		1				
海水浸渍(25℃±1℃,24h)/级	≤					附录 D
10♯ 钢片		A				
62♯ 黄铜片		1				

[a] 以出厂检验数据为准。

[b] 作为保证项目，每季抽查一次。

[c] 湿热、海水浸渍试验在测定时以符合 GB 443 的 L-AN46 全损耗系统用油为基础油，加入 3%（质量分数）701 防锈剂（磺酸钡含量按 100%计算）配成涂油。

1.6.20　重烷基苯磺酸钡

$$(R_2C_6H_3\text{—}SO_3)_2Ba$$

(1) 产品特性

琥珀色黏稠液体。对黑色金属和有色金属有良好的防锈作用，对酸性介质有良好的中和、置换作用。油溶性好，使用方便。具有优良的抗潮湿、抗盐雾、抗盐水和水置换性能。能吸附于金属表面形成保护膜，以起到防止金属的腐蚀和锈蚀作用。适用于调制置换性防锈油、封存防锈油和润滑防锈两用油以及各种防锈油脂。

（2）技术参数

重烷基苯磺酸钡企业标准见表1-88。

表1-88　重烷基苯磺酸钡企业标准（Q/XCT 05—2022）

项目	质量指标	
外观	棕色透明黏稠液体	
油溶性	合格	
挥发物/%	≤5.0	
机械杂质/%	≤0.1	
钡含量	≥6.5	
湿热试验(49℃±1℃,湿度95%以上,72h)/级	10♯钢片	A
	62♯铜片	1
海水浸渍(25℃±1℃,24h)/级	10♯钢片	A
	62♯铜片	1

1.6.21　二壬基萘磺酸钡

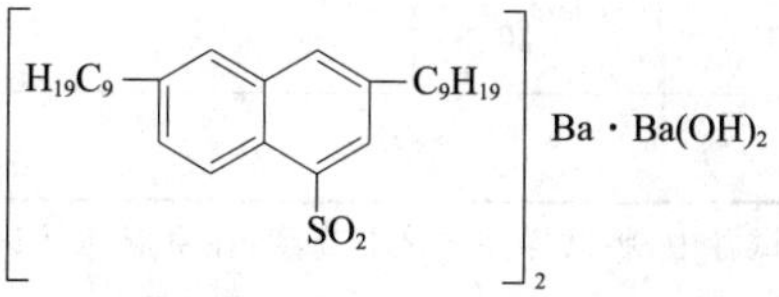

（1）产品特性

棕色或深棕色黏稠液体。由壬烯和萘经烃化、磺化、钡化等工艺制得。具有良好的油溶性、配伍性和替代性。对黑色金属有良好的防锈性能，是一种高性能的优良防锈防腐剂。适用于调制防锈润滑油、润滑脂，也可做发动机燃料的防锈添加剂。

（2）技术参数

二壬基萘磺酸钡防锈剂企业标准见表1-89。

表 1-89　二壬基萘磺酸钡防锈剂企业标准（Q/320505XHT 01—2015）

项目		要求			
		T705A		T705	
		一等品	合格品	一等品	合格品
外观[a]		棕色透明黏稠液体	棕色至褐色黏稠液体	棕色至褐色透明黏稠液体	棕色至褐色黏稠液体
密度(20℃)/(g/cm³)		≥1.0			
闪点(开口)/℃		≥165			
黏度(100℃)/(mm²/s)		—		≤100	≤140
水分/%		≤0.10			
机械杂质/%		≤0.10	≤0.15	≤0.10	≤0.15
钡含量/%		≥6.5		≥11.5	≥10.5
总碱值/(mgKOH/g)		≤1.0	≤2.0	35～55	
酸值/(mgKOH/g)		≤1.0	≤1.5	—	
潮湿箱/级	96h	A	—	A	—
	72h	—	A	—	A
抗乳化性(40-37-3)/min		≤15	≤20		
油溶性		合格			

[a] 在直径 30～40mm、高度 120～130mm 的玻璃试管中，将试样注入 2/3 高度，在室温下从试管侧观察。

1.6.22　羊毛脂镁皂

(1) 产品特性

棕色褐色块状物。以甾醇类、脂肪醇类和三萜烯醇类与大约等量脂肪酸所组成的酯即羊毛脂为原料，经皂化等工艺精制而成。具有良好的配伍性、油溶性，对有色金属、黑色金属的防锈叠加性尤为显著。高温性能优异，防锈性好，可以单独作为防锈剂配制各种防锈油脂，也可以和磺酸盐、苯骈三氮唑等防锈剂复合使用。与其他添加剂如石油磺酸盐等复合使用，一般用量为 0.5％～5％。用于调配各种工序间防锈油和长期防锈油脂产品，参考用量 3％～6％ 。

（2）技术参数

羊毛脂镁皂企业标准见表 1-90。

表 1-90　羊毛脂镁皂企业标准（Q/320584 HYN001—2016）

项目	指标
外观	棕褐色均匀固体
水分/％	≤1.0
油溶性	均相透明油体
机械杂质/％	≤0.1
pH 值	6.5～7.5
SO_4^{2-}	无
铜片腐蚀(100℃,3h)	铜片上没有绿色或黑色变化

1.6.23　N-油酰（替）肌氨酸-十八胺盐（T711）

$$CH_3(CH_2)_7-C=C-(CH_2)_7-\overset{\overset{O}{\|}}{C}-\underset{\underset{CH_3}{\|}}{N}-CH_2-COOH \cdot CH_3(CH_2)_{17}NH_2$$

（1）产品特性

淡黄色蜡状固体，加热熔化成琥珀色油状液体。无毒。不溶于水而溶于油。是一种性能优良的油溶性防锈添加剂。在润滑油、液压油、循环油、仪表油和防锈油中，以及用于油田二次采油、注水系统管道及设备的防锈、原油输送管道设备的防锈，均有较好的防锈效果。不但具有良好的抗湿热性，并有良好的抗盐雾性及酸中和性。缺点是油溶性较差。一般用量为 1％～3％ 。

（2）技术参数

N-油酰（替）肌氨酸-十八胺盐企业标准见表 1-91。

表 1-91　N-油酰（替）肌氨酸-十八胺盐企业标准

项目	质量指标
湿热试验(温度49℃,相对湿度≥95％,45 号钢 7d)/级	动态 0～1

项目	质量指标
腐蚀试验/级 　100℃,3h,45 号钢 　100℃,3h,黄铜	0~1 1
氯离子含量/%	0.015
总胺值/(mgKOH/g)	90.0~95.0
pH 值	7~9

1.6.24　1,2,3-苯并三氮唑 (T706)

(1) 产品特性

白色或浅黄色针状晶体。微溶于水,可溶于醇苯、甲苯、氯仿、DMF 等有机溶剂。水中溶解度随温度的升高而增大。在室温即 20~30℃ 范围,其溶解度为 1.5%~2.3%。0.1%的 1,2,3-苯并三氮唑的水溶液呈微酸性,pH 值在 5.5~6.5。在极性溶剂中的溶解度较大,在非极性溶剂中的溶解度较小。在酸和碱的溶液中都有较大的溶解度。可与铜形成螯合物,对铜及其合金有优异的防锈能力,对银及银合金也有较好的防锈效果。适用于调制防锈油脂,也可作为乳化油,气相防锈剂及工业循环水中的缓蚀剂。

(2) 技术参数

1,2,3-苯并三氮唑防锈剂石化行业标准见表 1-92。

表 1-92　1,2,3-苯并三氮唑防锈剂石化行业标准 [SH/T 0397—1994 (2005)]

项目		质量指标			试验方法
		优等品	一等品	合格品	
外观		白色结晶	微黄色结晶	微黄色结晶	目测
色度/号	≤	120	160	180	GB 605[a]
水分g/%	≤	0.15			附录 A
终熔点/℃	≥	96	95	94	GB 617[b]

项目	质量指标			试验方法
	优等品	一等品	合格品	
醇中溶解性	合格			目测[c]
pH 值	5.3～6.3	5.3～6.3	5.3～6.3	GB 9724[d]
灰分/% ≤	0.10	0.15	0.20	GB 9741[e]
纯度[g]/% ≥	98			附录 B
湿热试验/d H62 号铜 ≥	7	5	3	GB/T 2361[f]

[a] 称取 5.00g 的 T706 样品加无水乙醇（分析纯）溶解并稀释至 50mL 评定。

[b] 试样预先在浓硫酸干燥器中干燥 24h，按 GB 617 测定。

[c] 称取 1.00g 的 T706 样品于 50mL 烧杯中，加入 20mL 无水乙醇（分析纯）溶解，溶液应透明，无丝状物、无沉淀为合格。

[d] 称取 0.50g 的 T706 样品溶解于 100mL pH 为 7.0 的蒸馏水中进行测定。

[e] 称取 3.00g 的 T706 样品于已恒重约 50mL 瓷坩埚中，在电炉或电热板上慢慢蒸发至干，再在（600±50）℃煅烧测定。

[f] 称取 0.10g 的 T706 样品溶于 3.00g 邻苯二甲酸二丁酯中，再用 HVI100 基础油稀释至 100.0g 进行试验，按 SH/T 0080 判断一级为合格。

[g] 为保证项目，每半年测定一次。

1.6.25　甲基苯并三氮唑（TTA）

（1）产品特性

白色至黄色颗粒或粉末。为 4-甲基苯骈三氮唑与 5-甲基苯并三氮唑的混合物。熔点 80～86℃。难溶于水，溶于醇、苯、甲苯、氯仿等有机溶剂，可溶于稀碱液。主要用作金属如银、铜、铅、镍、锌等的防锈剂和缓蚀剂。

（2）技术参数

甲基苯并三氮唑化工行业标准见表 1-93。

表 1-93　甲基苯并三氮唑化工行业标准（HG/T 3925—2014）

项目		指标	试验方法
甲基苯并三氮唑含量/%	≥	99.5	5.2

项目		指标	试验方法
熔点/℃		83～87	5.3
水分/%	≤	0.1	5.4
灼烧残渣/%	≤	0.05	5.5
色度（铂-钴色号）/度	≤	45	5.6
pH 值（5g/L 水溶液）		5.0～6.0	5.7

1.6.26　2-巯基苯并噻唑

(1) 产品特性

浅黄色针状或片状结晶，有特殊气味，熔点 179.5℃，相对密度 1.41～1.48，溶于碱和碳酸盐溶液，易溶于丙酮，微溶于醇、醚和冰乙酸，不溶于水。在氧化性介质中可生成二硫化二苯并噻唑，在强氧化性介质中可生成亚磺酸类化合物。是一种天然橡胶及一般合成胶的中超速硫化促进剂。作为铜腐蚀抑制剂和钝化剂，可使用于多种工业润滑剂中，如重载切削和金属加工液、液压油和润滑脂。

(2) 技术参数

2-巯基苯并噻唑国家标准见表 1-94。

表 1-94　2-巯基苯并噻唑国家标准（GB 11407—2013）

项目	指标	试验方法
(1)外观	灰白色至淡黄色粉末或粒状	目测
(2)初熔点/℃	≥170.0	GB/T 11409—2008 中 3.1
(3)加热减量（质量分数）/%	≤0.30	GB/T 11409—2008 中 3.4
(4)灰分（质量分数）/%	≤0.30	GB/T 11409—2008 中 3.7
(5)筛余物[a]（150μm）（质量分数）/%	≤0.10	GB/T 11409—2008 中 3.5
(6)纯度[b]（质量分数）/%（滴定法、HPLC法）	≥97.0	本标准 4.7

[a] 筛余物不适用于粒状产品。

[b] 为根据用户要求检验项目。

1.6.27　癸二酸二钠

$NaOOC(CH)_8COONa$

(1) 产品特性

白色粉末状。具有良好的水溶解性，在矿物油中的溶解度小于 0.1%。可用作润滑脂和液相体系的腐蚀抑制剂。润滑脂特别是膨润土脂加剂量 2%～3%，水基冷却 0.3%～4%。

(2) 技术参数

癸二酸二钠企业标准见表1-95。

表 1-95　癸二酸二钠企业标准（Q/WYGS02—2022）

项目		质量指标
外观		白色粉末
含量/%	≥	98.0
水不溶物/%	≤	1.0
水分/%	≤	1.0
负离子/10^{-6}	≤	300
pH 值/%		7～9
粒度(120 目透过率)/%	≥	95

1.6.28　高活性聚异丁烯

$$+CH_2-\underset{\underset{CH_3}{|}}{\overset{\overset{CH_3}{|}}{C}}+_n CH_2-C(CH_3)=CH_2$$

式中，$n=17～45$。

(1) 产品特性

无色透明或浅黄色黏稠状液体。无毒、无味。主要用于热加合法生产聚异丁烯丁二酰亚胺无灰分散剂和用作润滑油黏度指数改进剂，以及石蜡、橡胶的改性剂，还广泛应用于各种黏合剂、热熔胶、压敏胶、密封胶、减振阻尼胶、黏虫胶等领域。

(2) 技术参数

高活性聚异丁烯石化行业标准见表1-96。

表 1-96　高活性聚异丁烯石化行业标准（NB/SH/T 0927—2016）

项目	指标		
	1000	1300	2300
外观[a]	无色透明，无机械杂质的胶状物		
色度（铂-钴色号）/度	<70		
密度（20℃）/（kg/m³）	870～910		
运动黏度（100℃）/（mm²/s）	175～270	380～580	1400～1700
挥发分质量分数（105℃）/%	≤2.00	≤1.50	
闪点/℃	≥200		
数均分子量	900～1150	1200～1600	1900～2500
分子量分布宽度指数	≤2.5		
α-烯烃质量分数/%	≥80.0		≥75.0

[a]将产品盛装在清洁、干燥的 100mL 烧杯中，在室温（20℃±5℃）下直接观察。

1.6.29　聚甲基丙烯酸酯（T602）

（1）产品特性

常温下为透明黏稠状。采用不同碳数的甲基丙烯酸烷基酯单体，在引发剂和分子量调节剂存在下，通过溶液聚合制备。能显著改善油品黏温性能，并有降凝作用，缺点是易水解，抗机械剪切性较差。可调制航空液压油、液力传动油、低凝液压油和多级内燃机油。添加量 0.5%～2.0%。

（2）技术参数

聚甲基丙烯酸酯企业标准见表 1-97。

表 1-97　聚甲基丙烯酸酯企业标准（Q/RC02—2024）

项目		指标
运动黏度（100℃）/（mm²/s）	≥	1500

项目		指标
闪点(开口)/℃	≥	120
机械杂质(质量分数)/%	≤	0.08
水分/%	≤	0.06
色度/号	≤	2.0
剪切稳定指数/%	≤	45
稠化能力/(mm²/s)	≥	15.0

1.6.30 乙丙共聚物黏度指数改进剂

$$-\!\!\!-\!\![CH_2\!-\!CH_2\,]_m\,[\,CH_2\!-\!CH\,]_n\!\!\!-\!\!\!-$$
$$\qquad\qquad\qquad\qquad\quad \|$$
$$\qquad\qquad\qquad\qquad CH_3$$

(1) 产品特性

透明黏稠液体。以烯丙烯共聚物为原料,在 HVI150 或 HVI100 基础油中经热熔解、机械降解或热氧化降解制得。具有较高的稠化能力,较好的剪切稳定性及热稳定性。可调制中高档内燃机油,还可调制高剪切性能及高黏度指数的润滑油。参考用量 5%~12%。

(2) 技术参数

乙丙共聚物黏度指数改进剂石化行业标准见表 1-98。

表 1-98 乙丙共聚物黏度指数改进剂石化行业标准 (SH/T 0622—2007)

项目		质量指标					
		T612	T612A	T613	T614	T614A	T615
外观		透明黏稠液体					
颜色/号	≤	2.5					2.0
密度(20℃)/(kg/m³)		报告					
运动黏度(100℃)/(mm²/s)	≤	600	900	800	650	1400	550
闪点(开口)[a]/℃	≥	185					

项目		质量指标					
		T612	T612A	T613	T614	T614A	T615
水分(质量分数)/%	≤	0.05					
机械杂质(质量分数)/%	≤	0.08					
稠化能力/(mm²/s)	≥	4.5	5.5	4.8	4.5	5.0	4.0
剪切稳定性指数(SSI)[b](100℃)							
超声波法	≤	40	40	25	20	20	15
柴油喷嘴法	≤	50	50	35	27	27	20
降凝度参数[c]/℃		报告					
低温表观黏度指数(CCSI)(−20℃)		—				报告	

　[a] 可用 GB/T 267、GB/T 3536 方法进行测定。如有争议,仲裁时以 GB/T 267 方法测定结果为准。

　[b] 剪切稳定性指数(SSI),二者选其一,客户有要求时按客户的要求选择方法,仲裁时以附录 C 方法测定结果为准。

　[c] 降凝度参数报告应注明采用何种降凝剂。

1.6.31　耐晒黄 G

(1) 产品特性

淡黄色疏松的粉末。色泽鲜艳,着色力较高。熔点 256~257℃。微溶于乙醇,丙酮和苯。遇浓硫酸为金黄色,稀释后呈黄色沉淀。遇浓盐酸为红色溶液。遇浓硝酸和稀氢氧化钠不变。主要用于胶印油墨、高级耐光油墨、橡胶、涂料、塑料制品、油漆、美术颜料、文教用品的着色,也可用于涂料色浆和黏胶的原液着色。

(2) 技术参数

耐晒黄 G 化工行业标准见表 1-99。

表 1-99   耐晒黄 G 化工行业标准 （HG/T 2659—1995）

项目		指标
颜色(与标准样比)		近似~微
相对着色力(与标准样比)/%	≥	100
105℃挥发物(质量分数)/%	≤	2.0
水溶物(质量分数)/%	≤	1.5
吸油量/(g/100g)		25~35
筛余物(400μm 筛孔)(质量分数)/%	≤	5.0
耐水性/级		5
耐酸性/级		
耐碱性/级	≥	4
耐油性/级	≥	
耐光性/级	≥	7

1.6.32   油溶红

(1) 产品特性

油溶性暗红色粉末。具有良好的耐热和耐酸、碱性能。熔点 184~185℃。不溶于水，溶于乙醇和丙酮，易溶于苯。在浓硫酸中呈蓝绿色溶液，稀释后呈红色沉淀。用于油脂、红棕色透明漆、橡胶玩具、塑料制品、蜡烛药水肥皂等产品着色。

(2) 技术参数

油溶红的企业标准见表 1-100。

表 1-100   油溶红企业标准 （Q/STF·02—2016）

项目	指标
着色力/%	100±5
色光	与标准品近似~微
细度(通过 80 目筛余物)/%	≤5
灰分/%	≤1.5

项目	指标
水分/%	≤1.0
电导率/μS	≤300
ΔE 色差值（与标准品比较）	≤1.0
着色力/%	100±5

1.6.33 还原蓝 RSN

(1) 产品特性

深蓝色至黑色颗粒或均匀粉末。主要用于纤维素纤维的染色。

(2) 技术参数

还原蓝 RSN 国家标准见表 1-101。

表 1-101　还原蓝 RSN 国家标准（GB/T 1867—2017）

项目		指标	试验方法
外观		深蓝色至黑色均匀粉末或颗粒	5.1
强度（为标准品的）/分		100	5.2
色光（与标准品）	目测	近似～微	5.2
	测色（D65 光源）[a]： DE　　≤ DC DH	0.50 −0.30～0.30 −0.30～0.30	5.2
扩散性能/级 ≥		4	5.3
防尘性/级 ≥		3	5.4
大颗粒/级 ≥		4	5.5
悬浮液分散稳定性/% ≥		95	5.6
有害芳香胺		符合 GB 19601 和 GB/T 24101 的要求	5.7
重金属元素		符合 GB 20814 的要求	5.8

[a] 供需双方协商决定是否控制测色色光指标。

1.7 固体填充剂

固体润滑材料可在超高真空、超低温、强氧化或还原、强辐射、高温、高负荷等条件下能有效地进行润滑，突破了普通油脂润滑的有效极限。通常把加入到润滑脂中的非油溶性固体润滑剂称之为填充剂。这些固体润滑剂能改善润滑脂的润滑性，降低摩擦系数，增强脂的密封性和防护性，提高脂的强度，减少从摩擦部件中的甩出量，减轻冲击负荷，延长更换周期，节约用脂量等。

1.7.1 固体润滑剂分类

(1) 微米和亚微米固体润滑添加剂

按其粒径范围不同，微米级为 $1\sim30\mu m$、亚微米级为 $0.1\sim1\mu m$。处于滑动面间的微米及亚微米粒子载荷添加剂作用机理，主要表现在：①粒子本身容易剪切，减少了滑动面间的摩擦；②减少金属面间直接接触的频度，抑制磨损的产生；③附着或沉积在滑动表面的较低部位，减少了相对表面的粗糙度，使油膜不易破裂。此外，微米及亚微米粒子在高温、高负荷、高真空、强辐射等条件下，仍具有一定的润滑性能，拓宽了润滑脂的使用场合。润滑脂中常用的微米及亚微米粒子见表1-102。

表 1-102 微米和亚微米固体润滑添加剂

类别	物质
层状结构	二硫化钼、二硫化钨、石墨、三氟化铈、氮化硼、滑石、云母
有机聚合物	聚四氟乙烯、氰脲酸三聚氰胺络合物
软金属	银、铝、铜、锡、铅
氧化物	氧化锌、氧化钙
磷酸盐	磷酸锌、磷酸钙
硬脂酸盐	硬脂酸锌、硬脂酸钙、硬脂酸锂、硬脂酸钠

但是，含微米及亚微米粒子的润滑脂存在堵塞滤网，可喷射性差、加速集中润滑系统的磨损、有残余物生成等缺陷。在润滑脂中使用粒径小、减摩抗磨机理与传统的载荷添加剂不同的纳米粒子，可能克服这些缺陷。

(2) 纳米级粒子固体润滑添加剂

纳米颗粒为 $1 \sim 100nm$ 的粒子。润滑添加剂能明显提高基础油的摩擦学性能,具有良好的开发应用前景,已成为润滑技术的一个重要发展方向。纳米粒子有比表面积大、高扩散性、易烧结性、熔点降低等特性。以纳米材料为基础制备的新型润滑材料应用于摩擦系统中,将以不同于传统载荷添加剂的作用方式起到减摩抗磨作用。用于润滑脂的超细粒子载荷添加剂,能够克服液体抗磨极压添加剂易消耗、耐高温性差、可能引起的腐蚀磨损和污染环境等问题。

1.7.2 石墨微粉

(1) 产品特性

灰黑色粉末。质软。将鳞片石墨,通过高速粉碎机、雷蒙磨粉机、气流粉碎机等磨粉设备加工制得。具有优质天然鳞片石墨的性能。属于六方晶系,层状结构。密度 $1.6 \sim 2.3g/cm^3$。在高温条件下具有特殊的抗氧化性、自润滑性和可塑性,同时具有良好的导电、导热和附着性。可用于导电、粉末冶金、刹车片、碳刷、工业润滑等领域。

(2) 技术参数

天然石墨微粉的企业标准见表 1-103。

表 1-103 天然石墨微粉企业标准 (Q/AYSJG 02—2019)

产品牌号		细度/μm	固定碳	灰分	水分	pH 值
Ⅰ 级天然石墨微粉	MPG5-99	D50≤5	≥99%	≤1%	≤1%	≥5.5
	MPG6-99	D50≤6				
	MPG7-99	D50≤7				
	MPG8-99	D50≤8				
	MPG9-99	D50≤9				
	MPG10-99	D50≤10				
Ⅱ 级天然石墨微粉	MPG5-94	D50≤5	≥94%	≤6%		
	MPG6-94	D50≤6				
	MPG7-94	D50≤7				
	MPG8-94	D50≤8				
	MPG9-94	D50≤9				
	MPG10-94	D50≤10				

产品牌号		细度/μm	固定碳	灰分	水分	pH 值
Ⅲ级天然石墨微粉	MPG5-90	D50≤5	≥90%	≤10%	≤1%	≥5.5
	MPG6-90	D50≤6				
	MPG7-90	D50≤7				
	MPG8-90	D50≤8				
	MPG9-90	D50≤9				
	MPG10-90	D50≤10				

1.7.3 可膨胀石墨

(1) 产品特性

鳞片状铁黑色粉末。由天然石墨鳞片经插层、水洗、干燥、高温膨化得到。除具备天然石墨本身的耐冷热、耐腐蚀、自润滑等优良性能以外，还具有柔软、压缩回弹性、吸附性、生态环境协调性、生物相容性、耐辐射性等特性。遇高温可瞬间体积膨胀 150~300 倍，由片状变为蠕虫状。结构松散，多孔而弯曲，表面积大、表面能高、吸附鳞片石墨能力强。具有疏松多孔结构，可以吸附油类以及其他有机分子。主要用于冶金保温料添加剂、柔性石墨纸原料、电池吸附材料、润滑剂添加剂、灭火剂添加料等。

(2) 技术参数

可膨胀石墨国家标准见表 1-104。

1.7.4 氟化石墨

$(CF_x)_n$

(1) 产品特性

颜色为黑色、灰黑色、灰白色或白色的固体粉末。高氟化度石墨具有优良的热稳定性，是电和热的绝缘体，不受强酸和强碱的腐蚀，润滑性能超过 MoS_2 和鳞片石墨。植物油添加超细氟化石墨时，承载能力、抗磨性能明显高于同类产品，同时在钢-铜摩擦中也具有优良的抗磨性能。添加纳米级氟化石墨的润滑油脂，对钢-钢摩擦副表现出良好的抗磨性能，可使磨斑直径平均减少 25%，摩擦系数降低 35%左右。耐高温、极压性好，可以用作高温极压润滑脂的极压添加剂。在不同温度下，添加氟化石墨的润

表 1-104　可膨胀石墨国家标准（GB/T 10698—2023）

牌号	膨胀容积/(mL/g) ≥	灰分/%			水分/%			筛余量/%			挥发分/%	pH 值
		优等品	一级品	合格品	优等品	一级品	合格品	优等品	一级品	合格品		
KP 500-Ⅰ	200	<0.40	0.40~0.70	0.71~1.00	<3.00	3.00~5.00	5.01~8.00	>90.0	80.1~90.0	75.0~80.0	≤10.00	3.0~5.0
KP 300-Ⅰ	200	<0.40	0.40~0.70	0.71~1.00	<3.00	3.00~5.00	5.01~8.00	>90.0	80.1~90.0	75.0~80.0	≤10.00	3.0~5.0
KP 180-Ⅰ	150	<0.40	0.40~0.70	0.71~1.00	<3.00	3.00~5.00	5.01~8.00	>90.0	80.1~90.0	75.0~80.0	≤10.00	3.0~5.0
KP 500-Ⅱ	200	1.01~2.00	2.01~3.00	3.01~5.00	<3.00	3.00~5.00	5.01~8.00	>90.0	80.1~90.0	75.0~80.0	≤10.00	3.0~5.0
KP 300-Ⅱ	200	1.01~2.00	2.01~3.00	3.01~5.00	<3.00	3.00~5.00	5.01~8.00	>90.0	80.1~90.0	75.0~80.0	≤10.00	3.0~5.0
KP 180-Ⅱ	150	1.01~2.00	2.01~3.00	3.01~5.00	<3.00	3.00~5.00	5.01~8.00	>90.0	80.1~90.0	75.0~80.0	≤10.00	3.0~5.0
KP 300-Ⅲ	150	5.01~6.00	6.01~7.00	7.01~9.00	<3.00	3.00~5.00	5.01~8.00	>90.0	80.1~90.0	75.0~80.0	≤10.00	3.0~5.0
KP 180-Ⅲ	150	5.01~6.00	6.01~7.00	7.01~9.00	<3.00	3.00~5.00	5.01~8.00	>90.0	80.1~90.0	75.0~80.0	≤10.00	3.0~5.0
KP 150-Ⅲ	100	5.01~6.00	6.01~7.00	7.01~9.00	<3.00	3.00~5.00	5.01~8.00	>90.0	80.1~90.0	75.0~80.0	≤10.00	3.0~5.0
KP 300-Ⅳ	150	9.01~10.00	10.01~11.00	11.01~13.00	<3.00	3.00~5.00	5.01~8.00	>90.0	80.1~90.0	75.0~80.0	≤10.00	3.0~5.0
KP 180-Ⅳ	150	9.01~10.00	10.01~11.00	11.01~13.00	<3.00	3.00~5.00	5.01~8.00	>90.0	80.1~90.0	75.0~80.0	≤10.00	3.0~5.0
KP 150-Ⅳ	100	9.01~10.00	10.01~11.00	11.01~13.00	<3.00	3.00~5.00	5.01~8.00	>90.0	80.1~90.0	75.0~80.0	≤10.00	3.0~5.0
KP 300-Ⅴ	100	13.01~14.00	14.01~15.00	15.01~18.00	<3.00	3.00~5.00	5.01~8.00	>90.0	80.1~90.0	75.0~80.0	≤10.00	3.0~5.0
KP 180-Ⅴ	100	13.01~14.00	14.01~15.00	15.01~18.00	<3.00	3.00~5.00	5.01~8.00	>90.0	80.1~90.0	75.0~80.0	≤10.00	3.0~5.0
KP 150-Ⅴ	80	13.01~14.00	14.01~15.00	15.01~18.00	<3.00	3.00~5.00	5.01~8.00	>90.0	80.1~90.0	75.0~80.0	≤10.00	3.0~5.0

滑脂，其摩擦系数则几乎保持不变。主要用作固体润滑剂以及高能电池材料。

(2) 技术参数

氟化石墨典型数据见表 1-105。

表 1-105 氟化石墨典型数据

项目	CF60	CF70	CF80	CF90	CF100
颜色	灰黑色	灰白色	灰白色	乳白色	白色
氟含量/%	44～49	50～53	54～56	57～59	>61.5
氟碳比	0.5～0.6	0.63～0.71	0.73～0.80	0.83～0.90	>1.0
真密度/(g/mL)	1.90～2.10	2.10～2.20	2.30～2.40	2.50～2.60	2.50～2.70
堆积密度/(g/mL)	0.9～1.0	0.8～0.9	0.7～1.0	0.5～0.7	0.5～0.7
比电阻/(Ω·cm)	<1.60	1.60～246	7.9×10^5	$>1 \times 10^9$	$>1 \times 10^9$
颗粒/μm	1～20	1～15	1～10	1～10	1～10
分解温度/℃	>400	>400	>400	>400	>400

1.7.5 二硫化钼

MoS_2

(1) 产品特性

外观呈黑灰略带蓝色，有滑腻感，密度 $4.7～4.8g/cm^3$，莫氏硬度 1～1.5，熔点 1185℃。在一般溶剂以及水、沸水、石油、合成润滑剂中不溶解，对周围的气体也是安定的。不溶于稀酸和浓硫酸，也不溶于其他酸、碱、有机溶剂中，但溶于王水和煮沸的浓硫酸。抗腐蚀性强，除硝酸及王水外对一般酸均不起作用。对碱性水溶液要在 pH 值大于 10 时才缓慢氧化。对各种强氧化剂不稳定，能氧化成钼酸。1370℃开始分解，1600℃分解为金属钼和硫。在空气中加热至 315℃时开始被氧化。温度升高，氧化反应加快。400℃发生缓慢氧化生成三氧化钼。随着颗粒度的变细，氧化温度逐渐下降。当颗粒度小于 1μm 时，在 200℃左右即有微量氧化。其颗粒分散在润滑脂和润滑油或其他介质中，氧化则显著减缓。MoS_2 中的硫原子与金属表面间有较强的附着、结合能力，并能生成一层牢固的膜，能够耐 2800MPa 以上的接触压力，40m/s 的摩擦速度。摩擦系数根据使用条件不同，一般为 0.03～0.09。$FMoS_2$-1 主要用于催化剂或催化剂原料，$FMoS_2$-2 、

FMoS$_2$-3、FMoS$_2$-4 、FMoS$_2$-5 主要作固体润滑剂、润滑剂添加剂、摩擦改进剂等，也用来制造其他钼金属化合物。

(2) 技术参数

二硫化钼产品的化学成分见表 1-106，产品的粒度见表 1-107。

表 1-106　二硫化钼产品的化学成分（GB/T 23271—2023）

牌号	主含量(质量分数)/% ≥	杂质含量(质量分数)/% ≤					水分(质量分数)/% ≤	含油量(质量分数)/% ≤	酸值/KOH (mg/g) ≤
	MoS$_2$	总不溶物	Fe	Pb	MoO$_3$	SiO$_2$			
FMoS$_2$-1	99.50	—	0.01	0.02	—	0.01	0.10		0.5
FMoS$_2$-2	99.00	0.50	0.15	0.02	0.20	0.10	0.20	0.5	0.5
FMoS$_2$-3	98.50	0.50	0.15	0.02	0.20	0.10	0.20	0.5	0.5
FMOS$_2$-4	98.00	0.65	0.30	0.02	0.20	0.20	0.20	0.5	0.5
FMoS$_2$-5	96.00	2.50	0.70	0.02	0.20	—	0.20	0.5	1.0

表 1-107　产品的粒度（GB/T 23271—2023）

粒度	规格 1	规格 2	规格 3	规格 4
激光粒度 D_{50}/μm	0.50～1.00	1.00～2.00	2.00～10.00	＞10.00
费氏粒度/μm	0.45～0.55	0.55～0.85	—	—

1.7.6　六方氮化硼

BN

(1) 产品特性

白色粉末。理论密度为 2.29。莫氏硬度 1～2。结构与石墨相似，也是一种六角形网、单面重叠的层状结构。具有良好的润滑性。熔点 3000℃。在中性还原气氛下耐热到 2000℃，在空气中 1000℃ 以上氧化显著。化学稳定性好，对各种无机酸、碱、盐溶液及有机溶剂，均具有相当的抗腐能力。尤其是对熔融金属铝、铁及玻璃等，有很高的抗腐蚀性。电绝缘性好，但又有良好导热性，热膨胀系数小，抗热振性好。是一种新型固体润滑剂，也可以作为高温润滑脂稠化剂。

(2) 技术参数

六方氮化硼企业标准见表 1-108。

表 1-108　六方氮化硼企业标准（Q/DCEI 001—2023）

项目	HS 级	HSL 级	HSP 级	HN 级	HC 级	HF 级	HFL 级
六方氮化硼外观	白色均匀粉末，无杂质						
六方氮化硼含量/% ≥	99	99	99	99	98	98	99
粒度（d_{50}）/μm	18～25	28～35	38～45	8～14	6～11	2～5	5～9
三氧化二硼含量/% ≤	0.3	0.3	0.3	0.3	0.8	0.2	0.15
水分含量/% ≤	0.3	0.3	0.3	0.3	0.5	0.2	0.3
粒度（d_{50}）/μm	18～25	28～35	38～45	8～14	6～11	2～5	5～9

1.7.7　湿磨云母粉

$KAl_2(AlSi_3O_{10})(OH)_2$

(1) 产品特性

外观为珍珠光泽粉末。呈鳞片状，手感滑腻。由精选天然碎白云母在以水为介质的条件下，经洗除杂后研磨制成。结构由双层硅氧四面体与带铝氧八面体的复式硅氧层组成。具有独特的片状结构，径厚比大、折射率高、纯度高、白度高、光泽度高。广泛用于建筑材料、绝缘材料、塑料、高档油漆等领域。

(2) 技术参数

湿磨云母粉建材行业标准见表 1-109。

表 1-109　湿磨云母粉建材行业标准（JC/T 596—2017）

规格/μm	技术指标					
	筛余量/%	含砂量/% ≤	烧失量/% ≤	松散密度/（g/cm³） ≤	含水量/% ≤	白度/% ≥
38	75μm≤0.1 38μm≤10.0	0.5	5.0	0.25	1.0	70
45	112μm≤0.1 45μm≤10.0					

规格/μm	技术指标					
	筛余量/%	含砂量/% ≤	烧失量/% ≤	松散密度/ （g/cm³） ≤	含水量/% ≤	白度/% ≥
75	150μm≤0.1 75μm≤10.0	0.6		0.28		
90	180μm≤0.1 90μm≤10.0	1.0	5.0		1.0	65
125	250μm≤0.1 125μm≤10.0			0.30		

1.7.8　通用滑石粉

$3MgO \cdot 4SiO_2 \cdot H_2O$

（1）产品特性

白色粉末。主要成分是一种含水的镁硅酸盐矿物。由天然产出的滑石经机械加工而制成的粉体产品。质软，具滑腻感。密度2.7～2.8g/cm³。用于各种工业产品的填料、隔离剂、补强剂等。

（2）技术参数

通用滑石粉国家标准见表1-110。

表 1-110　通用滑石粉（GB/T 15342—2023）

理化性能			I	II	III
白度/%		≥	90.0	85.0	75.0
细度	38～1000μm		明示粒径相应试验筛通过率≥98.0%		
	<38μm		小于明示粒径的含量≥90.0%		
水分(质量分数)/%		≤	0.50	1.00	
二氧化硅(质量分数)/%		≥	50.0	45.0	40
氧化镁(质量分数)/%		≥	27.0	25.0	23.0
全铁(以 Fe_2O_3 计)(质量分数)/%		≤	2.5	3.0	3.5
三氧化二铝(质量分数)/%		≤	1.50	2.0	5.0
氧化钙(质量分数)/%		≤	2.5	5.0	10.0
烧失量(1000℃)(质量分数)/%		≤	10.0	15.0	20.0

1.7.9 电解铜粉

(1) 产品特性

浅玫瑰红树枝状粉末。熔点 1083℃。在潮湿空气中易氧化，能溶于硫酸或硝酸。广泛应用于金刚石工具、粉末冶金、摩擦材料、电碳制品、电工合金、金属涂料与颜料、导电橡胶等产品。

(2) 技术参数

电解铜粉国家标准见表 1-111。

表 1-111　电解铜粉国家标准（GB/T 5246—2023）

产品牌号	粒度		松装密度/(g/cm³)
	粒度分布/μm	质量分数/%	
FTD180	>180	≤10	1.5～2.8
	>75～180	余量	
	≤75	≤30	
FTD75	>75	≤10	>1.3～2.5
	>48～75	余量	
	≤48	≥60	
FTD75d	>75	≤10	0.5～1.3
	>48～75	余量	
	≤48	≥60	
FTD48	>48	≤10	>1.3～2.5
	≤48	余量	
FTD48d	>48	≤10	0.5～1.3
	≤48	余量	
FTD38	>38	≤10	1.0～2.5
	≤38	余量	
FTD18	>18	≤10	1.0～2.8
	≤18	余量	
FTD10	>10	≤10	1.0～2.8
	≤10	余量	

1.7.10 锡粉

Sn

(1) 产品特性

银灰色球状或液滴状粉末。熔点 489℃。粉末冶金中作添加剂和多孔材料。主要用于粉末冶金、摩擦材料、金刚石制品等领域。

(2) 技术参数

锡粉国家标准见表 1-112。

表 1-112　锡粉国家标准 (GB/T 26304—2010)

牌号	品级	粒度分布	
		粒度/μm	不大于/%
FSn 1	A、AA	+150	0.5
		+75	2.0
FSn 2	A、AA	+150	0.5
		+45	2.0
FSn 3	A、AA	+150	0.5
		+38	2.0

注：如需方对锡粉的粒度分布有特殊要求时，可由供需双方商定。

1.7.11 氟化钙

CaF_2

(1) 产品特性

白色粉末。熔点 1423℃。难溶于水，微溶于无机酸。与热的浓硫酸作用生成氢氟酸。适用于光学玻璃、光导纤维、搪瓷、陶瓷等领域。

(2) 技术参数

氟化钙国家标准见表 1-113。

表 1-113　氟化钙国家标准 (GB/T 27804—2011)

项目		I 类	II 类	
			一等品	合格品
氟化钙(质量分数)/%	≥	99.0	98.5	97.5

项目	Ⅰ类	Ⅱ类	
		一等品	合格品
游离酸(以 HF 计)(质量分数)/% ≤	0.10	0.15	0.20
二氧化硅(SiO_2)(质量分数)/% ≤	0.3	0.4	—
铁(以 Fe_2O_3 计)(质量分数)/% ≤	0.005	0.008	0.015
氯化物(Cl)(质量分数)/% ≤	0.20	0.50	0.80
磷酸盐(P_2O_5)(质量分数)/% ≤	0.005	0.010	—
水分(质量分数)/% ≤	0.10	0.20	—

1.7.12 工业活性沉淀碳酸钙

$CaCO_3$

(1) 产品特性

白色粉末。采用干法或湿法对沉淀碳酸钙进行表面活化处理制得。白度高。经过活化处理后，分子结构改变，粒度分布均匀，呈极强的疏水性。主要用作塑料、橡胶、有机树脂等工业的填充剂。

(2) 技术参数

工业活性沉淀碳酸钙化工行业标准见表1-114。

表 1-114 工业活性沉淀碳酸钙化工行业标准（HG/T 2567—2006）

项目		指标	
		一等品	合格品
碳酸钙(质量分数)(以干基计)/% ≥		96.0	95.0
pH 值(100g/L 悬浮液)		8.0～10.0	8.0～11.0
105℃下挥发物(质量分数)/% ≤		0.40	0.60
盐酸不溶物(质量分数)/% ≤		0.15	0.30
筛余物(质量分数)/%	75μm 试验筛 ≤	0.005	0.01
	45μm 试验筛 ≤	0.2	0.3
铁(Fe)(质量分数)/% ≤		0.08	
锰(Mn)(质量分数)/% ≤		0.006	0.008
白度/% ≥		92.0	90.0
吸油量/(mL/100g) ≤		60	70
活化度(质量分数)/% ≥		96	90

1.7.13 工业微细沉淀碳酸钙

$CaCO_3$

(1) 产品特性

白色粉末。无味、无臭。以石灰石为原料，采用沉淀法生产制得。吸油值为 $150\sim300mL/100g$。主要用于塑料、橡胶、纸张等填充剂。

(2) 技术参数

工业微细沉淀碳酸钙化工行业标准见表 1-115。

表 1-115 工业微细沉淀碳酸钙化工行业标准 (HG/T 2776—2020)

项目		指标	
		优等品	一等品
碳酸钙($CaCO_3$)(质量分数)/%	≥	98.0	97.0
pH 值(10%悬浮物)		8.0～10.0	
105℃挥发物(质量分数)/%	≤	0.4	0.6
盐酸不溶物(质量分数)/%	≤	0.1	0.2
铁(Fe)(质量分数)/%		0.05	0.08
白度(质量分数)/%		94.0	92.0
吸油值/(g/100g)	≤	100	
黑点/(个/g)	≤	5	
堆积密度(松密度)/(g/cm³)		0.3～0.5	
比表面积/(m²/g)	≥	12	6
平均粒径/μm		0.1～1.0	1.0～3.0
铅[a](Pb)(质量分数)/%	≤	0.0010	
铬[a](Cr)(质量分数)/%	≤	0.0005	
汞[a](Hg)(质量分数)/%	≤	0.0001	
镉(Cd)(质量分数)/%	≤	0.0002	
砷[a](As)(质量分数)/%	≤	0.0003	

[a] 在作为食品包装纸、儿童玩具和电子产品填料时需控制这些指标。

1.7.14 活性氧化锌

ZnO

(1) 产品特性

白色或微黄色微细粉末。可溶于酸、碱、氨水和铵盐溶液。比表面积大、粒度细、活性高、极易分散于橡胶、氯丁胶和乳胶中。主要用于橡胶或电缆的补强剂、活化剂（天然橡胶）、天然橡胶和氯丁橡胶的硫化剂，还可用于电子、陶瓷、催化剂等行业。

(2) 技术参数

活性氧化锌化工行业标准见表1-116。

表 1-116　活性氧化锌化工行业标准 （HG/T 2572—2020）

项目		指标
氧化锌(ZnO)(质量分数)/%		95.0~98.0
105℃挥发物(质量分数)/%	≤	0.8
水溶物(质量分数)/%	≤	1.0
灼烧减量(质量分数)/%		1~4
盐酸不溶物(质量分数)/%	≤	0.04
铅(Pb)(质量分数)/%	≤	0.008
锰(Mn)(质量分数)/%	≤	0.0008
铜(Cu)(质量分数)/%	≤	0.0008
镉(Cd)(质量分数)/%	≤	0.004
筛余物(45μm试验筛)(质量分数)/%	≤	0.1
外形结构		球状或链球状
比表面积/(m²/g)	≥	45

1.7.15 氰尿酸三聚氰胺盐 （MCA）

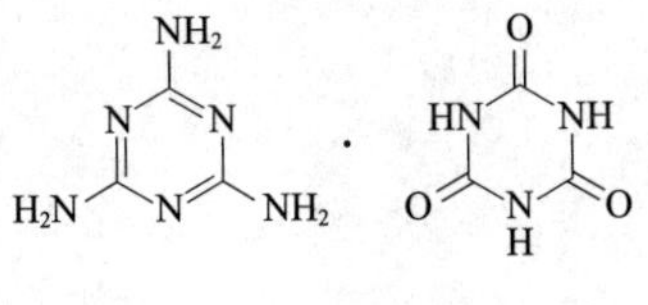

（1）产品特性

白色结晶粉末，无毒，无臭，无味，LD_{60} 大于 4000mg/kg（大鼠，急性经口）。特殊的层片状结构使其具有润滑感。密度 1500～1600kg/m³。堆积密度 450～550kg/m³。具有亲水性，但难溶于水。在醇类、酯类以及醚类溶剂中溶解度均极低。可溶于甲醛、乙醇等有机溶剂，能较好地分散于油类介质中。热稳定性高，在 300℃ 之内很稳定，350℃ 升华但不分解，分解温度为 440～450℃。受热失重：300℃，5h，0%；350℃，5h，3.5%。是一种具代表性的氮系阻燃剂，具有无卤、低毒、低烟等优点。主要用于合成树脂、合成橡胶及塑料制品中作无卤阻燃剂，也添加在润滑油脂中作为固体润滑添加剂。

（2）技术参数

氰尿酸三聚氰胺盐（MCA）企业标准见表 1-117。

表 1-117　氰尿酸三聚氰胺盐（MCA）企业标准（Q/0100JTX001—2015）

序号	项目	技术指标		
		粉末		颗粒
1	氰尿酸三聚氰胺(质量分数)/%	≥99.5		≥99.5
2	水分(质量分数)/%	≤0.2		≤0.3
3	pH 值(50g/L)	5.0～7.5		5.0～7.5
4	灰分(质量分数)/%	≤0.2		≤0.2
5	白度/%	≥96.0		—
6	粒径(d_{50})/μm	<2	≥2	—
7	游离三聚氰胺(质量分数)/%	≤0.3		≤0.3
8	游离氰尿酸(质量分数)/%	≤0.2		≤0.2

注：该标准中粒径指标亦可根据客户要求组织生产。

1.7.16　超细聚酰亚胺树脂粉

(1) 产品特性

黄色超细粉末状。密度 1.3cm³。熔点 135～145℃。具有优良的耐热性、耐磨性、熔融流动性好，对磨料有较好的润湿和黏结性能。主要作为耐高温聚合物和树脂基高性能复合基体树脂，也适用于制备高低温固体自润滑材料、精密机械部件、各种轴承、垫圈、密封环、模压制品以及绝缘材料等。

(2) 技术参数

超细聚酰亚胺树脂粉典型数据见表 1-118。

表 1-118　超细聚酰亚胺树脂粉典型数据

项目	典型值
密度/(g/cm³)	1.3
含量/%	≥99
马丁耐热温度/℃	260
抗拉强度/MPa	113.4
平均粒径/μm	30～40
软化点/℃	110～130
固化温度/℃	220～230
吸水性/%	0.2～0.3
抗弯强度/MPa	>1000

1.7.17　石墨烯

(1) 产品特性

黑色均匀粉末。是一种由碳原子以 sp^2 杂化轨道组成六角型呈蜂巢晶格的二维碳纳米材料。具有纯度高，层数少，高比表面积等特点。主要用于电气电子、新型反应分离、新材料（化工、结构、功能等）、节能环保工程、新能源等产业领域。

(2) 技术参数

石墨烯企业标准见表 1-119。

表 1-119　石墨烯企业标准 （Q/JBG001—2015）

项目	指标
尺寸/μm	1～100
厚度/nm	0.8～1.5
堆密度/(g/cm^3)	<0.1
pH 值	7.0～9.0
固体碳含量/%	>99
比表面积/(m^2/g)	>1000
电导率/(S/m)	>10^3
颜色	黑色

1.7.18　氟化石墨烯

CF

(1) 产品特性

黑色、灰黑色、灰白色或白色的固体粉末。是一种重要的新型石墨烯衍生物。保留了石墨烯独特的二维结构，又由于氟原子的引入，使其具有一些不同于石墨烯的优异性能。氟原子的引入而使表面能降低、疏水性增强，同时还具有耐高温、化学性质稳定等特点。可以用作隧道障碍或作为高质量的绝缘体或屏障材料，也可用于发光二极管和显示器，以及界面、新型纳米电子器件、润滑材料等领域。

(2) 技术参数

氟化石墨烯企业标准见表 1-120。

表 1-120　氟化石墨烯企业标准 （Q/0302ZSEM002—2023）

项目		指标
外观		白色、灰白色、黄色、棕黄色、棕色、灰色或黑色固体粉末
灰分/%	≤	0.1
氟含量/%		50～65
游离氟/%	≤	0.10
比表面积/(m^2/g)	≥	170
金属杂质铁、镍、铜含量/mg/kg	≤	500

1.7.19 纳米碳酸钙

CaCO₃

(1) 产品特性

白色粉末。按晶型不同分为方解石、文石和球霞石及非晶态；按电镜下产品形貌分为立方体、近球体、纺锤体、棒状、链状、针状等。具有细腻、均匀、白度高、光学性能好等优点。主要用于橡胶、塑料、密封胶、胶黏剂、涂料和油墨等领域。

(2) 技术参数

纳米碳酸钙国家标准见表 1-121。

表 1-121　纳米碳酸钙国家标准 (GB/T 19590—2023)

项目		指标	
形貌		立方体、类立方体、近球体、链状	菱面体、棒状、针状
平均粒径(TEM/SEM)/nm	≤	100	200
主含量(CaCO₃)(干基)(质量分数)/%	≥	85.0	85.0
镁(Mg)(质量分数)/%	≤	0.5	0.5
铁(Fe)(质量分数)/%	≤	0.1	0.1
比表面积(静态 BET)/(m²/g)	≥	16	10
水分、白度、吸油值、pH、盐酸不溶物		供需协商	供需协商

注：1. 附录 A 给出橡胶、塑料用纳米碳酸钙具体推荐指标。

2. 附录 B 给出密封胶、胶黏剂用纳米碳酸钙具体推荐指标。

3. 附录 C 给出胶印油墨用纳米碳酸钙具体推荐指标。

4. 附录 D 给出涂料用纳米碳酸钙具体推荐指标。

1.7.20 工业纳米活性碳酸钙

CaCO₃

(1) 产品特性

白色粉末。无味、无臭。以碳酸钙为原料，经加热、碳化、脱水、干燥加工而成。熔点 1339℃。分解温度 825～896.6℃。加热到约 900℃时分解为氧化钙和二氧化碳。不溶于水和乙醇，能溶于酸释放出二氧化碳。具有高光泽度、磨损率低、表面改性及疏油性。广泛用于橡胶、塑料、涂料、造纸等领域。

(2) 技术参数

工业纳米活性碳酸钙相关参数见表1-122。

表1-122　工业纳米活性碳酸钙相关参数

项目		指标		
		Ⅰ型	Ⅱ型	Ⅲ型
碳酸钙(以 $CaCO_3$ 计)(质量分数)/%	≥	95.0	94	93.5
氧化镁(以 MgO 计)(质量分数)/%	≤	0.5	0.6	0.7
盐酸不溶物(质量分数)/%	≤	0.1	0.2	0.3
铁(Fe)(质量分数)/%	≤	0.05	0.06	0.08
105℃挥发物(质量分数)/%	≤	0.3	0.5	1.0
pH 值		8.5~9.5	9.5~10.0	10.0~10.5
白度/%	≥	96	95	94
吸油值/(g/100g)	≤	40	50	60
活化度(质量分数)/%	≥	99	98	97
比表面积/(m^2/g)	≥	21±1.0	16±1.0	14±1.0
平均粒径/nm		40~80		

1.7.21　纳米氧化锌

ZnO

(1) 产品特性

白色或微黄色粉末。由于晶粒的细微化，表现出许多特殊的性质，如非迁移性、荧光性、压电性、吸收和散射紫外线能力等。其表面电子结构和晶体结构发生变化，产生了宏观物体所不具有的表面效应、体积效应、量子尺寸效应和宏观隧道效应以及高透明度、高分散性等特点。主要用于橡胶、涂料、电子陶瓷、化妆品、化纤产品及日用品等。

(2) 技术参数

纳米氧化锌国家标准见表1-123。

表 1-123　纳米氧化锌国家标准 (GB/T 19589—2004)

项目		指标		
		1 类	2 类	3 类
氧化锌(ZnO)/%	≥	99.0	97.0	95.0
电镜平均粒径/nm	≤	100	100	100
XRD 线宽化法平均晶粒/nm	≤	100	100	100
比表面积/(m²/g)	≥	15	15	35
团聚指数	≤	100	100	100
铅(Pb)/%	≤	0.001	0.001	0.03
锰(Mn)/%	≤	0.001	0.001	0.005
铜(Cu)/%	≤	0.0005	0.0005	0.003
镉(Cd)/%	≤	0.0015	0.005	—
汞(Hg)/%	≤	0.0001	—	—
砷(As)/%	≤	0.0003	—	—
105℃挥发物/%	≤	0.5	0.5	0.7
水溶物/%	≤	0.10	0.10	0.7
盐酸不溶物/%	≤	0.02	0.02	0.05
灼烧失重/%	≤	—	2	4

第2章
润滑脂生产装备

润滑脂生产装备的功能，是在一定温度、压力等条件下，将规定配比的原料通过系列的物理与化学处理过程，最终而转化为符合质量标准要求的润滑脂成品。一个完整的润滑脂生产工艺流程，所需要的生产装备主要包括炼制设备、物料输送设备、冷却设备、混合设备、过滤设备、脱气设备和罐装设备等。润滑脂各生产设备的类型和技术特性，对于保证成品质量、提高生产效率等方面，均有重要的作用。

2.1 物料输送设备

润滑脂是一种胶体分散体系，具有黏-弹特性。当不受外力或外力较小时，润滑脂只产生弹性变形而不流动，随着外力增大，黏性占主导地位才产生流动。基于此种性质，润滑脂及相关物料的输送一般选择容积泵。容积泵是依靠工作元件在泵缸内作往复回转运动，使工作容积交替地增大和缩小，实现物料的吸入和排出。润滑脂及物料输送设备，主要有齿轮泵、内齿轮泵、螺杆泵和往复泵等。

2.1.1 物料输送设备类型

(1) 齿轮泵

一般齿轮泵通常指外啮合齿轮泵。齿轮泵主要由主动齿轮、从动齿轮、泵体、泵盖和安全阀等组成。泵体、泵盖和齿轮构成的密封空间就是齿轮泵的工作室。两个齿轮的轮轴分别装在两泵盖上的轴承孔内，主动齿轮轴伸出泵体，由电动机带动旋转。齿轮泵是由两个尺寸相同的齿轮相互啮合在一起构成的，其中一个是主动齿轮，另一个为从动齿轮。由主动齿轮带动从动齿轮旋转，从而带动物料流动。外齿轮泵结构见图2-1。

齿轮泵是在一个紧密配合的壳体内，装在其中的两个齿轮外径及两侧实现与壳体的紧密配合。物料在入口被吸入两个齿轮中间，并充满这一空间，随着齿的旋转沿壳体运动，最后在两齿啮合时排出。由于齿面不断啮合，这一现象就连续发生，因而也就在泵的出口提供了一个连续排除量。泵每转一下，排出的量是一样的。随着驱动轴不间断地旋转，泵也就不间断地排出流体。

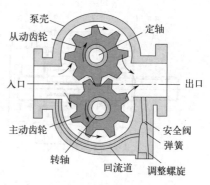

图 2-1 外齿轮泵结构

齿轮泵泵壳上无吸入阀和排出阀，具有结构简单、流量均匀、工作可靠、对油液污染不敏感、转速范围大、能耐冲击性负载等特点，但也存在径向力不平衡、工作效率低、噪音和振动大、易磨损等缺点。其自吸能力、流量与排出压力无关，泵的流量大小与泵的转速直接相关。

齿轮泵可用来输送无腐蚀性、无固体颗粒并且具有润滑能力的各种油脂类物料，温度一般不超过 150℃，如润滑油、食用植物油、润滑脂等。一般流量范围为 $0.045 \sim 30\text{m}^3/\text{h}$，压力范围为 $0.7 \sim 20\text{MPa}$，工作转速为 $1200 \sim 4000\text{r/min}$。

(2) 内齿轮泵

内齿轮泵又称内转式齿轮泵或内啮合齿轮泵，其结构见图 2-2。内啮合齿轮泵是采用齿轮内啮合原理，内外齿轮节圆紧靠一边，另一边被泵盖上"月牙板"隔开。主轴上的主动内齿轮带动其中外齿轮同向转动，在进口处齿轮相互分离形成负压而吸入物料，齿轮在出口处不断嵌入啮合而将物料挤压输出。出口处齿间紧密齿合，以保持出口压力。

内齿轮泵特点：①高效、节能。容积利用系数在 0.9 以上，在同等输出流量下，电量消耗最小。②传送稳定。可无搅动、无噪声地定量输出。③高扬程、高真空。扬程可达 14kg/cm^2 以上（特定情况下可达 35kg/cm^2），真空度 724mmHg（1mmHg = 133.32Pa）。④构造简单、易维护。仅有二个旋转齿轮，通过推进调整装置，无须分解便可进行内部空间的调节。⑤噪声低，使用寿命长。

内齿轮泵适用于输送石油、化工、涂料、染料、食品、润滑油脂、医药等行业中的牛顿液体或非牛顿液体，如各类轻质、挥发性液体，直至重质、黏稠液体，甚至半固体膏状物。黏度范围一般不超过 1000Pa·s。内齿轮泵结构与齿轮泵相似，但更适合于输送黏度高、稠度大的润滑脂及基础

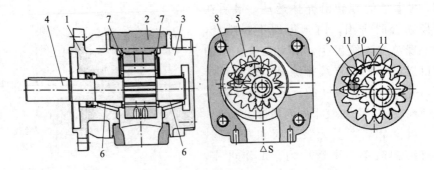

图 2-2 内齿轮泵结构

1—前盖；2—泵体；3—后盖；4—齿轮轴；5—内齿圈；6—滑动轴承；7—前后侧板；
8—定位杆；9—月牙副板；10—月牙主板；11—塑料棒

油、添加剂等相关物料。

(3) 螺杆泵

螺杆泵优点是结构紧凑，流量与压力稳定，效率高，几乎可用于任何黏度的流体，尤其适用于高黏度的流体，还可输送含固体颗粒的流体。螺杆泵分为单螺杆泵、双螺杆泵、三螺杆泵等。

单螺杆泵是内啮合的容积泵，主要由一根单头螺旋的转子和一个通常用弹性材料制成的具有双关螺旋的定子组成。其结构见图 2-3。当转子在腔内绕定子的轴线作行星回转时，转子、定子之间形成的密闭空间就沿转子螺线产生位移，从而实现物料输送。

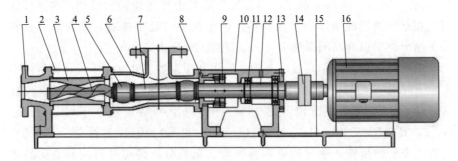

图 2-3 单螺杆泵结构

1—出料体；2—拉杆；3—定子；4—螺杆轴；5—万向节或轴接；6—进料
体；7—连接轴；8—填料座；9—填料压盖；10—轴承座；11—轴承；
12—传动轴；13—轴承盖；14—联轴器；15—底盘；16—电机

双螺杆泵是外啮合的容积泵。该泵利用相互啮合、互不接触的两根螺杆来抽送物料。其主动螺杆由电机带动，主动螺杆和从动螺杆具有不同旋向的螺纹，两者反向旋转，带动物料流动、输出。双螺杆泵结构见图2-4。

物料进口

物料出口

图 2-4　双螺杆泵结构

　　三螺杆泵则是由一根主动螺杆和两根从动螺杆组成。主动螺杆与电机连接，从动螺杆则对称分布在主动螺杆两侧。三根螺杆相互啮合时，吸入腔容积发生变化，将物料吸入腔内，通过各密封腔带着物料连续、均匀地沿轴向流动、输出。三螺杆泵结构见图2-5。

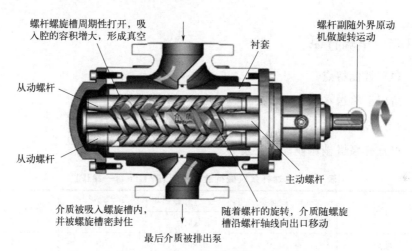

螺杆螺旋槽周期性打开，吸入腔的容积增大，形成真空

衬套

螺杆副随外界原动机做旋转运动

从动螺杆

从动螺杆

主动螺杆

介质被吸入螺旋槽内，并被螺旋槽密封住

随着螺杆的旋转，介质随螺旋槽沿螺杆轴线向出口移动

最后介质被排出泵

图 2-5　三螺杆泵结构

　　螺杆泵因其有可变量输送、自吸能力强、可逆转、能输送含固体颗粒的液体等特点，输送液体平稳、无脉动、无搅拌、振动小、噪声低。广泛适用于树脂、颜料、石蜡、油漆、油墨、乳胶、各种油品、原油、重油等的装载和输送。

2.1.2 输油齿轮泵

(1) 性能特点

适用于输送不含固体颗粒和纤维，温度不高于150℃，黏度范围在5～1500mm^2/s（外啮合齿轮泵）以及10～300000mm^2/s（内啮合齿轮泵）范围，具有润滑性的油品和性质类似油品的液体。

(2) 技术参数

输油齿轮泵机械行业标准见表2-1。

表 2-1　输油齿轮泵机械行业标准（JB/T 6434—2010）

泵类型		流量(Q)/(m^3/h)	额定压差(p)/MPa	通径(D)/mm	必需汽蚀余量(NPSHR)/m	泵效率/%
外啮合齿轮泵	渐开线齿轮	0.1～650	≤2.5	15～350	4～6	≥45
	圆弧齿轮	0.1～150	≤2.5	15～200	3～5	≥60
内啮合齿轮泵		0.05～300	≤3.0	15～250	2～5	≥55

2.1.3 单螺杆泵

(1) 性能特点

适用于输送水状、糊状甚至高黏度介质。

(2) 技术参数

单螺杆泵机械行业标准见表2-2。

表 2-2　单螺杆泵机械行业标准（JB/T 8644—2017）

级别	每100r时理论流量/L	容积效率(η_v)		泵效率(η)
		空载时	额定压力时	
微型	≤10	0.96	0.65	0.55
小型	＞10～50	0.96	0.70	0.64
中型	＞50～200	0.96	0.75	0.68
大型	＞200～800	0.97	0.81	0.73
特大型	＞800	0.97	0.86	0.77

2.1.4　双螺杆泵

（1）性能特点

适用于输送牛顿流体与非牛顿流体。

（2）技术参数

双螺杆泵机械行业标准见表 2-3。

表 2-3　双螺杆泵机械行业标准（JB/T 12798—2016）

流量/（m³/h）	介质黏度/（m²/s）	额定压力/MPa	转速/（r/min）	泵效率/%
>10～50				55
>50～100	7.5×10^{-5}	1.6	1450	66
>100				69

2.1.5　三螺杆泵

（1）性能特点

适用于输送不含固体颗粒、具有润滑性的液体。

（2）技术参数

三螺杆泵国家标准见表 2-4。

表 2-4　三螺杆泵国家标准（GB/T 10886—2019）

流量/（m³/h）	介质黏度/（m²/s）	额定压力/MPa	转速/（r/min）	泵效率/%
≤10				82
>10～20				85
>20～80	7.5×10^{-5}	2.5	1450	87
>80				88

2.2　炼制设备

　　润滑脂的炼制设备又可简称为炼制釜或反应釜。其功能是完成润滑脂稠化剂的制备及稠化剂在一定温度条件下的分散或再结晶。稠化剂的制备，如脂肪酸与碱类反应生成金属皂、异氰酸酯与胺类反应生成取代脲的化学反应，均在炼制釜内进行。炼制设备是润滑脂生产过程中的核心设备。

2.2.1　润滑脂炼制釜基本构成

(1) 釜本体

釜本体一般是由圆柱形筒体加上椭圆形封头或球形封头、釜盖组成。筒体可外带夹套，用于加热或冷却。

(2) 搅拌系统

在润滑脂生产过程中，釜内物料黏稠度随温度变化而有很大的差异，要求调节搅拌速度以满足不同生产阶段的需要。电机转速快，而润滑脂稠度较大，所以不减速直接搅拌会造成搅拌桨变形、电机损坏，同时对润滑脂结构也产生不利影响。因此，需将转速降至规定的速度。同时，低转速也可减少润滑脂中空气混入量，缩短最终成品的脱气时间。

润滑脂生产过程中的搅拌效果，直接影响到物料分散程度、化学反应速度和程度。因此，搅拌系统是润滑脂炼制釜十分重要的组成部分。搅拌系统主要包括搅拌器和刮边器。

搅拌器的作用是使物料在釜内上下左右对流，促进物料混合和分散。

刮边器又称为刮板、刮壁，其主要作用是提高传热效率。炼制釜加热时热量是通过釜壁传给釜内物料的，因此釜壁温度高于釜内物料温度。润滑脂物料较为黏稠，若黏稠物附着在釜壁上，会使传热速率越来越慢。如果不及时将其刮下，会使黏稠物进一步失水板结，甚至氧化、结焦，造成润滑脂色深，甚至产生大量杂质。刮边器作用就是将黏附在釜壁上的黏稠物不断地刮下，以保持釜壁的传热效率，防止局部过热。刮边器一般选用耐高温、耐油的材料，多为聚四氟乙烯塑料。

(3) 加热系统

电直接加热适用于小型炼制釜，主要适用于小型或中试生产装置。其优点是结构简单、控制方便、容易操作，缺点是能源消耗大、生产成本高，还可能出现局部过热、结焦现象，劣化产品质量。间接加热是指先用热源加热热介质，热介质再将热量传递给釜内物料。这种加热方式可以有效避免局部过热。由于蒸汽温度一般较低，如用高温蒸汽，则压力较高，对釜承压能力有特殊要求，因此目前多采用导热油作为传热介质。

2.2.2 润滑脂炼制釜类型

(1) 常压炼制釜

常压炼制釜通常又称为开口炼制釜，在润滑脂生产中应用最为广泛。其外夹套一般分上、下两层。在开始投料和皂化学反应阶段，只用下夹套加热，在升温阶段则用上、下夹套同时加热的方式。这样既节约能源、避免产生局部过热。常压炼制釜制造成本低，操作容易且生产过程中便于观察，在润滑脂生产过程中被普遍使用。其缺点是皂化反应时间长，生产效率偏低。按搅拌形式不同，常压炼制釜又分为单向搅拌釜、双向搅拌釜、三重搅拌釜和行星搅拌釜等四种。

单向搅拌釜是一个电机带动搅拌桨沿一个方向旋转的炼制釜。特点是结构简单，但分散效率较低，混合效果较差，物料难以形成对流。目前，单向搅拌釜仅在小型试验或小型生产装置使用。一般有效容积 $0.5m^3$ 以下的小型皂化釜，单项搅拌可满足要求。这种小型皂化釜，主要用于产品的小批量生产，或新产品投产前的放大试验。

双向搅拌是目前常压釜最主要的搅拌形式。在双向搅拌釜中，搅拌桨分别安装在内、外轴上，两组搅拌桨沿相反方向转动。其结构见图 2-6。在润滑脂生产时，双向搅拌器则可减弱釜内物料聚集现象。由于搅拌桨片一般倾斜 $40°\sim60°$，可以增强物料上下对流的效果。为了保证良好的传动效果，外搅拌上装有弹簧刮板。若采用无机变速电机，搅拌速度可在一定范围内任意调整。桨式搅拌器内搅拌转速一般是 $40\sim60r/min$，外搅拌转速 $20\sim40r/min$。

与单向搅拌釜比较，双向搅拌釜可使物料左右进行对流。一般有效容积 $0.5\sim5m^3$ 的炼制釜，可选择双向搅拌。

三重搅拌釜是在双向搅拌釜的基础上，通过在釜底部安装螺旋推进器，而改进发展的一种结构更先进，效率更高的炼制釜。其结构见图 2-7。该炼制釜的搅拌系统由作反向转动的搅拌机和一个高速螺旋推进器组成。在外搅拌上装有弹簧刮板，内外搅拌和底部螺旋推进器分别由顶部和底部的三台电机驱动。若采用双涡轮减速机，顶部也可只有一台电机驱动。螺旋推进器的结构，是电机带动一个轴向涡轮搅拌叶轮，其转速一般为 $980\sim1450r/min$。推动物料从釜底部由下而上流动形成整体循环，达到充分搅拌的效果。

三重搅拌釜既有双向搅拌的优点，又能将物料从釜底部向上翻动，使

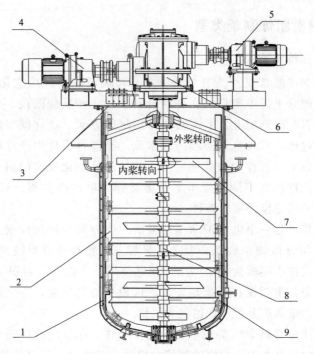

内浆转向

外浆转向

图 2-6　常压炼制釜（双向搅拌型）
1—釜体；2—外搅拌桨；3—釜盖；4—外搅拌电机；5—内搅拌电机；
6—双向减速机；7—内桨叶；8—内桨轴；9—刮板

传热、传质效率更高，分散效果更好。三重搅拌釜不仅使物料左右循环对流，还可使其上下对流，从而达到物料在釜内获得充分的接触与混合。气喘热效率是普通皂化釜的 4 倍，可以节约操作时间 30％～80％。

　　行星搅拌釜采用了一种新型的搅拌形式。其结构主要由搅拌框和双轴行星搅拌桨组成，见图 2-8。搅拌系统在做自转的同时，也在进行公转，犹如行星运动一般，故称为行星搅拌。釜内主动力轴带动框桨转动，同时也使得两根搅拌轴转动（公转）。有两根或三根搅拌器和一至两个自动刮壁刀，搅拌器在绕扶梯轴线公转的同时，又以不同的转速绕自身轴线自转。因而，搅拌轴及轴上的桨叶实际是一种复合运动，使物料到强烈的剪切和搓合。此外，设备内的刮壁刀绕釜体轴线转动，将粘在壁上之物料刮下参与混合。框桨双轴行星式搅拌釜消除了传统搅拌器中轴线及附近的死点，刮边器有效地除掉釜壁上的附着物，从而更大地提高了传热效率。加热夹套内通过设有导流环，进一步强化了传热过程。

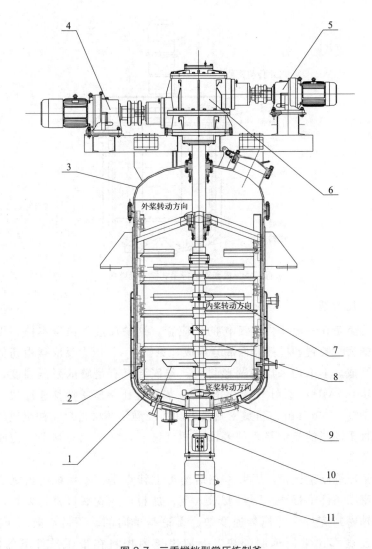

图 2-7　三重搅拌型常压炼制釜

1—釜体；2—外搅拌桨；3—釜盖；4—外搅拌电机；5—内搅拌电机；6—双向
减速机；7—内桨叶；8—内桨轴；9—刮板；10—底桨叶；11—底桨电机

　　与传统单向、双向搅拌比较，行星搅拌无中轴，行星轴桨叶相互交错，消除了一般单向、双向搅拌器存在的中心搅拌死点，从而使得整个釜内无搅拌盲区。框架转速慢、桨叶转速快，有利于物料的充分混合。搅拌配置的刮边器能有效地刮干净釜内壁的附着物，使加热或冷却效率大幅度地提高。

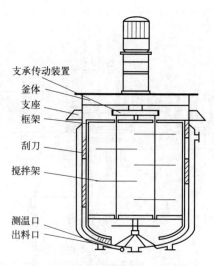

支承传动装置
釜体
支座
框架

刮刀
搅拌架

测温口
出料口

图 2-8　框桨双轴行星式搅拌釜结构

(2) 压力釜

压力釜是在一定压力下工作的反应釜。这种反应釜由釜本体、传动装置、机械密封装置和搅拌器四部分组成，见图 2-9。压力反应釜由超低碳钢板卷焊而成，上下均采用椭圆形封头。釜底要具有足够的耐压强度，通常设计内压 0.8MPa，设计外压 0.5MPa。加压釜比常压釜搅拌速度快，转速大都在 100～400r/min。机械密封是由动环与静环两块密封元件组成的，通常在垂直于轴线的光洁平直的表面上相互贴合，并作相对移动，构成了机械密封装置。

与常压炼制釜比较，压力釜在结构类上特点是：①系统密封好。压力釜是在密闭条件下操作，不仅要求入孔、加料口或观察口密封要好，还要求搅拌轴密封完好。②搅拌速度快。无论是单向的、还是双向的压力釜，其搅拌速度都比常压炼制釜快，以加快釜内物料在带压条件下的混合。③釜体耐压强度高。压力釜属于压力容器，有专门的耐压标准要求。④配备控压元件。压力釜要求在其顶部安装压力表和排空阀，以监控釜内压力，必要时进行泄压。同时安装安全阀或防爆片，以备超出工艺要求压力时，紧急开启以确保设备安全。

为了进一步提升传质传热效率，在普通压力釜的基础上推出了三重搅拌压力釜。其结构见图 2-10。这样一来，可以进一步改善反应效果，提高生产效率。

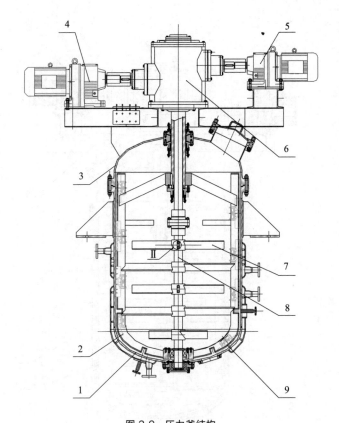

图 2-9　压力釜结构

1—釜本体；2—外搅拌桨；3—釜盖；4—外搅拌电机；5—内搅拌电机；
6—双向减速机；7—内桨叶；8—内桨轴；9—刮板

（3）接触器

接触器全称为高速对流加压炼制釜，是一种带夹套的效率更高的压力反应釜。在结构上，接触器内装一个双层壁的导流筒，底部有一个高速推进式叶轮。叶轮在旋转时，推动物料沿容器内壁与导流筒之间的通道向上流动，再从导流筒上部流向容器底部，完成循环。导流筒具有导流和加热的双重作用。接触器结构见图 2-11。

接触器与常压炼制釜相比，其特点为：①传热效果好。接触器有三个加热面，与常压炼制釜、压力釜比较多两个加热面，再加上物料在内高速循环，也强化了传热速度。加热介质通过外层夹套和导流筒对容器内物料加热，其传热效率约是一般常压炼制釜的 5 倍。②反应时间短。接触器内物料在高温、高压、高速下进行反应，化学反应时间大为减少，缩短了生产

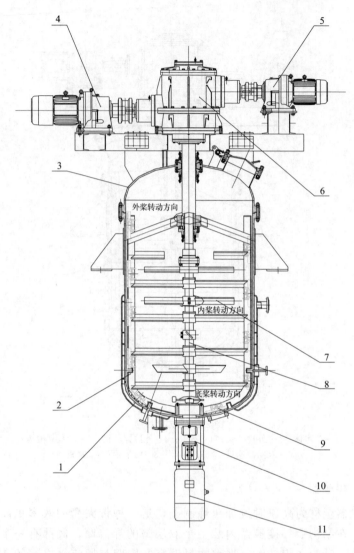

图 2-10　三重搅拌压力釜结构

1—釜本体；2—外搅拌桨；3—釜盖；4—外搅拌电机；5—内搅拌电机；
6—双向减速机；7—内桨叶；8—内桨轴；9—刮板；
10—底桨叶；11—底桨电机

周期，提高了生产效率。③成品稠化剂含量降低。物料在接触器内接触更充分，化学反应更加完全，稠化剂在基础油中分散更均匀，有利于降低成品稠化剂含量。④减少研磨要求。接触器有能力产生细碎的皂粒，从而减少成品脂的研磨压要求。⑤提高生产效率。接触器的加热速度快，反应时

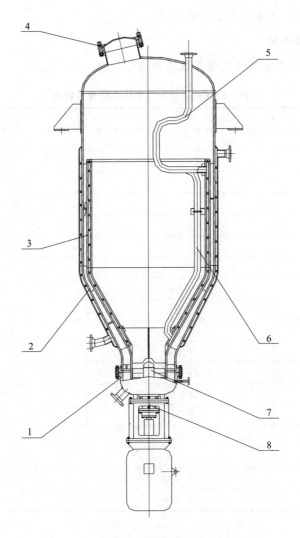

图 2-11　接触器结构图
1—釜底反射罩；2—外筒体；3—内筒体；4—人孔；5—导热油出口管；
6—导热油进口管；7—推进式桨叶；8—搅拌桨电机

间短，物料分散均匀，从而显著提高了生产效率。

2.2.3　CF 双重搅拌常压反应釜

（1）性能特点

外桨可变频调速。适用于生产锂基脂、复合锂、复合磺酸钙、复合铝、聚脲、复合钙、无水钙等润滑脂产品。

（2）技术参数

CF 双重搅拌常压反应釜参数值见表 2-5。

表 2-5　CF 双重搅拌常压反应釜参数值

序号	型号	容积/L
1	CF-500	500
2	CF-1000	1000
3	CF-1500	1500
4	CF-2000	2000
5	CF-2500	2500
6	CF-3000	3000
7	CF-3500	3500
8	CF-4000	4000
9	CF-4500	4500
10	CF-5000	5000
11	CF-5500	5500
12	CF-6000	6000
13	CF-6500	6500
14	CF-7000	7000
15	CF-7500	7500
16	CF-8000	8000
17	CF-8500	8500
18	CF-9000	9000

2.2.4　CF 三重搅拌常压反应釜

（1）性能特点

在配备刮壁功能的双重搅拌釜底部，增加高速搅拌叶轮。使得投入釜内的基础油、脂肪酸和碱等物料，能够快速向釜壁和搅拌桨冲撞，物料反复交叉折射产生激烈的碰撞。实现物料在釜底无沉积，反应无死角。适用于生产锂基、复合锂、复合磺酸钙、复合铝、聚脲、复合钙、无水钙等润滑脂产品。

（2）技术参数

CF 三重搅拌常压反应釜参数值见表 2-6。

表 2-6　CF 三重搅拌常压反应釜参数值

序号	型号	容积/L
1	CF-500X	500
2	CF-1000X	1000
3	CF-1500X	1500
4	CF-2000X	2000
5	CF-2500X	2500
6	CF-3000X	3000
7	CF-3500X	3500
8	CF-4000X	4000
9	CF-4500X	4500
10	CF-5000X	5000
11	CF-5500X	5500
12	CF-6000X	6000
13	CF-6500X	6500
14	CF-7000X	7000

2.2.5　YF 双重搅拌压力反应釜

（1）性能特点

相比于同类型的双重搅拌常压反应釜，可进一步缩短反应时间，提高生产效率。适用于生产锂基、复合锂、复合磺酸钙、复合铝、聚脲、复合钙、无水钙等润滑脂产品。

（2）技术参数

YF 双重搅拌压力反应釜参数值见表 2-7。

表 2-7　YF 双重搅拌压力反应釜参数值

序号	型号	容积/L
1	YF-500	500
2	YF-1000	1000

序号	型号	容积/L
3	YF-1500	1500
4	YF-2000	2000
5	YF-2500	2500
6	YF-3000	3000
7	YF-3500	3500
8	YF-4000	4000
9	YF-4500	4500
10	YF-5000	5000
11	YF-5500	5500
12	YF-6000	6000
13	YF-6500	6500
14	YF-7000	7000
15	YF-7500	7500

2.2.6 YF 三重搅拌压力反应釜

(1) 性能特点

在三重搅拌常压反应釜的基础之上，加入密封装置而形成。外桨可变频调速。适用于生产锂基脂、复合锂基脂、无水钙基脂等产品。

(2) 技术参数

YF 三重搅拌压力反应釜参数值见表 2-8。

表 2-8　YF 三重搅拌压力反应釜参数值

序号	型号	容积/L
1	YF-500X	500
2	YF-1000X	1000
3	YF-1500X	1500
4	YF-2000X	2000
5	YF-2500X	2500
6	YF-3000X	3000
7	YF-3500X	3500

序号	型号	容积/L
8	YF-4000X	4000
9	YF-4500X	4500
10	YF-5000X	5000
11	YF-5500X	5500
12	YF-6000X	6000
13	YF-6500X	6500
14	YF-7000X	7000
15	YF-7500X	7500

2.2.7 JF接触器

(1) 性能特点

与三重搅拌压力反应釜相比，加热介质通过外层夹套和导流筒对容器内物料加热，具有三个加热面。其传热效率高，可实现节能15%左右，减少碳排放34%左右。特别适合于生产锂基润滑脂。

(2) 技术参数

JF接触器参数值见表2-9。

表2-9 JF接触器参数值

序号	型号	容积/L	压力/MPa
1	JF-1000	1000	0.6
2	JF-2000	2000	0.6
3	JF-3000	3000	0.6
4	JF-4000	4000	0.6
5	JF-5000	5000	0.6
6	JF-6000	6000	0.6

2.2.8 XF行星搅拌釜

(1) 性能特点

立式减速机可变频调速。常压操作。搅拌和混合效果较好。但是，釜底物料存在单向搅动的缺陷。

（2）技术参数

XF 行星搅拌釜参数值见表 2-10。

表 2-10　XF 行星搅拌釜参数值

序号	型号	容积/L
1	XF-500	500
2	XF-1000	1000
3	XF-1500	1500
4	XF-2000	2000
5	XF-2500	2500
6	XF-3000	3000
7	XF-3500	3500
8	XF-4000	4000
9	XF-4500	4500
10	XF-5000	5000
11	XF-5500	5500
12	XF-6000	6000
13	XF-6500	6500
14	XF-7000	7000
15	XF-7500	7500
16	XF-8000	8000
17	XF-8500	8500
18	XF-9000	9000
19	XF-9500	9500
20	XF-10000	10000

2.3　混合设备

润滑脂生产的混合过程，是将润滑脂基础脂进一步稀释调整稠度，并加入各种添加剂的过程。经过化学反应及高温炼制处理形成的皂基或聚脲基等物料，在混合釜中与加入的基础油、添加剂等在通过充分混合及后处理工艺，进而实现对润滑脂稠度和性能的需要。一些非皂基润滑脂如硅胶脂、膨润土脂等，只需通过混合设备即可直接成脂。润滑脂混合设备的功能，除完成物料混合外，也同时也完成物料的冷却降温。

2.3.1　润滑脂混合设备类型

（1）混合釜

混合釜的基本结构与常压炼制釜基本一致。釜本体为常压釜，但其外夹套不做上下分段。图 2-12 是目前普遍应用的混合釜的结构。这种调和罐的搅拌框和搅拌桨，多采用两台电动机通过搅拌器驱动。设备封头为球形，受热面积大，排放物料时罐内残留物少。

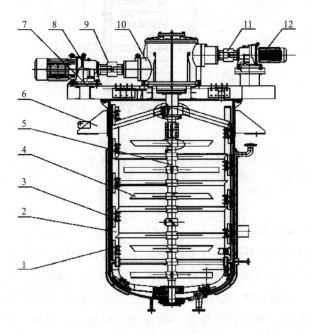

图 2-12　润滑脂混合釜结构

1—釜体；2—外搅拌框；3—刮板；4—内桨叶；5—内搅拌轴；
6—支座；7—减速机座；8—外翼一级减速机；9、11—滚子链
联轴器；10—双向减速机；12—内翼一级减速机

（2）成品釜

在润滑油脂生产过程中，成品釜可与混合釜配套使用，主要用来完成润滑脂制备过程中的均化、脱气、出成品等工序。物料在成品釜中也可通过设备夹套传热，对釜内物料进行降温或升温，调整稠度，最终输出合格

的成品润滑脂。将炼制釜-混合釜-成品釜三釜串联起来，比炼制釜-混合釜两釜工艺，可生产效率提高 20％～30％。润滑脂成品釜结构见图 2-13。

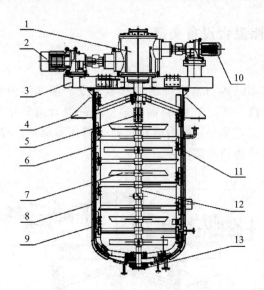

图 2-13　润滑脂成品釜结构

1—双向减速机；2—外翼一级减速机；3—减速机座；4—支座；5—夹壳
联轴器；6—外搅拌框；7—内桨叶；8—釜体；9—夹套；10—内翼一级
减速机；11—刮板；12—内搅拌轴；13—底部支撑系

(3) 行星搅拌机

行星搅拌机是一种无死点多功能的混合搅拌设备。其结构及搅拌运动轨迹见图 2-14。搅拌形式可设计为桨叶式、框式、蝴蝶式、外轮式等。由于设备釜盖可液压升降，缸体可自由移动，这使操作更为方便。双行星搅拌机由减速电机、封盖、行星架、搅拌器、刮壁器、料桶、双柱液压升降系统、真空系统以及等构成。利用行星搅拌机，可进行高黏度、高固体含量物料包括固-固相、固-液相等在内的物料混合、反应、分散、溶解、调质等工艺。利用行星搅拌机生产硅脂、膨润土脂、氟脂等非皂基润滑脂，较为高效便利。

(4) 捏合机

捏合机是一种特殊的混合搅拌设备。是由一对互相配合和旋转的 Z 形、S 形或 Σ 形桨叶，通过产生强烈剪切作用而使半干状态或胶状黏稠物料获得均匀分散的混合搅拌设备。其主要由混捏部分、机座部分、液压系统、传

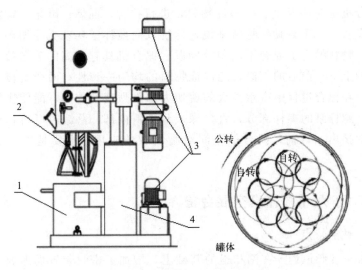

图 2-14　行星搅拌机结构及搅拌运动轨迹

1—置料机构；2—搅拌机构；3—驱动机构；4—机架

动系统和电控系统等五大部分组成。捏合机结构见图 2-15。液压系统由一台液压站来操纵油缸，来完成翻缸、启盖等功能。捏合机传动部分，是由电机和捏合机同步转速，经弹性联轴器至减速机后，使其达到规定的转速，也可由变频器进行调速。捏合机拥有两个桨叶，两个桨叶的速度是有差别的，根据不同的工艺可以设定不同的转速，最常见的转速是 28～42r/min。

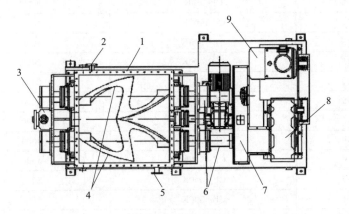

图 2-15　捏合机结构

1—搅拌箱；2—进水口；3—出水口；4—两个搅拌叶片；
5—螺旋挤出机；6—驱动电机；7—减速器；8—变速箱；9—驱动轴

捏合机是对高黏度、弹塑性物料，进行捏合、混炼、硫化、聚合操作的理想设备。对于高黏性物料来说，传统双向搅拌釜存在无法循环，均化作用差，物料的上下混合不均匀等问题。捏合机具有更高的分散效果，通过物料的上下、前后的翻滚，能保证物料的均匀一致性；两个旋转的桨叶间隙小，在捏合过程中产生强大的剪切力和强烈剪切作用，能使物料充分地均化。螺杆泵的螺杆部分，直接深入到物料内部，落罐时可将物料直接从罐体中挤出。目前，捏合机在润滑脂领域的应用，主要是生产盾构密封脂。

2.3.2　CF双重搅拌真空混合釜

(1) 性能特点

外桨可变频调速。在调和釜的基础上，增加了密封装置而形成。是润滑脂混合釜和真空脱气釜的组合体，具有混合与真空脱气的双重功能。润滑脂在混合的同时，可实现进行真空脱气。

(2) 技术参数

CF双重搅拌真空混合釜参数值见表2-11。

表 2-11　CF双重搅拌真空混合釜参数值

序号	型号	容积/L
01	CF-500K	500
02	CF-1000K	1000
03	CF-1500K	1500
04	CF-2000K	2000
05	CF-2500K	2500
06	CF-3000K	3000
07	CF-3500K	3500
08	CF-4000K	4000
09	CF-4500K	4500
10	CF-5000K	5000
11	CF-5500K	5500
12	CF-6000K	6000
13	CF-6500K	6500
14	CF-7000K	7000
15	CF-7500K	7500

序号	型号	容积/L
16	CF-8000K	8000
17	CF-8500K	8500
18	CF-9000K	9000

2.3.3 SXJD 双行星搅拌机

(1) 性能特点

由两组低速搅拌器和两组高速分散器组成。具有良好的混合、分散作用。高速分散器分散线速度在 23m/s 以上，能够将浆料的黏度和细度进行有效控制；麻花式搅拌桨能够保证桨叶与桨叶、桨叶与桶壁、桨叶与桶底的间隙，减少搅拌死角，提高成品均匀度。物料固含量可在 $55\% \sim 90\%$，黏度最高可至 100000MPa·s。适用于小批量特种润滑脂的生产。

(2) 技术参数

SXJD 双行星搅拌机参数值见表 2-12。

表 2-12 SXJD 双行星搅拌机参数值

型号	有效容积 /L	设计容积 /L	搅拌桶尺寸 /mm	搅拌功率 /kW	公转转速 /(r/min)	自转转速 /(r/min)	分散功率 /kW	分散转速 /(r/min)	线速度 /(m/s)
SXJD-5	5	7.4	$\phi250\times150$	1.5	0~40	0~86	1.5	0~5800	16.7
SXJD-10	10	14	$\phi300\times200$	2.2	0~42	0~72	2.2	0~5000	18.3
SXJD-20	20	28	$\phi350\times300$	2.2	0~42	0~72	3.0	0~5000	18.3
SXJD-30	30	44	$\phi400\times350$	4	0~34	0~70	5.5	0~4000	21
SXJD-60	60	88	$\phi500\times450$	5.5	0~34	0~68	7.5	0~3300	21
SXJD-100	100	150	$\phi650\times450$	15	0~34	0~56	18.5	0~2930	23
SXJD-200	200	265	$\phi750\times650$	22	0~33	0~53	30	0~2750	23
SXJD-300	300	370	$\phi850\times650$	30	0~33	0~53	37	0~2200	23
SXJD-500	500	670	$\phi1000\times850$	37	0~28	0~47	45	0~2000	23
SXJD-650	650	822	$\phi1100\times865$	45	0~28	0~47	55	0~1750	23
SXJD-900	900	1390	$\phi1300\times1050$	75	0~24	0~32	75	0~1450	23
SXJD-1200	1200	2000	$\phi1450\times1200$	90	0~18	0~28	90	0~1375	23
SXJD-1500	1500	2300	$\phi1500\times1300$	110	0~18	0~28	110	0~1375	23
SXJD-2000	2000	3000	$\phi1600\times1500$	132	0~16	0~28	132	0~1200	23

2.3.4 纤维素捏合机

(1) 性能特点

通过一对互相配合和旋转的叶片所产生强烈剪切作用，而使半干状态的或橡胶状黏稠材料获得均匀的混合分散。适用于各种高黏度的弹塑性物料的混炼、捏合、破碎、分散、重新聚合等工艺，尤其是纤维素行业，也用于生产盾构密封脂。

(2) 技术参数

纤维素捏合机参数值见表 2-13。

表 2-13　纤维素捏合机参数值

型号	容量/L	主机功率/kW	出料方式	加热方式	
NH-1000L	1000	45	下出料	汽	电
NH-1500L	1500	55	下出料	汽	电
NH-2000L	2000	75	下出料	汽	电
NH-3000L	3000	45×2	下出料	汽	电
NH-5000L	5000	55×2	下出料	汽	电
NH-6000L	6000	75×2	下出料	汽	电

2.4　冷却设备

冷却是润滑脂生产中十分关键的工序过程，冷却速率和冷却终温对于润滑脂的稠度和其他性能，都有很大影响。润滑脂的冷却，既可在常规炼制釜、混合釜中通过直接混入基础油进行急冷，也可在专用冷却混合设备中进行。不同品种、牌号的润滑脂产品，对冷却条件要求差别很大，所采取的冷却方式也各有不同。选择适宜的冷却设备，控制好冷却条件，是得到适宜纤维结构和良好性能润滑脂产品的必要条件。

2.4.1　润滑脂生产冷却方式

(1) 盘式冷却

盘式冷却是将高温物料置于冷却盘中，通过自然方式对润滑脂物料进行冷却的一种方式。此种冷却方法，主要适于要求较慢冷却速度的润滑脂，如铝基润滑脂、钡基润滑脂等。因为这些润滑脂在静止状态且低温时慢冷的条件下，才能形成良好的皂结晶，以获得性能优良的润滑脂。若将冷却盘设计改造成为加套冷却盘，则可以通入冷却水，从而加快冷却速度，提高生产效率。

(2) 夹套式冷却

夹套式冷却就是向炼制釜得夹套中通入冷却水或导热油等其他冷却介质，以降低釜内物料的冷却方式。该冷却方法，还可以同时通过双向搅拌和泵的循环来辅助物料在各方向上流动，来提高传质换热效率。但是，加套的冷却速度受换热面积所限，冷却速度较慢，并随着润滑脂在釜内变稠而冷却效率越来越低，导致生产周期被延长。

为了提高冷却速度，可把搅拌设计成刮壁形式。若炼制罐不刮壁，在壁的表面覆盖一层物料，造成传热效率低，直接影响冷却速度。刮壁型搅拌，使物料与金属壁传热面直接接触，对传热是十分有利的。

(3) 釜内急冷

釜内急冷是一种最简单快捷的冷却方法。该方法将部分基础油（也称急冷油）通过高位槽或泵，直接打入盛有高温物料的炼制釜中，而将炼制釜内物料进行降温、搅拌、混合。这种急冷方式因急冷后期物料所处温度较高，即停留在 $175\sim190\,℃$ 内时间相对较长，有利于皂纤维的成长。然而，也容易造成生产的润滑脂中长纤维居多，短纤维居少，且纤维长短不均匀的现象。

(4) 倒釜急冷

倒釜急冷是将部分低温基础油先打入混合釜中，再将高温物料倒入同一混合釜中，而将物料降温、搅拌、混合的过程。这种急冷方式因急冷后期物料所处温度较低，因而生产的润滑脂中短纤维居多，长纤维居少，润滑脂外观透明度较好。

无论釜内急冷还是倒釜急冷的方式，均因使用冷油直接进行冷却，具有操作简便，灵活的特点，不足之处是容易产生游离油而使润滑脂的胶体安定性变差。

(5) 在线急冷

将高温物料与部分基础油（急冷油）同时经急冷混合器倒入混合釜，通过调节急冷油的流量来控制急冷混合器的出口温度，在混合釜中进一步搅拌混合。这种急冷方式因急冷环境一致，润滑脂中纤维长短均一。与釜内急冷、倒釜急冷等其他两种急冷方式比较，所得润滑脂皂分和显微结构可控。

2.4.2　润滑脂冷却设备类型

（1）急冷混合器

急冷混合器又称静态混合器，是生产润滑脂常用的一种冷却设备。该设备主要由外壳、换向折流板组成。急冷混合器结构简单、操作方便、冷却效率高。使用急冷混合器可以缩短生产周期，且急冷混合器是在静态下工作，本身不需要动力。一种喷淋式急冷混合器的结构见图2-16。

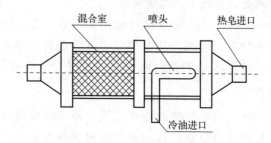

图2-16　喷淋式急冷混合器结构

急冷混合器可在短时间内，将热的基础脂半成品物料与冷的基础油实现传热与传质，最后得到均匀冷却的物料。急冷时呈真溶液状态的物料和基础油分别被泵送入急冷混合器，此时冷、热物料在折流板换向作用下，物料从进口到出口被多次分割换向，在折流换向板的作用下，物料获得充分地分散和混合。在短时间内，即可以达到工艺要求温度，从而实现物料急速冷却的目的。同时，急冷过程中皂分子不断生成皂晶核，形成皂纤维结构体系。通过控制基础油的流量，可以调节急冷后物料的温度（即急冷混合器出口温度）。出口温度不同，得到的皂晶核及形成的皂纤维也不同。这样可以有效地提高润滑脂的机械安定性和胶体安定性，即使在相同皂分情况下，也得到不同稠度和不同性能的润滑脂产品。

（2）高速混合器

高速混合器又称动态混合器，是一种高效的混合设备。该设备既有输送泵的作用，也能替代混合釜内的搅拌，使物料在混合釜外得到搅拌，并且能对物料进行加热或冷却。高速混合器由本体、电机、联轴器、轴及轴封、吸入口、一级定子和转子、二级定子和转子、吐出口组成。在电机的带动下，一级转子和二级转子高速旋转，在吸入口和吐出口之间产生压差，从而使物料从吸入口进入高速混合器。物料在经过转子和定子之间的细小间隙时，受到冲击和剪切，达到搅拌、混合的目的。由于高速混合器是在无空气存在的情况下对物料进行混合分散，因此能有效防止空气混入物料中产生气泡。高速混合器的外壳可设置夹套，能按需要对物料进行加热或冷却，有效缩短物料的升温或降温时间。

(3) 薄膜冷却器

润滑生产用薄膜冷却器是由电动机、减速器、外加套、冷却腔和刮刀等组成。其结构见图 2-17。

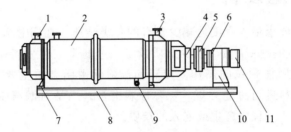

图 2-17　薄膜冷却器结构

1—出料口；2—外壳；3—进料口；4—转筒；5—连接法兰；6—减速器；
7—承重架；8—支撑底座；9—进水口；10—支撑架；11—电动机

启动电动机，电动机带动减速器并随之通过连接法兰带动转筒转动。润滑脂通过进料口进入外壳与转筒之间的环隙，并在压力的作用下沿着环隙空间流动，在此环隙内润滑脂可形成薄膜。同时，冷却水通过进水口进入外夹套和冷却腔内，对润滑脂进行冷却降温。转筒出口端固定螺栓上设有刮刀，转筒每转一周可以刮耙数次，进而达到冷却润滑脂的效果，并将黏附在外壳上已经冷却的润滑刮下来从出料口挤出。这种混合器配以适当的温度、压力仪表及控制阀门，可方便地调节冷油注入量，从而达到实现良好的冷却效果。

2.4.3　JL急冷混合器

(1) 性能特点

具有结构简单、操作方便的特点。物料冷却快速且均匀。适用于锂基脂在生产工艺过程中的快速冷却。

（2）技术参数

JL 急冷混合器参数值见表 2-14。

表 2-14　JL 急冷混合器参数值

型号	长度/mm	公称直径/mm
JL-50	1200	DN50
JL-80	1200	DN80

2.5　过滤设备

润滑脂中要求最大程度地减少含有的各类杂质。在润滑脂生产过程中，需要严格控制和排除杂质，减少杂质数量。过滤是一种分离存在于润滑脂原料及成品中固体颗粒的操作。控制和排除润滑脂杂质主要有两个途径：一是对各类原料进行过滤处理，保障原料清洁；二是对润滑脂在制品进行过滤，除去生产过程中产生或混入的杂质。

2.5.1　润滑脂杂质危害

在润滑脂生产中，需要过滤介质包括润滑脂成品和半成品，以及各类基础油、碱的水溶液、溶融状脂肪胺或脂肪酸等。如果灰尘、沙粒、金属屑等杂质残留于成品润滑脂中，在其使用时就会被带入机械摩擦部位，不仅会降低润滑脂减摩作用，而且会加剧被润滑摩擦点和工作面的磨损，并能造成摩擦面擦伤等，最终致使所润滑的滚动轴承、精密机械、高速运行的润滑部位等，快速地丧失其精密度，最终缩短了使用寿命。在机械运转过程中，受到机械杂质的影响，还可能造成跳动、振动、甩动或者摆动现象的发生。尤其对家用电器、精密仪器等来说，润滑脂内机械杂质的含量和颗粒大小更要严格控制，否则会造成使用寿命缩短，运转时的噪声明显增大等一系列问题。

2.5.2　原料过滤

（1）基础油过滤

基础油在润滑脂中所占的比例最大，通过进行基础油过滤精制处理，对润滑脂制品除杂有着十分重要的影响。根据过滤精度需要，可采用板框过滤机、袋式过滤器、管道过滤器等对基础油进行过滤。影响过滤效果的因素主要包括压力差、过滤面积、滤饼的阻力、滤液的黏度，过滤介质的阻力等。过滤开始时阻力较小，滤液流速最大。高流速会因介质通道阻塞增加阻力。黏度增加，过滤速度则减小，故通常滤液都要加热以降低黏度。基础油加热后黏度变小，过滤压力降低，过滤后去除杂质的效果更好。

(2) 油溶性原料过滤

熔化的脂肪胺、脂肪酸等或液态的其他原料，可直接通过管道过滤器过滤。为了提高过滤精度，也可使用基础油对脂肪胺、脂肪酸、添加剂等进行稀释和溶解。采用板框过滤机过滤，要注意首先用加热的基础油对板框过滤机进行预热扫线，然后再过滤稀释后的油溶性原料。最后，需用加热的基础油对板框过滤机进行扫线，否则容易堵塞板框过滤机和输油管线，影响后续的过滤操作。

(3) 水溶性原料过滤

有些能溶于水的原料如氢氧化锂、氢氧化钡、硼酸等，可预先制成一定比例的水溶液再进行过滤。

2.5.3 润滑脂在制品过滤

清除润滑脂在制品的杂质，一般采用管道过滤器逐级过滤的方式，即先采用低目数过滤网连续过滤，过滤一段时间后再更换为更高一级目数过滤网进行过滤。在过滤过程中，要注意观察相应输送设备的电流值或出口压力值变化。当压力增长至一定值时，必须及时关闭输送设备、清理过滤网。常用过滤网目数与孔径尺寸的对应关系，见表2-15。目是指每英寸（25.4mm）筛网上的孔眼数目，如50目就是指每英寸上的孔眼是50个，500目就是500个。目数越高，孔眼越多。除了表示筛网的孔眼外，同时用于反映能够通过筛网的粒子的粒径。目数越高，粒径越小。

表 2-15 筛网目数与筛网孔径对应关系

筛网目数/目	筛网孔径/μm	筛网目数/目	筛网孔径/μm
30	600	50	300
35	500	60	250
40	425	70	212
45	355	80	180

筛网目数/目	筛网孔径/μm	筛网目数/目	筛网孔径/μm
100	150	900	15
120	125	1100	13
140	106	1300	11
150	100	1600	10
170	90	1800	8
200	75	2000	6.5
230	63	2500	5.5
270	53	3000	5.0
325	45	3500	4.5
400	38	4000	3.4
460	30	5000	2.7
540	26	6000	2.5
650	21	7000	1.25
800	19		

一般来说，目数×孔径（微米数）≈15000。如 400 目的筛网的孔径为 $38\mu m$ 左右；500 目的筛网的孔径是 $30\mu m$ 左右。由于存在开孔率的问题，也就是因为编织网时用的丝的粗细的不同，故不同的国家的标准也不一样。目前存在美国标准、英国标准和日本标准三种，其中英国和美国的相近，日本的差别较大。我国使用的是美国标准，也可用上面给出的公式进行估算。

2.5.4 过滤设备类型

(1) 袋式过滤器

袋式过滤器是一种体积小、处理量大、操作快捷方便、效率高和劳动强度低的过滤器。见图 2-18。其过滤效果与选择的滤袋有关，选择的滤袋孔径越细，过滤精度越好，但过滤难度越大，压力越高。袋式过滤器由带有快开式法兰盖的立式筒体和内置的滤袋组成。滤袋为有机合成材料制成，耐受温度可达 180℃，并可以反复清洗、重复利用，更换方便。滤袋放在滤

筒内，过滤时需要过滤的液体用泵经袋式过滤器循环，杂质即可滞留在
袋内。

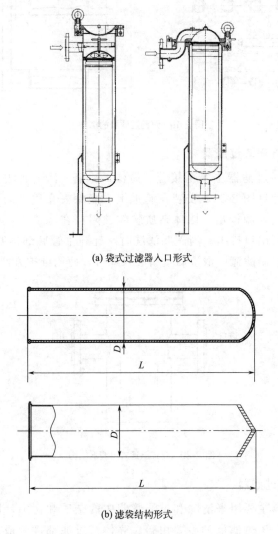

(a) 袋式过滤器入口形式

(b) 滤袋结构形式

图 2-18　袋式过滤器

（2）泵前过滤器

安装于齿轮泵、螺杆泵等泵入口的前部，用于阻止物料中较大尺寸的
固体颗粒物进入泵体，以免对高速转动的内部齿轮、螺杆等部件造成损害。
泵前过滤器的结构见图 2-19。

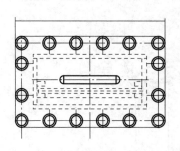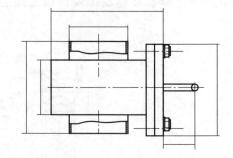

图 2-19　泵前过滤器的结构

(3) 立式直通式过滤器

立式直通式过滤器主要由接管、筒体、滤篮、法兰、法兰盖及紧固件等组成。其结构见图 2-20。安装在管道上，能除去介质中的固体杂质。当介质通过主管进入滤篮后，固体杂质颗粒被阻挡在滤篮内，而洁净的流体通过滤篮由滤器出口排出。当需要清洗时，旋开主管底部螺塞，排净流体，拆卸法兰盖，取出滤篮。清洗后重新装入即可，使用维护方便。

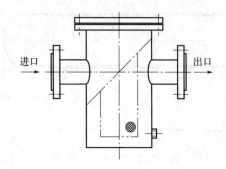

进口　　　　　　　　　　出口

图 2-20　立式直通式过滤器结构

(4) Y 形过滤器

Y 形过滤器主要用来清除和过滤管路中的杂质和污垢，以保证系统内的介质的洁净。该过滤器的主要由盖、壳体与过滤部件组成。其基本结构见图 2-21。将盖取下，即可取出过滤部件进行清洗，除去截留下来的杂质。

(5) T 形过滤器

T 形过滤器主要由盖、壳体和过滤组件（滤网、骨架）组成。其结构见图 2-22。在 T 形过滤器中，物料是由滤网筒外向内流入，因此杂质被阻挡在滤网筒外的过滤网外侧。打开盖就可取出过滤组件进行清洗，除去截

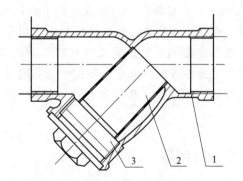

图 2-21 Y 型过滤器结构
1—壳体；2—过滤器件；3—盖

留或阻挡下来的杂质。T 形过滤器具有结构简单、制作成本低、操作方便的特点。因而，在润滑脂生产中被广泛使用。

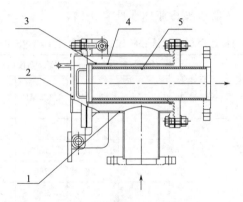

图 2-22 T 形过滤器结构
1—壳体；2—快开式盖；3—滤网；4—滤芯；5—滤芯支撑架

(6) 自清式过滤器

自清式过滤器由筒体、滤芯、减速机和电机组成。叠层式滤芯是由数百片不锈钢圆形过滤片、定距片和刮刀片等构成，通过在固定杆上按一定的排列次序重叠组合而成的圆形滤筒。定距片的厚度决定圆形过滤片之间的间隙，此间隙形成过滤通道。自清式过滤器的结构见图 2-23。

过滤时叠层式滤芯由电机带动，固定的

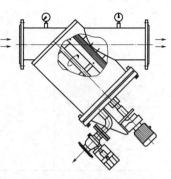

图 2-23 自清式过滤器结构

刮刀自动清理过滤片间隙中的杂质。当过滤器进出口压差达设定值或定时器达到设定时间时，自清洗式过滤器的电动控制箱发出信号驱动电机转动，同时排污阀打开。吸附在滤网上的杂质微粒被转动的钢丝刷刷下，随液流从排污阀排出。而当过滤器进出口压差恢复正常或定时器设定时间结束后，电机停止运转，电动排污阀关闭。整个过程中，物料不断流，实现了连续化、自动化作业。

2.5.5 管道用篮式过滤器

(1) 性能特点

适用于管道公称尺寸为 DN40～DN1000、设计压力为 0.25～10.0MPa、温度为－20～350℃的液体介质过滤。

(2) 技术参数

管道用篮式过滤器机械行业标准见表 2-16。

表 2-16 管道用篮式过滤器机械行业标准 (JB/T 7538—2016)

公称尺寸		设计压力 / MPa	法兰连接接口尺寸	连接长度(L)/mm		安装高度(H)/mm		壳体直径(ϕ) /mm
DN	NPS			≤2.5MPa	>2.5MPa	≤2.5MPa	>2.5MPa	
40	1½			300	350	180	180	108(外)
50	2			300	350	180	180	108(外)
65	2½			400	450	250	250	159(外)
80	3			420	500	250	250	194(外)
100	4			520	600	265	265	219(外)
125	5			660	700	400	400	273(外)
150	6	0.25～10.0	按 GB/T 9112—9124、GB/T 13402 的规定	720	850	450	540	350(内)
200	8			800	900	540	650	400(内)
250	10			1000	1100	650	700	500(内)
300	12			1200	1300	750	800	600(内)
350	14			1300	1400	850	900	700(内)
400	16			1400	1600	900	1000	800(内)
450	18			1500	1800	1000	1050	900(内)
500	20			1800	2000	1000	1100	1000(内)

2.5.6 液体过滤用袋式过滤器

(1) 性能特点

适用于过滤温度不大于 350℃、黏度不大于 50Pa·s、固含量不超过 3% 的液体。

(2) 技术参数

液体过滤用袋式过滤器机械行业标准见表 2-17。

表 2-17 液体过滤用袋式过滤器机械行业标准 (JB/T 11713—2013)

型号	过滤面积 /m^2	名义直径(D) /mm	有效长度(L) /mm
01 号	0.25	178	432
02 号	0.5	178	813
03 号	0.08	103	229
04 号	0.15	103	381

2.5.7 ST 型 T 形过滤器

(1) 性能特点

可有效除去液体中少量固体颗粒。使用维护极为方便。在杂质过滤的同时，还兼有均质、剪切、分散等功能。

(2) 技术参数

ST 型 T 形过滤器参数值见表 2-18。

表 2-18 ST 型 T 形过滤器参数值

型号	结构尺寸/mm			有效过滤面积/m^2
	L	H	$H1$	
80	342	205	384	0.0079
100	418	246	473	0.0133
125	460	270	529	0.0204
150	500	292	581	0.0273
200	588	340	694	0.0462

2.5.8 CVSF内刮式自清洗过滤器

(1) 性能特点

通过高效的机械刮除方式，自动清除滤元内表面的颗粒杂质。具有过滤面积大，使用寿命长，自清效果好等特点。过滤效率更高，精度可达30μm，处理介质黏度高达800Pa·s。刮刀材质选择聚四氟乙烯板，紧贴滤元表面，实现高效刮除杂质。当杂质积累到一定程度时，自动排污阀打开，杂质从底部排污口排出。适用于溶剂、酸碱液、聚合物、涂料等黏性物料的自清洗过滤。

(2) 技术参数

内刮式自清洗过滤器参数值见表 2-19。

表 2-19　内刮式自清洗过滤器参数值

型号	CVSF-N21	CVSF-N41
过滤面积/m^2	0.21	0.41
最高流量/(m^3/h)	30	70
驱动电机功率/kW	0.18	0.25
可选精度/μm	30～2000	
设计压力/MPa	0～1.6	
密封圈材质	NBR 、VITON 、PTFE 、EPDM 、硅橡胶	

2.5.9 油脂过滤器

(1) 性能特点

在 0～60℃温度条件下，可实现液态及高黏度介质的精细过滤。适用于生产静音轴承润滑脂。

(2) 技术参数

油脂过滤器参数值见表 2-20。

表 2-20　油脂过滤器参数值

型号	过滤面积/cm^2	滤网规格/目	流量/(L/min)	工作压力/MPa
生产型	200	<2000	8	<25
科研型	80	<2000	2	<25

2.6 均化设备

润滑脂生产过程中，在加入稠化剂或稠化剂结构初步形成以后，需要经过特定方式进行处理以使稠化剂得到更加均匀的分散。这个处理过程被称为均化。均化可使润滑脂中不均匀的皂纤维或其他稠化剂分散均匀，从而使产品达到所需要的稠度和外观，并改善润滑脂的机械安定性、胶体安定性等性能。润滑脂均化设备是润滑脂生产过程中进行后处理工艺的重要设备，对稳定、改善润滑脂的质量状况，起着关键的作用。

2.6.1 润滑脂均化设备类型

(1) 孔板剪切器

孔板剪切器是安装在润滑脂循环管线上的一种简易均化设备。其结构见图2-24。孔板剪切器核心部件是一块圆形金属板，厚度3～7mm，直径80～125mm，板上配有若干圆孔（直径为0.5mm、0.8mm或其他规格）。当润滑脂循环时，润滑脂通过圆孔在高压下流出，在高剪切力作用下使润滑脂得到均化分散。通过更换不同直径圆孔的金属板，以及采取不同温度、泵压及循环时间，能够有效调整润滑脂剪切分散的程度。

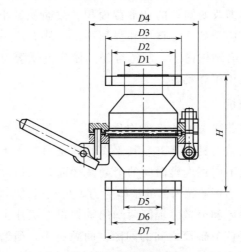

图2-24 孔板剪切器结构

孔板剪切器体积小、结构简单、价格低廉，可安装在循环管线上。其剪切动力来自润滑脂输送泵，可与过滤、调稠等操作同时进行。但是，孔板剪切器在运行过程中，无法调节剪切的程度，且孔板容易发生堵塞问题，均化效率也相对较低。

(2) 过滤剪切器

过滤剪切器可将过滤和剪切功能融为一体。过滤剪切器的结构见图2-25。这种过滤剪切器采用滤网，重复过滤，兼有剪切作用，故称为过滤剪切器。产品能起到清除杂质、增加光亮度、提高润滑脂产品质量的作用。

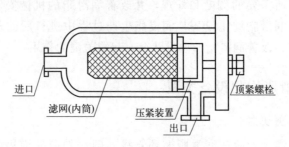

图 2-25　过滤剪切器结构

(3) 静态剪切器

静态剪切器由本体、固定的带孔座盘、能上下移动的带有锥形杆的阀盘、密封、阀杆和手轮组成。工作时润滑脂经输送泵，在压力作用下从进口高速通过座盘上的圆孔。通过调节阀杆手轮，可改变阀盘上锥形杆在座盘圆孔中的位置，即改变圆孔的环形截面积。截面积越小，压力越大，物料流速加快。润滑脂受到高速挤压和强烈冲击，从而达到剪切和分散的目的。静态剪切器具有结构简单、制造容易、操作方便等特点，在小型润滑脂生产装置中，运用相对较多。

(4) 三辊研磨机

三辊研磨机是普遍采用的一种均化设备，主要由电机、减速齿轮、辊筒和机座组成。其结构见图2-26。其工作原理是通过水平的三根轴筒的表面相互挤压，以及不同速度辊筒间的滑动摩擦而达到研磨效果。强大的剪切外力，能够破坏物料颗粒内部的结构应力，再经过前后两辊的二次研磨，从而达到迅速的粉碎和分散。辊筒两端的轴架设在机座上，机座前后均有手轮或自控系统以调节辊筒之间的间隙。间隙越小，研磨效果越好。研磨辊为空心，可通入冷却水。此时研磨机具有研磨与冷却的双重作用。

三轴辊的研磨细度可达 $5\mu m$ 以下，但处理量小，一般适用于批量较小的品种。使用研磨机进行均化的缺点，是设备庞大、易污染环境、生产效

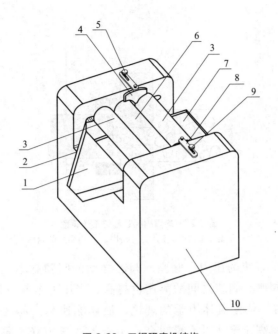

图 2-26　三辊研磨机结构

1—出料引导板；2—围板；3—动辊；4—挡板；5—腰型孔；
6—定辊；7—储料盒；8—支撑杆；9—定位螺栓；10—机身

率偏低。三轴机的工作环境不是封闭的，虽有利于观察润滑脂的研磨效果，但也容易落入杂质。因此，三轴机在洁净度高的封闭厂房内使用更为理想。

(5) 均质机

均质机又称均化器、均质泵，主要由柱塞式高压泵、均质阀和一套控制压力的油压系统所组成。柱塞式高压泵的作用是通过活塞在缸体内往复运动和单向阀控制物料进出，使物料在缸体内逐级升至规定压力，进入均质阀。具体说来，柱塞泵以 0.25～0.5m/s 的低速将原始物料吸入，然后通过与均质阀连接的调压装置对均质系统调压。均质阀是均化器中关键的部件，高压待均化的物料以 100～200m/s 高线速从均质阀阀芯冲向阀杆，初步得到粉碎和分散后，再从极小的缝隙（缝隙大小为 0.04～0.1mm）挤过，并以极高线速从均质阀中冲出。物料从高压释放到常压，在瞬间膨胀，进一步得到分散和均化。均化器对润滑脂的均化处理可以连续进行。均质阀阀芯部位工作原理见图 2-27。

柱塞泵对物料加压，可加压至 40MPa 以上。由于柱塞泵吸入与压出物料的流速相对比较稳定，因此只要控制阀座与阀芯之间的间隙（开启度），

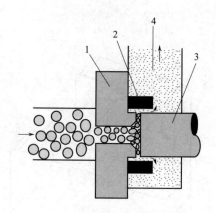

图 2-27 均质阀阀芯部位工作原理
1—底座；2—冲击环；3—阀杆；4—均质后的物料

就可以控制整个系统的压力。阀座、阀芯之间的间隙越小，系统的压力越高，物料通过阀座、阀芯之间的流速也越高。当压力至 60MPa 时，流速高达 300m/s 左右。依据流体力学的理论，液体流速越高的区域，其压力越小。因此，物料高速流动时，瞬间会产生极大的压力降。同时，物料在柱塞泵的作用下，系统内积累了较大的能量密度，这种能量密度在 $600 \sim 800kW/cm^3$。物料在阀座与阀芯之间的流经时间约为 $50\mu s$，大量的能量在极短的时间内得以释放。因此，物料在高速流动时的湍流剪切效应、高速喷射时的撞击粉碎作用、瞬间强大压力降时的失压膨胀爆炸等三重因素作用下，最终使物料达到超细粉碎。

均质加工所选用压力的大小，决定了物料获得能量的大小。物料粉碎粒径越小，所需的能量越大。一般讲，均质压力增大，微粒的平均粒径减小，但微粒粒径变小的速率随之减慢。即便使用了很高的压力，均质机粉碎细度的功能也并不是无限度的。就目前普通结构的均质机而言，其极限粉碎细度在 $0.1 \sim 0.2\mu m$。

润滑脂经过均质机的高剪切率处理，结构稳定，外观光滑细腻。不需另设中间容器，剪切可在管路上连续进行，直到符合要求为止。均化器处理润滑脂时，通常经过一次处理即可满足均质要求，而剪切板的处理为多次通过，最后才能达到均质要求。均质机具有均化效果高、均质效果好的特点。

(6) 胶体磨

胶体磨是一种常见的均化设备，主要由磨盘、底座传动部件、电动机等三部分组成。胶体磨工作原理见图 2-28。起均化作用的核心部件是磨盘。磨盘由动齿和定齿组成，动齿高速旋转，定齿则为静止状态。流体或半流体物料在通过高速相对连动的定齿与动齿之间时，使物料受到强大的剪切力、摩擦力及高频振动的联合作用。在剪切、研磨及高速搅拌力的联合作用下，磨碎依靠磨盘齿形斜面的相对运动，使物料通过齿斜面之间的物料受到强大的剪切力和摩擦力，同时又在高频震动及高速旋涡的复合作用下，完成物料的研磨、粉碎、均质、混合。可以调节动齿和定齿之间的间隙，而使

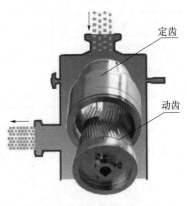

图 2-28　胶体磨工作原理

物料细腻程度得以改善，来满足润滑脂不同均化质量的要求。当物料在磨盘高速运转时通过凹凸端面间隙 0.05mm 时，物料最高细度能达到 0.5μm。

与均化器比较，胶体磨的均化效率不如均化器，而且润滑脂通过胶体磨处理后，气泡多不易脱除。由于转定子和物料间高速摩擦，故易产生较大的热量。此外，磨盘表面也较易磨损，而磨损后均化效果会显著下降。

2.6.2　数控三辊研磨机

（1）性能特点

具有显示设定的压力值、实际间距及实际压力的功能。在操作过程中，能够控制变换压力与间距。适用于油墨、颜料、化妆品、润滑脂生产中精细微粒的精准均化分散。

（2）技术参数

数控三辊研磨机参数值见表 2-21。

表 2-21　数控三辊研磨机参数值

型号	DS50	DS80	DS120
辊筒直径/mm	50	80	120
辊筒工作面长度/mm	150/160	200	450
转速比	1∶2∶4	1∶3∶9	1∶3∶9
流量/(L/h)	0.5～5	2～20	5～50

型号	DS50	DS80	DS120
电机功率/kW	0.12	1.5	3
重量/kg	23	75	380
外形尺寸/mm	390×250×280	720×550×550	1060×810×1060

2.6.3 JG 润滑脂专用均质机

(1) 性能特点

具有启动运行平稳、低易损、高效节能、维护简便等特点。适用各类液体与液体、液体与固体等物料进行混合、细化、分散和均质。在锂基脂、复合锂基脂等产品生产中，也得到广泛使用。

(2) 技术参数

JG 润滑脂专用均质机参数值见表 2-22。

表 2-22　JG 润滑脂专用均质机参数值

项目	中型	大型
布局形式	立式	立式
电机功率/kW	30	30
生产能力/L	1500	3000
转速范围/(r/min)	1890	2990
料桶容量/L	100	20

2.6.4 管线式胶体磨

(1) 性能特点

轴向进料、竖向出料。具有较高的输送功能，工作扬程为 3～6m。可根据实际工况条件，增大其输送扬程。按物料粗细度要求，调磨盘端面间隙距离。可调间距范围为 0.01～3mm。适用于沥青、农药、化肥、医药、食品、日化、化工、润滑脂、新能源等领域。

(2) 技术参数

管线式胶体磨的参数值见表 2-23。

表 2-23   管线式胶体磨参数值

型号	功率/kW	转速	进/出口径/mm	处理量/(m³/h)	连接方式
AYJ-25	4	2950	40/25	≤1.5	直联式
AYJ-32	7.5	2950	50/32	≤3	直联式
AYJ-40	11	2950	50/40	≤5	直联式
AYJ-50	18.5	1450/2950	65/50	≤7	轴承座连接
AYJ-65	30	1450/2950	80/65	≤13	轴承座连接
AYJ-80	37	1450/2950	80/65	≤19	轴承座连接
AYJ-100	45	1450/2950	100/80	≤28	轴承座连接
AYJ-125	55	1450/2950	100/80	≤35	轴承座连接
AYJ-150	75	1450/2950	100/80	≤42	轴承座连接
AYJ-170	90	1450/2950	125/100	≤55	轴承座连接

2.6.5   ERS2000 高速剪切均质机

(1) 性能特点

由三个均质头（转子和定子）进行处理，可获得很窄的粒径分布。剪切速率可以超过 10000r/min，转子的速度可以达到 40m/s。物料在定、转子狭窄的间隙中，可受到强烈的机械及液力剪切、离心挤压、液层摩擦、撞击撕裂和湍流等综合作用。适用于各种分散乳化工艺，也可用于生产包括对乳状液，悬浮液和胶体的均质混合。

(2) 技术参数

ERS2000 高速剪切均质机的参数值见表 2-24。

表 2-24   ERS2000 高速剪切均质机参数值

型号	标准流量(以 H_2O 计) /(L/h)	输出转速 /(r/min)	标准线速度 /(m/s)	功率 /kW
ERS 2000/4	300～1000	14000	40	2.2
ERS 2000/5	1000～15000	10500	40	7.5
ERS 2000/10	3000	7300	40	15
ERS 2000/20	8000	4900	40	37
ERS 2000/30	20000	2850	40	75
ERS 2000/50	40000	2000	40	160

2.7 脱气设备

润滑脂在生产过程中会混入空气，从而形成细小的气泡分散在润滑脂中。这些气泡不仅影响润滑脂的外观，造成产品浑暗不透明，而且对润滑脂的储存安定性，以及润滑脂可输送性产生不利影响。润滑脂在罐装前，需经过脱气设备进行脱气处理。润滑脂脱气是利用真空原理进行。对润滑脂进行脱气，在生产中已成为必不可少的一个环节。

2.7.1 润滑脂脱气基本方法

通过脱气可以使产品外观更加透明光亮细腻，从而改善润滑脂产品的质量。目前用于润滑脂脱气的方法，主要有泵循环法、真空脱气机法和真空脱气釜法等三种方式。

2.7.2 润滑脂脱气设备类型

(1) 泵

对泵的进口阀门开度进行调控，利用泵的抽力将其腔内抽为负压。通过物料循环，使润滑脂内气泡不断脱出。这种方法设备简单、效率较高、处理量大，但对泵的真空度和密封性要求相对较高。

(2) 真空脱气机

真空脱气机是利用真空原理和离心力原理进行脱气。润滑脂在脱气机内高速旋转，受离心力作用向旋转筒壁冲击，气泡从润滑脂中逸出。然后再经真空泵将气体抽出，从而实现润滑脂脱气的目的。

(3) 真空脱气釜

真空脱气釜是一个具备减压密封性的密闭罐。其结构见图 2-29。脱气时，先用真空泵使罐内的真空度达到一定要求，一般真空度要控制在 0.08MPa 以下；再泵送润滑脂通过罐顶的分散器，以增大润滑脂进入罐内的表面积，有利于气泡的脱除。润滑脂进入罐内，其内部的气泡不断被抽出。脱气效果与真空度有关。真空度越高，脱气效果越好，但对真空泵的要求也越高。

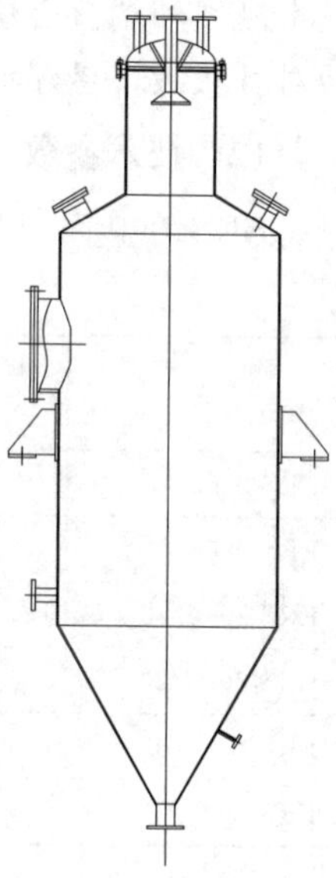

图 2-29 真空脱气釜

真空脱气釜也可作为成品储罐，适用于批量大、经常生产的品种。但在更换品种时，真空脱气釜的清洗不太方便。

2.7.3 TQF润滑脂真空脱气釜

(1) 性能特点

具有储存与脱气双重功能。适用于润滑脂生产工艺过程中脱除成品内所含有的气体。

(2) 技术参数

TQF润滑脂真空脱气釜的参数值见表2-25。

表2-25 TQF润滑脂真空脱气釜参数值

序号	型号	容积/L	真空度/MPa
01	TQF-500	500	−0.085
02	TQF-1000	1000	−0.085
03	TQF-2000	2000	−0.085
04	TQF-3000	3000	−0.085
05	TQF-4000	4000	−0.085
06	TQF-5000	5000	−0.085
07	TQF-6000	6000	−0.085
08	TQF-7000	7000	−0.085
09	TQF-8000	8000	−0.085
10	TQF-9000	9000	−0.085

2.7.4 KRTQJ真空连续脱气机组

(1) 性能特点

混有气体的物料在真空作用下进入容器内的分散盘，然后经过圆盘边缘的网眼被喷射到容器内壁上。在这个过程中物料内的小气泡被打碎，气体被真空系统抽走。

(2) 技术参数

KRTQJ真空连续脱气机组的参数值见表2-26。

表 2-26　KRTQJ 真空连续脱气机组参数值

型号	有效容积/L	输送效率/(kg/h)			功率/kW
		流动性产品	膏状产品	黏稠产品	
KRTQJ-25	25	1500	900	300	2.3
KRTQJ-65	65	4000	2500	800	4.5
KRTQJ-125	125	8000	5000	1600	6.6
KRTQJ-300	300	15000	9000	3000	12.5
KRTQJ-550	550	20000	12500	4000	17
KRTQJ-1000	1000	30000	18000	6000	24

第 3 章
润滑脂制备工艺

润滑脂制备工艺，按先后顺序大致分为原料预处理、稠化剂的制备、高温炼制、物料冷却、均化处理、润滑脂脱气和成品罐装等过程。为了获得满意的产品性能和生产效率，需要匹配适宜的制备工艺。目前，三重搅拌釜、三重搅拌压力釜、接触器、高压均化器等润滑脂生产设备已经被广泛推广，使得润滑脂的生产效率得以大幅提升。随着润滑脂制备工艺流程日臻完善以及集散控制系统（DCS）过程控制体系的应用，润滑脂质量的稳定性和自动化程度也得到显著改善。

3.1 润滑脂制备工艺分类

在润滑脂工艺流程设计中，一般是1个常压炼制釜需配置1~2个混合釜（成品釜）；1个接触器或压力釜需配置2~3个混合釜。润滑脂的生产周期长短，更多取决于后期在混合釜或成品釜中降温、过滤、分散、加剂、脱气等步骤。为了提高生产效率，满足不同外观、牌号或不同添加剂组分的润滑脂生产过程需求，最大限度减少产品切换时清洗设备造成的工时浪费，可采取1台或多台炼制设备配置多个混合设备的组合设计。

3.1.1 常压釜法

常压釜制备工艺，是润滑脂生产最早期和应用最普遍的生产方式。由于常压釜具有制作费用低、便于观察的优点，因而被广泛使用。一种典型的常压炼制釜制备工艺流程见图3-1。常压釜制备工艺与压力法生产相比，其生产周期长、能耗相对较高。

3.1.2 接触器或压力釜法

接触器加热面积大，升温快，其特有的搅拌方式决定了稠化材料反应充分，因而生产周期短。但是，接触器搅拌方式又限制了其不能生产稠度

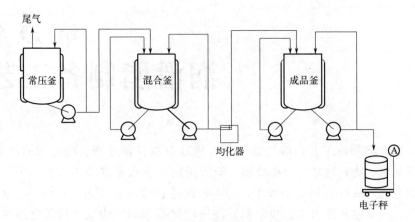

图 3-1　常压炼制釜制备工艺流程

大、黏度大的产品。压力釜制备工艺与常压釜制备工艺相比，因炼制周期短，故而可以显著降低生产周期。同时，还弥补了接触器制备工艺不能生产稠度大、黏度大产品的缺陷，是目前较为理想的制备工艺。接触器或压力釜典型制备工艺见图 3-2。

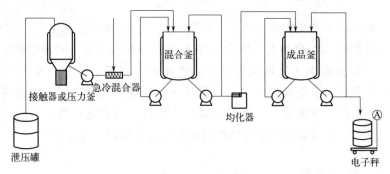

图 3-2　接触器或压力釜制备工艺流程

3.1.3　预制皂法

将脂肪酸、碱在水中加热皂化后，脱水、干燥、粉碎或采用离心装置脱水得脂肪酸金属皂粉，再将皂粉溶于基础油中，经过炼制等工艺过程得到润滑脂成品。该工艺可适合于生产酯类油润滑脂等产品；因酯类油遇水分解，采用该工艺生产时可避免酯类油与水接触。此外，近年来使用预制聚脲粉制备聚脲润滑脂，也得到了长足发展。

3.2 皂基润滑脂制备工艺

皂基润滑脂约占润滑脂的产量90%。除使用最为广泛的锂基润滑脂外，皂基润滑脂还包括钙基润滑脂、无水钙基润滑脂、锂-钙基润滑脂等单皂基润滑脂，以及复合钙、复合磺酸钙、复合锂、复合铝等复合润滑脂。不同皂基润滑脂采用何种制备工艺，与所产润滑脂的品种、批量、规模等密切相关。尽管许多企业的制备工艺流程大致相同，但在具体工艺参数控制上仍然存在较大的差异。

3.2.1 无水钙基润滑脂

(1) 产品配方

生产无水钙基润滑脂，主要是以12-羟基硬脂酸钙皂作为稠化剂。为了改善产品的抗氧化以及极压、抗磨等性能，需要加入各种功能添加剂，以满足使用工况的要求。生产无水钙基润滑脂的配方，见表3-1。

表 3-1 无水钙基润滑脂参考配方

序号	原料名称	投料量/%
1	12-羟基硬脂酸	9.2
	氢氧化钙	当量
	二苯胺	0.5
	二壬基萘磺酸钡	0.5
	HVI500 基础油	余量
2	12-羟基硬脂酸	11.4
	氢氧化钙	当量
	二苯胺	0.4
	14 号环烷油	余量
3	12-羟基硬脂酸	10.0
	氢氧化钙	当量
	二苯胺	0.4
	二烷基二硫代氨基甲酸钼	1.0
	HVI500 基础油	余量
4	12-羟基硬脂酸	18
	氢氧化钙	当量
	对二辛基二苯胺	0.5
	基础油	余量

（2）制备机理

通过 12-羟基硬脂酸与氢氧化钙进行皂化反应，可以得到 12-羟基硬脂酸钙皂：

$$2CH_3(CH_2)_5CH(OH)(CH_2)_{10}COOH + Ca(OH)_2 \longrightarrow [CH_3(CH_2)_5CH(OH)(CH_2)_{10}COO]_2Ca + 2H_2O$$

无水钙基润滑脂，是以 12-羟基硬脂酸钙皂作为稠化剂。对于无水钙基脂纤维结构来说，钙皂分子间氢、氧原子之间有氢键存在，即：

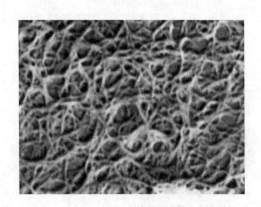

在电子显微镜下，可以观察无水钙基润滑脂的纤维结构。可以看出，与锂基润滑脂呈现的双条纤维状不同，无水钙在显微镜下呈现单条纤维网状的结构特征。无水钙基润滑脂显微结构见图 3-3。

![图 3-3]

图 3-3 无水钙基润滑脂显微结构

在无水钙基脂生产中，水是皂化反应的促进剂以及稠化剂结构的胶溶剂，而控制皂纤维中水的含量是至关重要的。因此，确定适宜的脱水温度就显得尤为关键。脱水温度的过低，会使得皂纤维结构中胶溶剂的含量过高，降低了皂-油之间的吸附力，可导致成品稠度和胶体安定性的降低。若脱水温度的过高，则会破坏皂纤维结构间的氢键骨架结构，最终也将导致润滑脂稠度和胶体安定性的降低。通常脱水温度选择125～140℃，最佳脱水温度应控制在110～120℃更有利于形成稳定的皂-油体系。

(3) 工艺流程

常压釜工艺：首先在釜内加入适量基础油，然后将12-羟基硬脂酸、氢氧化钙和一定量的水加入炼制釜中。混合升温并开始皂化反应，使酸、碱反应完全。继续缓慢升温至135～145℃后，保持一定时间。加入剩余基础油降至一定温度后，保温30min，控制形成稳定的皂纤维结构。当温度降至90℃以下时，加入各种添加剂。使用均质机处理并脱气。经过灌装得到成品。无水钙基润滑脂常压釜制备工艺流程，见图3-4。

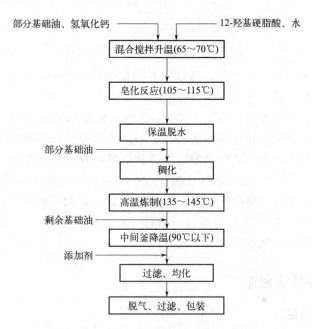

图 3-4 无水钙基润滑脂常压釜制备工艺流程

压力釜工艺：将12-羟基硬脂酸、氢氧化钙、1/3～2/3的基础油投入压力釜中。加入适量水，搅拌混合。升温至110～120℃，压力釜内压力为0.20～0.35MPa，保持温度并持续搅拌30～50min。泄压。持续升温至125～140℃，并保持温度4～8min后停止加热。将剩余的基础油加入到压力釜内，持续搅拌25～35min。物料经过滤器倒釜过滤，在混合釜内冷却至80～100℃。加入添加剂。再经过搅拌、研磨、脱气和包装后得成品。无水钙基润滑脂压力釜制备工艺流程见图3-5。

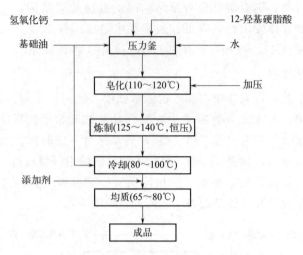

图 3-5 无水钙基脂压力釜制备工艺流程

压力釜生产无水钙基脂，可以明显地提高生产效率，并能有效解决常压釜生产时发生的"气泡涨罐"问题。

纳米氢氧化钙油性分散体工艺：将部分矿物基础油和 12-羟基硬脂酸投入反应釜中，在搅拌同时升温至 80～90℃。待 12-羟基硬脂酸在基础油中彻底融化后，加入纳米氢氧化钙油性分散体，继续搅拌并升温至 60～110℃。开始皂化反应 5～30min。继续升温至 100～130℃进行脱水，脱水完全后加入部分矿物基础油。缓慢升温至 130～150℃进行炼制，恒温 5min。酸碱完全反应后，加入部分矿物基础油，进行冷却。降温至 80℃，加入添加剂。搅拌均匀，均化脱气处理，制得成品。

3.2.2 锂基润滑脂

(1) 产品配方

锂基润滑脂是由天然脂肪酸锂皂，稠化中等黏度的矿物基础油或合成基础油得到的润滑脂。锂基润滑脂的性质，与脂肪酸的碳链长短有密切关系。对于正构碳氢链脂肪酸来说，用短链脂肪酸所制备的产品析油量大；用长链脂肪酸所制备的产品析油量虽小，但稠化能力下降。目前主要使用 12-羟基硬脂酸和硬脂酸，来作为生产锂基润滑脂的稠化剂原料。锂基润滑脂基础油种类多，除各类矿物基础油外，合成基础油如聚 α-烯烃、硅油、酯类油等也被广泛应用。常用的添加剂主要有抗氧剂、金属钝化剂、防锈剂、结构改善剂、极压抗磨剂、增黏剂、染色剂。通过锂皂稠化剂与不同基础油、不同添加剂的合理配伍，可以得到满足不同性能要求的产品。锂基润滑脂产品参考配方见表 3-2。

表 3-2 锂基润滑脂参考配方

序号	原料名称	投料量/%
1	12-羟基硬脂酸	8.8
	硬脂酸	2.2
	氢氧化锂	1.6
	500SN 基础油	余量
2	12-羟基硬脂酸	8.3
	氢氧化锂	1.2
	500SN 基础油	余量
3	硬脂酸	12.0
	氢氧化锂	1.8
	PAO10 基础油	余量
4	12-羟基硬脂酸	8.0
	硬脂酸	1.0
	氢氧化锂	1.3
	二苯胺	0.5
	聚甲基丙烯酸酯	3.0
	650SN	余量
5	12-羟基硬脂酸	7.5
	硬脂酸	4.0
	氢氧化锂	1.7
	硫化烯烃	2.2
	磷酸三甲酚酯	1.6
	二苯胺	0.4
	2-萘酚	0.3
	1,2,3-苯并三氮唑	0.05
	500SN 基础油	余量
6	12-羟基硬脂酸	8.0
	氢氧化锂	1.1
	二苯胺	0.5
	石油磺酸钡	0.5
	500SN 基础油	余量
7	12-羟基硬脂酸锂皂粉	4.5
	二苯胺	0.2
	硫化异丁烯	1.0
	二壬基萘磺酸钡	1.0
	气相二氧化硅粉	3.0
	500N 基础油	余量

序号	原料名称	投料量/%
8	硬脂酸锂皂粉	6.0
	二苯胺	0.4
	气相二氧化硅粉	2.0
	微米级 PTFE 粉	3.0
	PAO 6 基础油	余量
9	12-羟基硬脂酸锂皂粉	7.0
	硬脂酸锂皂粉	3.0
	二烷基二硫代磷酸锌	0.3
	二烷基二硫代氨基甲酸锑	0.3
	膨胀石墨	0.2
	纳米铜粉	0.2
	纳米碳酸钙	0.2
	纳米二硫化钼	0.4
	二异辛基二苯胺	0.2
	2-萘酚	0.2
	二壬基萘磺酸钡	1.0
	苯并三氮唑	0.03
	烷基硫代磷酸盐	0.2
	矿物基础油	余量
10	12-羟基硬脂酸锂	12.0
	二烷基二苯胺	1.0
	纳米氧化铈	2.0
	基础油	余量
11	硬脂酸锂	8.0
	2,6-二叔丁基对甲苯酚	0.5
	纳米氧化锆	1.5
	基础油	余量
12	12-羟基硬脂酸	10.0
	氢氧化锂	1.4
	抗氧剂	0.5
	防锈剂	1.5
	极压抗磨剂	2.5
	烷基萘基础油	余量
13	12-羟基硬脂酸锂	9.0
	硫化烯烃	1.0
	磷酸盐	1.0
	磷酸酯	0.5
	二苯胺	0.4
	1,2,3-苯并三氮唑	0.05
	石油磺酸钡	1.0
	基础油(石蜡基：环烷基=7：3)	余量

序号	原料名称	投料量/%
14	12-羟基硬脂酸皂粉	5.0
	2,6 二叔丁基对甲酚	0.5
	亚磷酸二正丁酯	1.0
	石油磺酸钡	1.0
	疏水型气相二氧化硅	3.0
	基础油	余量
15	12-羟基硬脂酸	10.0
	单水氢氧化锂	1.5
	N-苯基-α-萘胺	0.5
	环烷酸锌	1.5
	含 S、P、N 极压抗磨剂	2.5
	烷基萘基础油	余量

(2) 制备机理

12-羟基硬脂酸、硬脂酸分别与氢氧化锂发生皂化反应，可以得到脂肪酸锂皂：

$$CH_3(CH_2)_5CH(OH)(CH_2)_{10}COOH + LiOH \longrightarrow CH_3(CH_2)_5CH(OH)(CH_2)_{10}COOLi + H_2O$$

$$CH_3(CH_2)_{16}COOH + LiOH \longrightarrow CH_3(CH_2)_{16}COOLi + H_2O$$

锂基润滑脂的稠化剂是由脂肪酸与氢氧化锂制备得到的金属有机盐，其一端具有极性基团，另一端具有非极性烃基基团。通过红外光谱分析，锂基润滑脂在约 $1580cm^{-1}$ 和 $1560cm^{-1}$ 处呈现 12-羟基硬脂酸锂强谱带。红外谱图中位于 $1610\sim1560cm^{-1}$ 是脂肪酸锂的 O—Li 反对称伸缩振动吸收峰，位于 $1440\sim1360cm^{-1}$ 是脂肪酸锂的 O—Li 对称伸缩振动吸收峰。锂在周期表中和氢同属于ⅠA族元素，半径较小，都容易失去一个电子形成 1^+ 价离子，是最接近氢的类似物。锂可以取代形成氢键的氢形成相互作用。在锂的一些化合物中，确有类似于氢键相互作用的存在，合理地可称为"锂键"。在 12-羟基硬脂酸锂双锂分子间，均存在如下缔合形式：

锂基润滑脂的稠化剂是由脂肪酸与氢氧化锂制备得到的金属有机盐。其分子结构中，一端具有极性基团，另一端具有非极性烃基基团。稠化剂纤维是稠化剂分子的聚集体，其生长过程是稠化剂分子有序排列的结晶过程。稠化剂分子间作用力，主要是离子键、氢键与范德瓦耳斯力。

锂基润滑脂的制备，经过皂化反应、脱水、最高炼制温度、急冷、均化、过滤、罐装等过程。各关键阶段，皂纤维的变化及形成过程见图3-6。在高温下，金属锂皂稠化剂几乎能溶解于基础油中。随着温度的下降，首先出现晶核。晶核进一步成长的同时，在基础油中膨化，从而产生出纤维分散于基础油内。

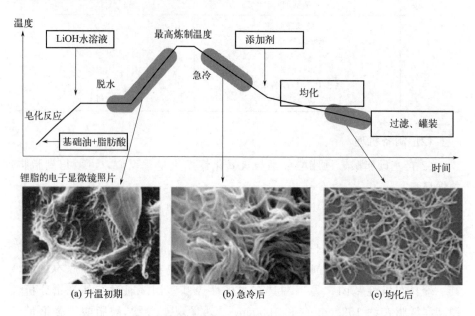

(a) 升温初期 (b) 急冷后 (c) 均化后

图3-6　锂基脂各阶段皂纤维的变化及形成过程

在离子键与范德瓦耳斯力作用下，硬脂酸锂分子排列较为规整，稠化剂纤维倾向形成规整棒状或者片状，见图3-7。在离子键、氢键与范德瓦耳斯力多重作用下，12-羟基硬脂酸锂分子发生倾斜或者扭转，稠化剂纤维倾向形成纽带状或者纽棒状，见图3-8。

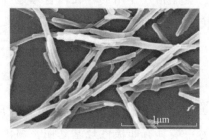

图3-7　硬脂酸锂纤维结构

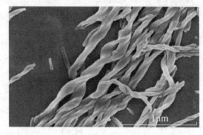

图3-8　12-羟基硬脂酸锂纤维结构

12-羟基硬脂酸锂基润滑脂的纤维结构，呈现双股纽带状。其纤维长度一般为 1～100μm、宽度 0.05～0.5μm。12-羟基硬脂酸锂基润滑脂纤维结构见图 3-9。

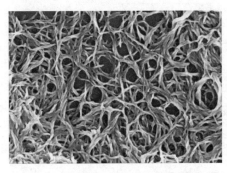 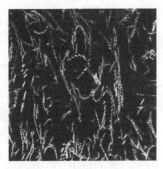

(a) 扫描电子显微镜(SEM)   (b) 原子力显微镜(AFM)

图 3-9 锂基润滑脂纤维结构

锂基润滑脂骨架结构皂中纤维的大小、数目、形状、本身强度等，均与皂纤维接触点的强度有直接的关联。

(3) 工艺流程

常压釜制备工艺：启动常压炼制釜搅拌。将部分基础油打入釜中，并升温至 70～80℃。投入各种脂肪酸，再投入预先溶于水的氢氧化锂溶液。在 105～110℃皂化 3h。皂化结束后加入基础油继续升温。在 150～160℃时，加入抗氧剂，并升至最高炼制温度 200～220℃。在此温度下保持一定时间开始急冷操作。

根据工艺要求，急冷方式采取倒釜急冷、急冷倒釜和在线急冷等形式。

①倒釜急冷：事先将部分基础油先打入混合釜中，然后再将高温物料倒入同一混合釜中，同时进行冷却降温、搅拌混合。

②急冷倒釜：在最高炼制温度下，将部分基础油打入常压炼制釜中，同时进行降温、搅拌混合。降至一定温度后，将物料倒入混合釜。

③在线急冷：将高温物料与部分基础油（也称急冷油）同时经急冷混合器倒入混合釜。通过调节急冷油的流量，来控制急冷混合器的出口温度，在混合釜中进一步搅拌混合。

物料在混合釜中降温、过滤、检测锥入度并用部分基础油调整稠度。用均质机将物料均化，均化压力控制在 18～22MPa（也可通过三辊研磨机、剪切器、胶体磨等进行分散）。在工艺要求温度下，加入其他各类添加剂。

锥入度合适后，灌装成品。锂基润滑脂常压釜制备工艺流程见图 3-10。

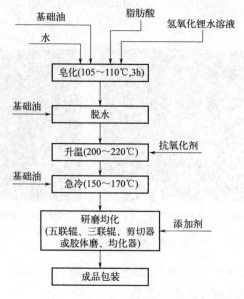

图 3-10　锂基润滑脂常压釜制备工艺流程

接触器制备工艺：启动接触器搅拌系统，将部分基础油、脂肪酸、单水氢氧化锂和水投入接触器。密封系统，然后升温升压。升至压力至 0.4～0.6MPa，保持 10～60min。恒温恒压结束后，缓慢泄压并升温，直至泄压为 0。加入升温油，继续升温至最高炼制温度 215～225℃。后续急冷及后处理工艺等，与常压釜生产锂基润滑脂工艺基本一致。

压力釜制备工艺：启动压力釜搅拌，将部分基础油、脂肪酸、单水氢氧化锂、水投入压力釜。密封系统，然后升温升压。升至压力为 0.4～0.6MPa，保持 30～90min。恒温恒压结束后，缓慢泄压并升温，直至压力为 0。加入升温油，然后继续升温至最高炼制温度 215～225℃。后续急冷及后处理工艺等，与常压釜生产锂基润滑脂工艺基本一致。

3.2.3　锂-钙基润滑脂

（1）产品配方

锂-钙基润滑脂是一种由脂肪酸锂-钙混合皂，稠化基础油并加入各种添加剂所制得的润滑脂。氢氧化锂与氢氧化钙在 9∶1～1∶10 宽范围内，可制成以锂皂为主体的锂-钙基润滑脂，或以钙皂为主体的锂-钙基润滑脂。与普通锂基脂比较，在锂钙比为 7∶1～3∶1 的较高锂含量条件时，所得锂-钙基润滑脂既可满足润滑脂的高温性能、机械安定性，同时又可以改进产品的抗水性、胶体安定性和减磨性。锂-钙基润滑脂产品参考配方见表 3-3。

表 3-3　锂-钙基润滑脂参考配方

序号	原料名称	投料量/%
1	12-羟基硬脂酸	7.0
	氢氧化锂	0.9
	氢氧化钙	0.3
	二苯胺	0.5
	亚磷酸酯	3.0
	苯三唑脂肪胺盐	2.0
	无规聚丙烯	2.0
	400SN	64.0
	150BS	余量
2	12-羟基硬脂酸	9.0
	单水氢氧化锂	0.9
	氢氧化钙	0.4
	二苯胺	0.5
	HVI500	70.0
	150BS	余量
3	12-羟基硬脂酸	6.5
	氢化蓖麻油	1.3
	氢氧化钙	0.15
	单水氢氧化锂	1.0
	N-苯基-α-萘胺	0.4
	防锈复合剂	3.0
	HVI500	余量

(2) 制备机理

12-羟基硬脂酸分别与氢氧化锂、氢氧化钙发生皂化反应，可以得到脂肪酸锂、脂肪酸钙的混合皂：

$$CH_3(CH_2)_5CH(OH)(CH_2)_{10}COOH + LiOH \longrightarrow CH_3(CH_2)_5CH(OH)(CH_2)_{10}COOLi + H_2O$$

$$2CH_3(CH_2)_5CH(OH)(CH_2)_{10}COOH + Ca(OH)_2 \longrightarrow [CH_3(CH_2)_5CH(OH)(CH_2)_{10}COO]_2Ca + 2H_2O$$

12-羟基硬脂酸钙的熔点为 151℃，12-羟基硬脂酸锂熔点为 202～208℃。在锂-钙基润滑脂中，实际上是通过锂皂的极化作用，锂皂充当了胶凝剂，使钙皂结构重排形成共晶体，而脂的滴点也得到升高。锂-钙基脂不是锂皂与钙皂的简单机械混合，而是钙皂分子深入到锂皂纤维内部，其中部分钙离子取代了锂离子，形成了以锂皂晶体为骨干，钙离子添补空位的混晶。锂-钙皂是一种混晶，一个钙离子需带两个负离子，使得晶体纤维不太整齐，但仍保持锂皂纤维的形状和大小。

在实际成脂过程中，皂化完成后，进行脱水升温。若想得到满意的皂纤维结晶，则必须提高成脂温度，使混合皂中锂皂成为游离的锂皂分子再冷却下来。当达到最高成脂温度后，急冷速度则决定着晶体纤维的形成状态。因此，若锂-钙基脂冷却速度过快，会使钙皂分子重新聚集成颗粒状从而失去其固有的稠化能力。控制急冷速度是成脂的关键。影响锂-钙基脂胶体结构稳定性的关键因素，是皂纤维之间的氢键和纤维的晶体结构。

当达到最高成脂温度后，急冷速度则决定着晶体纤维的长短。若锂-钙基脂冷却速度过快，会使钙皂分子重新聚集成颗粒状而失去稠化能力。在180～196℃的急冷温度范围内，随急冷温度的下降，形成的皂纤维平均直径和长径比变小，延长工作锥入度（10^5 次）与工作锥入度差值减小，抗剪切能力逐渐提高。在182～183℃时达到最佳。当温度继续降低，皂纤维长径比增大，延长工作锥入度（10^5 次）与工作锥入度差值反而增大。主要原因是钙皂与锂皂共结晶需要一定的能量，若温度过低，锂钙皂纤维排列和相互吸附所得到的能量太小，难以形成共晶网状结构，使钙皂以短小而细密的纤维结构单独存在，造成钙皂全部或部分失去稠化能力。

锂皂的纤维结构呈双股扭结在一起的绳状，纤维直径随着急冷温度的提高而变得粗大，扭结的程度趋于松散，每个扭结的单元长度和直径变大。钙皂呈长短不一的棒状结构，与锂皂纤维通过分子间极性键的吸引和键合，形成立体交织的共晶网状纤维结构。锂-钙基润滑脂的纤维结构见图3-11。

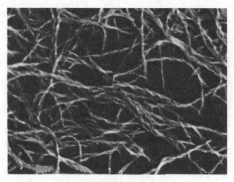

图 3-11　锂-钙基润滑脂纤维结构（AFM）

(3) 工艺流程

常压釜制备工艺：启动常压炼制釜搅拌，将1/3基础油打入常压炼制釜中。升温至 70～80℃后，先投入 12-羟基硬脂酸。然后，投入预先溶于水的氢氧化锂溶液、氢氧化钙悬浮液。继续升温。在 100～120℃皂化 2～4h。皂化结束后，将物料升温至 140～150℃。检测游离酸碱，控制在 0.15%～0.25%（NaOH 计）。游离碱合格后，加入 1/3 基础油继续升温，并加入二苯胺抗氧剂。升至最高炼制温度 200～215℃后，加入部分基础油急冷。降温后将物料倒入混合釜。物料在混合釜中降温、过滤。将均质机均化压力控制在 18～22MPa。加入其他添加剂，并循环、过滤、搅拌均匀。锥入度合适后，脱气。外观合格后，过滤、灌装成品。锂-钙基润滑脂的制备工艺流程见图 3-12。

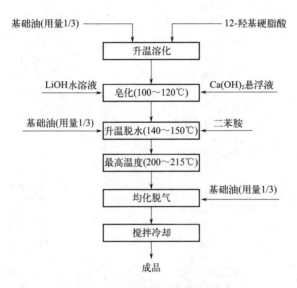

图 3-12　锂-钙基润滑脂制备工艺流程

接触器制备工艺：启动接触器搅拌。将部分基础油、脂肪酸、单水氢氧化锂和氢氧化钙、水投入接触器。密封系统，然后升温升压。压力升至为 0.4～0.6MPa，保持 30～90min。恒温恒压结束后，缓慢泄压并升温，直至压力为 0。加入升温油，继续升温。升至最高炼制温度 215～225℃。后续急冷及后处理工艺等，与常压釜生产锂-钙基脂工艺基本一致。

3.2.4　复合锂基润滑脂

（1）产品配方

复合锂基润滑脂，是由羟基脂肪酸锂皂与低分子酸锂盐复合而得的复合锂皂，稠化基础油并加入添加剂制备的润滑脂。12-羟基硬脂酸锂皂外，复合锂基润滑脂还含有低分子酸锂盐复合剂。这种复合剂至少包括一种 $C_4 \sim C_{12}$ 的二元有机酸，以及硼酸、水杨酸、对苯二甲酸等其他低分子量的无机酸盐或有机酸盐。复合锂基润滑脂产品参考配方见表 3-4。

表 3-4 复合锂基润滑脂参考配方

序号	原料名称	投料量/%
1	12-羟基硬脂酸	7.5
	癸二酸	2.5
	单水氢氧化锂	2.3
	二苯胺	0.5
	HVI 500	余量
2	12-羟基硬脂酸	12.0
	水杨酸	1.8
	硼酸	0.8
	氢氧化锂	当量
	氰脲酸三聚氰胺盐	3.0
	二壬基萘磺酸钡	0.5
	1,2,3-苯并三氮唑	0.1
	磷酸三甲酚酯	3.0
	二苯胺	1.0
	PAO 20	余量
3	12-羟基硬脂酸	12.0
	水杨酸	1.6
	硼酸	0.7
	氢氧化锂	当量
	二硫代氨基甲酸钼	3.0
	二壬基萘磺酸钡	2.0
	磷酸三甲酚酯	1.0
	2,6-二叔丁基对甲苯酚	1.0
	基础油	余量
4	12-羟基硬脂酸	9.0
	癸二酸	3.0
	氢氧化锂	2.6
	复合磺酸钙润滑脂	5.0
	N-苯基-α-萘胺	0.5
	高分子量聚丁烯	1.0
	二烷基二硫代氨基甲酸锌	0.5
	噻二唑衍生物(T561)	0.1
	基础油	余量

序号	原料名称	投料量/%
5	12-羟基硬脂酸	10.0
	癸二酸	5.0
	氢氧化锂	当量
	二苯胺	0.5
	二丁基二硫代氨基甲酸氧钼	0.5
	石油磺酸钡	1.5
6	12-羟基硬脂酸	12.0
	水杨酸	1.9
	硼酸	0.8
	单水氢氧化锂	4.1
	氰脲酸三聚氰胺盐	3.0
	二壬基萘磺酸钡	0.5
	1,2,3-苯并三氮唑	0.5
	磷酸三甲酚酯	3.0
	二苯胺	1.0
	PAO基础油	余量
7	12-羟基硬脂酸	7.6
	壬二酸	1.9
	氢氧化锂	2.0
	烷基二苯胺	0.5
	高分子量酚	0.5
	二烷基二硫代磷酸锌	1.0
	硫代磷酸三苯酯	1.0
	1,2,3-苯并三氮唑	0.05
	基础油	余量
8	12-羟基硬脂酸	9.0
	十二烷二酸	1.8
	氢氧化锂	0.6
	合成油	余量
9	12-羟基硬脂酸	8.3
	癸二酸	2.8
	硼酸	0.8
	氢氧化锂	3.0
	二苯胺	0.3
	石油磺酸钡	0.5
	1,2,3-苯并三氮唑	0.03
	二烷基二硫代氨基甲酸锑	1.5
	硫化烯烃棉籽油	1.0
	纳米铜粉	0.5
	基础油	余量

序号	原料名称	投料量/%
10	12-羟基硬脂酸	5.5
	癸二酸	2.2
	氢氧化锂	当量
	N-苯基-α-萘胺	0.5
	1,2,3-苯并三氮唑	0.05
	二烷基二硫代氨基甲酸盐	1.2
	聚 α-烯烃	余量
11	12-羟基硬脂酸	8.1
	苯甲酸	3.8
	氢氧化锂	当量
	石墨烯微粉	0.1
	基础油	余量
12	12-羟基硬脂酸锂	18.4
	壬二酸锂	7.8
	硼酸锂	1.1
	水杨酸锂	2.5
	基础油	余量

(2) 制备机理

二组分复合锂基润滑脂的稠化剂，是以羟基硬脂酸锂皂组分与一种低分子锂盐组通过共结晶，从而得到复合锂基润滑脂的纤维结构。羟基硬脂酸通常是12-羟基硬脂酸，低分子则包括壬二酸、癸二酸、十二碳二元酸、对苯二甲酸等。复合锂皂稠化剂的制备，包括以下化学反应：

12-羟基硬脂酸与氢氧化锂反应：

$$CH_3(CH_2)_5CH(OH)(CH_2)_{10}COOH + LiOH \longrightarrow CH_3(CH_2)_5CH(OH)(CH_2)_{10}COOLi + H_2O$$

壬二酸与氢氧化锂反应：

$$HOOC(CH_2)_7COOH + 2LiOH \longrightarrow LiOOC(CH_2)_7COOLi + 2H_2O$$

癸二酸与氢氧化锂反应：

$$HOOC(CH_2)_8COOH + 2LiOH \longrightarrow LiOOC(CH_2)_8COOLi + 2H_2O$$

十二碳二元酸与氢氧化锂反应：

$$HOOC(CH_2)_{10}COOH + 2LiOH \longrightarrow LiOOC(CH_2)_{10}COOLi + 2H_2O$$

对苯二甲酸与氢氧化锂反应：

$$HOOCC_6H_4COOH + 2LiOH \longrightarrow LiOOCC_6H_4COOLi + 2H_2O$$

二组分复合锂基润滑脂的滴点达 260℃ 以上。其优越的性能，是由于稠化剂中两种羧酸锂盐之间形成了缔合作用。相比锂基脂红外谱图，复合锂

基脂在 $3000\sim3400\mathrm{cm}^{-1}$ 范围内有 2 个强吸收峰，是 O 与 H 形成氢键的伸缩振动峰。随着制脂升温过程的进行，双吸收峰开始变短并靠近，直至最后变为在 $3320\mathrm{cm}^{-1}$ 处一个短的单吸收峰。对于 12-羟基硬脂酸和二元酸复合锂体系，氢键的关联程度决定体系的络合强度。强度越高，就具有越高的滴点和更好的高温性能。

己二酸、壬二酸、癸二酸和十二碳二元酸所制备的复合锂皂，均有氢键形成。相较其他二元酸复合锂皂，己二酸复合锂皂氢键长度较长，吸附能力较弱，故滴点较低。在受热或外界作用下，壬二酸和癸二酸复合锂皂分子形状变化率小，形成皂纤维结极吸附基础油不易流失，润滑脂滴点较高。十二碳二元酸复合锂基脂滴点也稍低一些。

快速加入氢氧化锂时，长链脂肪酸锂和小分子酸锂会各自独立形成锂键缔合体。此时，不能形成复合锂皂稠化剂，小分子酸锂如癸二酸锂是以白色颗粒状态析出。癸二酸锂缔合体结构如下：

$$
\begin{array}{c}
\text{Li—O} \qquad\qquad \text{O}\cdots\text{Li—O} \qquad\qquad \text{O} \\
\quad\big| \qquad\qquad\qquad \big|\qquad\quad\big| \qquad\qquad\qquad \big|\\
\text{C—(CH}_2)_8\text{—C} \qquad \text{C—(CH}_2)_8\text{—C} \\
\quad\big\| \qquad\qquad\qquad\qquad\qquad\qquad \big\|\\
\text{O} \qquad\qquad\quad \text{O—Li}\cdots\text{O} \qquad\qquad\qquad \text{O—Li}
\end{array}
$$

当缓慢加入氢氧化锂时，在 2 个 12-羟基硬脂酸锂与 1 个癸二酸锂之间，才会通过氢键形成如下氢键缔合体：

$$
\begin{array}{c}
\text{Li—O} \qquad\qquad\qquad\qquad\qquad\qquad\qquad \text{O—Li}\\
\quad\big|\qquad\qquad\qquad\qquad\qquad\qquad\qquad\qquad \big|\\
\text{C}\text{———————(CH}_2)_8\text{———————}\text{C}\\
\quad\big\|\qquad\qquad\qquad\qquad\qquad\qquad\qquad\qquad\big\|\\
\text{O}\qquad\qquad\qquad\qquad\qquad\qquad\qquad\qquad \text{O}\\
\quad\vdots \qquad\qquad\qquad\qquad\qquad\qquad\qquad\qquad \vdots\\
\text{HO}\qquad\qquad \text{O}\cdots\text{Li—O}\qquad\qquad \text{OH}\\
\quad\big|\qquad\qquad\qquad \big|\qquad\quad\big|\qquad\qquad\qquad\big|\\
\text{CH}_3\text{—(CH}_2)_5\text{—CH—(CH}_2)_{10}\text{—C}\qquad \text{C—(CH}_2)_{10}\text{—CH—(CH}_2)_5\text{—CH}_3\\
\qquad\qquad\qquad\qquad\qquad \big\|\qquad\qquad\qquad\big\|\\
\qquad\qquad\qquad\qquad\qquad \text{O—Li}\cdots\text{O}
\end{array}
$$

在皂化脱水阶段，复合皂就已经形成互相交织的螺旋状皂纤维结构；在高温炼制阶段，稠化剂与基础油之间的结合力最弱，在搅拌的作用下，皂纤维结构松弛并重新排列，由交织的螺旋状逐步变为取向基本一致的纤维束；在冷却阶段，随着体系的逐渐降温，复合锂皂纤维进行生长和重排，彼此联结、相互交织形成网络骨架结构；在均化等后处理过程中，通过外力剪切作用，进一步使复合皂均匀分散在基础油中，形成稳定的胶体体系。

复合锂基脂呈长绞拧状纤维，长 $2\sim5\mu m$，宽 $0.02\sim0.05\mu m$。采用扫描电镜（SEM），对 12-羟基硬脂酸锂与癸二酸锂制得复合锂基润滑脂进行观察，其微观纤维结构见图 3-13。

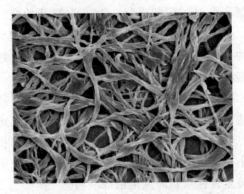

图 3-13　12-羟基硬脂酸锂-癸二酸锂复合锂基润滑脂的微观结构

　　在制备复合锂基脂的过程中，当越过 $180\sim190℃$ 的相变温度以后，不同的冷却速率对润滑脂结构的形态和大小有明显的影响。快速冷却得到的成品，皂纤维粗大且不均匀，螺旋形态不清晰。因纤维比表面积小，故而对基础油的束缚能力差，且皂纤维结构容易被破坏，结构安定性也差。缓慢冷却得到的成品，皂纤维均匀细长，螺旋形态清晰，形成的皂纤维直径较小。由于皂纤维生长排列的时间较长，使得纤维结构牢固，机械安定性也较好。

　　三组分复合锂基润滑脂，包括 12-羟基硬脂酸、小分子二元酸、硼酸等三种组分的复合锂基脂，以及 12-羟基硬脂酸、水杨酸、硼酸等三种组分的复合锂基脂。与两组分的复合锂基脂相比，三种组分复合锂基脂的滴点高，润滑性能更好，使用寿命更长。这主要与硼酸锂组分的特效润滑性，以及水杨酸锂特效抗氧性有关。

　　三组分复合锂皂稠化剂的制备，除 12-羟基硬脂酸、壬二酸或癸二酸与氢氧化锂的反应外，还包括硼酸、水杨酸分别与氢氧化锂的化学反应：

　　硼酸与氢氧化锂发生以下化学反应

$$H_3BO_3 + 3LiOH \longrightarrow Li_3BO_3 + 3H_2O$$

　　但是，由于高温下硼酸以四硼酸形式存在，所以硼酸与氢氧化锂的实际反应为：

$$4H_3BO_3 + 2LiOH \longrightarrow Li_2B_4O_7 + 7H_2O$$

水杨酸与氢氧化锂反应：

在 12-羟基硬脂酸锂、癸二酸锂、四硼酸锂同时存在时，可形成一个较为庞大的如下三组分复合锂基脂结构：

$$
\begin{array}{c}
\text{OLi} \\
\text{OLi} \quad \text{O—B—O} \quad \text{OLi} \\
CH_3-(CH_2)_5-CH-(CH_2)_{10}-C=O \rightarrow B \quad B \leftarrow O=C-(CH_2)_{10}-CH-(CH_2)_5-CH_3 \\
\text{O} \quad \text{O—B—O} \quad \text{O} \\
\text{H} \quad \text{OLi} \quad \text{H} \\
\text{O} \quad \text{O} \\
LiO-C \quad LiO-C \\
(CH_2)_8 \quad (CH_2)_8 \\
LiO-C \quad LiO-C \\
\text{O} \quad \text{O} \\
\text{H} \quad \text{H} \\
\text{O} \quad \text{OLi} \quad \text{O} \\
CH_3-(CH_2)_5-CH-(CH_2)_{10}-C=O \rightarrow B \quad B \leftarrow O=C-(CH_2)_{10}-CH-(CH_2)_5-CH_3 \\
\text{OLi} \quad \text{O—B—O} \quad \text{OLi} \\
\text{OLi}
\end{array}
$$

(3) 工艺流程

二组分复合锂基润滑脂常压釜制备工艺：启动常压炼制釜搅拌，将部分基础油与 12-羟基硬脂酸、二元羧酸加入常压炼制釜中。加热至 80～100℃熔化物料。慢速加入预先溶好的氢氧化锂溶液。在 100～120℃时进行皂化反应。皂化反应结束后继续升温。在一定温度下恒温并进行复合反应，恒温结束后继续升温。在 150～160℃检测游离酸碱并调整，控制在 0.06％～0.15％（以 NaOH 计）。继续升温至最高炼制温度 200～220℃，用部分基础油急冷。将物料倒入混合釜。物料在混合釜中降温、过滤，检测锥入度并用部分基础油调整稠度。将物料均化后倒入混合釜，均化压力控制在 18～22MPa。物料继续降温，在规定温度下加入添加剂，循环、过滤、搅拌均匀。锥入度合适后，脱气。外观合格后，过滤、灌装成品。二组分复合锂基润滑脂常压釜制备工艺流程见图 3-14。

二组分复合锂基润滑脂压力釜制备工艺：启动压力釜搅拌系统，将部分基础油、12-羟基硬脂酸、低分子酸、单水氢氧化锂及水投入到压力釜中。密闭系统升温至 130～150℃，升压至 0.3～0.6MPa。升温至一定温度后，

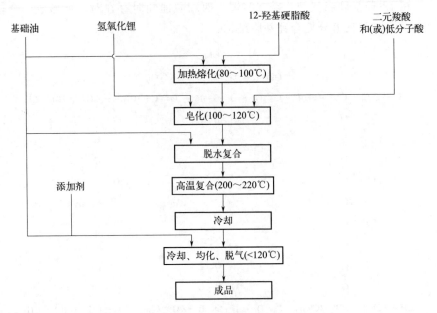

图 3-14　二组分复合锂基润滑脂常压釜制备工艺流程

恒温恒压皂化 0.5～2h。恒温恒压结束后开始泄压，直至压力为 0。在110～150℃复合温度下恒温，恒温结束后继续升温。升温至最高炼制温度215～220℃，用部分基础油急冷。将物料倒入混合釜，控制温度在 110～130℃。取样检测游离酸碱并调整，一般控制在 0.04%～0.10%（以 NaOH计）。物料在混合釜中进行降温、过滤，检测锥入度并用部分基础油调整稠度。均化压力控制在 18～22MPa。物料继续降温至 90～110℃。在规定温度下，加入添加剂。继续循环、过滤、搅拌。锥入度合适后，脱气。过滤、灌装得成品。二组分复合锂基润滑压力釜制备工艺流程见图 3-15。

　　二组分复合锂基润滑脂接触器制备工艺：启动接触器搅拌系统，将部分基础油、脂肪酸、低分子酸、单水氢氧化锂及水投入到接触器中，密闭系统升温升压。升温至一定温度后恒温恒压。恒温结束后升温升压至0.60MPa，恒温恒压 0.5～1h。恒温结束后开始升温泄压，泄压为 0 后继续升温。升温至最高炼制温度 215～220℃，用部分基础油急冷。将物料倒入混合釜。取样检测游离酸碱并调整，控制在 0.04%～0.10%（以 NaOH计）。物料在混合釜中进行循环、降温、过滤，检测锥入度并用部分基础油调整稠度。将物料均化倒入另一混合釜，均化压力控制在 18～22MPa。物料继续降温，在工艺要求温度下加入添加剂，继续循环、过滤、搅拌均匀。

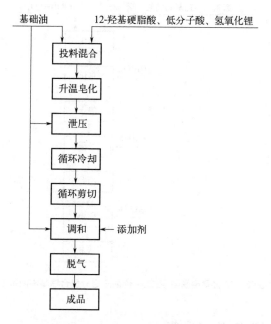

基础油　　　　12-羟基硬脂酸、低分子酸、氢氧化锂

投料混合

升温皂化

泄压

循环冷却

循环剪切

调和　←　添加剂

脱气

成品

图 3-15　二组分复合锂基润滑脂压力釜制备工艺流程

锥入度合适后，脱气。外观合格后，过滤、灌装成品。

由于接触器的结构与其搅拌形式，决定了该工艺仅能生产牌号不高于 2 号稠度且基础油黏度不太大的复合锂基润滑脂。

12-羟基硬脂酸-癸二酸-硼酸三组分复合锂基脂制备工艺：启动常压炼制釜搅拌，将部分基础油与 12-羟基硬脂酸、癸二酸加入常压炼制釜中。加热至 85℃，加入氢氧化锂水溶液。进行皂化反应。加 10％硼酸继续皂化反应。升温脱水，补加基础油。在 2h 内，将温度升至 210～220℃。加冷却油降温，再经研磨均化，加添加剂等工序后制得成品。12-羟基硬脂酸-癸二酸-硼酸三组分复合锂基脂制备工艺见图 3-16。

12-羟基硬脂酸-水杨酸-硼酸三组分复合锂基脂制备工艺：用 80～90℃的热水，将单水氢氧化锂配成碱液。在炼制釜，将 12-羟基硬脂酸加入到 1/2 基础油中，混合加热至 85～95℃。待 12-羟基硬脂酸溶解后，加入已备好氢氧化锂水溶液的 40％。控制皂化温度在 90～105℃，反应 0.5～1.0h。反应结束后，加入水杨酸和硼酸，搅拌均匀后加入剩余氢氧化锂水溶液。继续反应 1.0～1.5h。皂化反应结束后，开始升温。升温到 200～210℃后恒温。恒温结束后，加入基础油降温。150～160℃时加入抗氧剂。继续降温到 100℃以下后，依次加入其他添加剂。搅拌均匀后，经过研磨均化后灌装得成品。

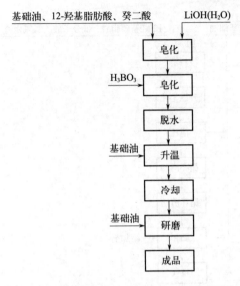

图 3-16　12-羟基硬脂酸-癸二酸-硼酸三组分复合锂基脂制备工艺

3.2.5　复合锂-钙基润滑脂

（1）产品配方

在复合锂基润滑脂中引入钙皂，制成了复合锂钙基润滑脂。复合锂-钙基润滑脂参考配方见表 3-5。

表 3-5　复合锂-钙基润滑脂参考配方

序号	原料名称	投料量/％
1	12-羟基硬脂酸锂	13.7
	12-羟基硬脂酸钙	2.9
	对苯二甲酸锂	3.4
	基础油	余量
2	12-羟基硬脂酸锂	9.7
	12-羟基硬脂酸钙	1.7
	癸二酸锂	3.6
	基础油	余量
3	12-羟基硬脂酸	8.5
	硼酸	0.3
	氢氧化锂	3.0
	氢氧化钙	0.3
	邻苯二甲酸酯	2.0
	环烷基矿物油	余量

序号	原料名称	投料量/%
4	12-羟基硬脂酸锂	4.2
	12-羟基硬脂酸钙	2.1
	癸二酸锂	2.2
	石墨烯	1.5
	二苯胺	0.6
	基础油	余量
5	12-羟基硬脂酸	9.0
	壬二酸	2.9
	氢氧化锂	2.3
	氢氧化钙	2.2
	二异辛基二苯胺	0.5
	HVI 500	余量
6	12-羟基硬脂酸	14.1
	癸二酸	2.0
	氢氧化锂	1.1
	氢氧化钙	0.2
	二苯胺	0.6
	二烷基二硫代磷酸锌	2.0
	矿物基础油	余量
7	12-羟基硬脂酸	9.5
	氢氧化钙	1.3
	己二酸	1.8
	氢氧化锂	3.0
	二异辛基二苯	0.5
	基础油	余量

(2) 制备机理

在二组分复合锂基脂中,通过引入钙皂可以制备复合锂-钙基脂。12-羟基硬脂酸、癸二酸分别与氢氧化锂反应,得到 12-羟基硬脂酸锂和癸二酸锂;12-羟基硬脂酸与氢氧化钙发生皂化反应,得到脂肪酸钙。复合锂-钙皂稠化剂的制备,包括以下化学反应:

12-羟基硬脂酸与氢氧化锂、氢氧化钙反应:

$$CH_3(CH_2)_5CH(OH)(CH_2)_{10}COOH + LiOH \longrightarrow CH_3(CH_2)_5CH(OH)(CH_2)_{10}COOLi + H_2O$$

$$2CH_3(CH_2)_5CH(OH)(CH_2)_{10}COOH + Ca(OH)_2 \longrightarrow [CH_3(CH_2)_5CH(OH)(CH_2)_{10}COO]_2Ca + 2H_2O$$

癸二酸与氢氧化锂反应：

$$HOOC(CH_2)_8COOH + 2LiOH \longrightarrow LiOOC(CH_2)_8COOLi + 2H_2O$$

复合锂-钙皂的晶体颗粒较小，结构紧密。其结构是以复合锂皂晶体为骨干，钙皂分子补缺空位形成的混晶结构，钙皂分子深入到复合锂皂的纤维内部。稠化剂各组分，形成了统一的共晶体。复合锂-钙基脂的纤维结构，是与复合锂基脂的纤维结构基本相似。其纤维结构见图 3-17。

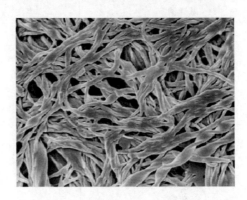

图 3-17　复合锂-钙基脂的纤维结构

在三组分复合锂基脂中，通过引入钙皂也可以制备复合锂-钙基脂。对于三组分的复合锂-钙基脂而言，以羟基脂肪酸-二元酸-硼酸组成的产品，综合效果较为理想。

(3) 工艺流程

二组分的复合锂-钙基脂制备工艺：在制脂釜中，加入基础油与 12-羟基硬脂酸。混合搅拌加热至 85℃，使 12-羟基硬脂酸全部溶解。加入用 3 倍碱量的水溶解的单水氢氧化锂和部分氢氧化钙混合物，在 85℃下皂化反应 40min。继续升温至 95℃。加入癸二酸，再缓慢加入含单水氢氧化锂水溶液，并反应 60min 以上。将物料升温至 215℃进行高温炼制。加入基础油，降温至 175℃并保温 15min。继续温度降至 85℃时，依次加入各种添加剂。循环剪切均化、脱气、过滤后得成品。

3.2.6　铝基润滑脂

(1) 产品配方

铝基润滑脂是双脂肪酸羟基铝皂稠化矿油制成。铝基润滑脂参考配方见表 3-6。

表 3-6　铝基润滑脂参考配方

序号	原料名称	投料量/%
1	硬脂酸	8.5
	异丙醇铝	3.0
	水	1.0
	HVI500 基础油	余量
2	二硬脂酸羟基铝	10.0
	PIB1300	12.0
	HVI650 基础油	余量
3	硬脂酸	8.0
	三异丙醇三氧铝	2.2
	T706	0.03
	斯苯-80	2.0
	4 号白油	余量

(2) 制备机理

由于 $Al(OH)_3$ 的碱性很弱，不能直接与脂肪酸皂化制成铝皂。传统制备铝基润滑脂的方法是采用复分解反应，即用 $Al_2(SO_4)_3$ 加入到 $C_{17}H_{35}COONa$ 水乳液中，使其置换成铝皂。该制备过程复杂，操作条件控制严格。尤其是 SO_4^{2-} 的残留，会对最终产品的防腐蚀性带来不利影响。因此，目前均采用使脂肪酸与有机活性铝直接进行反应，制备铝基润滑脂的稠化剂。

使用异丙醇铝制备铝皂时，需在硬脂酸与异丙醇铝反应后加水进行置换。生成羟基双铝皂的化学反应如下：

$$2C_{17}H_{35}COOH + Al(OCH-CH_3)_3 + H_2O \longrightarrow C_{17}H_{35}COO-Al-OOCC_{17}H_{35} + 3HOCH-CH_3$$

$$\underset{CH_3}{\quad} \qquad \underset{OH}{\quad} \quad \underset{CH_3}{\quad}$$

当用三异丙醇三氧铝（俗称三聚体铝）作为铝基润滑脂中铝元素的来源时，其制备过程不需要加水，反应温度易于控制，操作方便。化学反应如下：

$$\begin{array}{c} OR \\ | \\ Al \\ O \diagup \quad \diagdown O \\ RO-Al \quad Al-OR \\ \diagdown O \diagup \end{array} + 6C_{17}H_{35}COOH \longrightarrow 3C_{17}H_{35}COO-Al-OOCC_{17}H_{35} + 3ROH$$

$$\underset{OH}{\quad}$$

制备铝基润滑脂需要加入酸性物质，如过量的硬脂酸才能完成成脂过程。但是，加入不饱和酸的油酸和 12-羟基硬脂酸却不能增稠成脂。

（3）工艺流程

在炼制釜中加入基础油，分别将硬脂酸、异丙醇铝（或三异丙醇三氧铝）溶于基础油中。升温至 100℃时，异丙醇铝开始熔化。在不断搅拌下，将温度恒定在 110～115℃，反应 90min。缓慢加入定量水，将异丙醇置换出来，而后升温除去水分。加入剩余基础油，继续升温至 150～165℃，恒温 10～15min。开始冷却。冷却方式主要有两种：一种是盘式冷却，即将炼制釜内物料放置到托盘中进行静置冷却。托盘内润滑脂层一般为 5～10cm。另一种是转鼓冷却，即将炼制釜内物料通入一个缓慢转动的转鼓，鼓内通入冷却水，控制好转鼓的速度和冷却水的温度，以控制冷却后润滑脂的温度。完成冷却后，用三轴辊进行研磨，调整稠度。分析合格后，按要求进行包装。其制备工艺流程，见图 3-18。

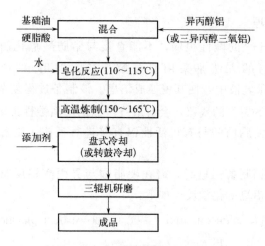

图 3-18　铝基润滑脂制备工艺流程

3.2.7　复合铝基润滑脂

（1）产品配方

复合铝基润滑以硬脂酸、苯甲酸和有机铝化合物反应生成的复合铝皂，稠化基础油制备的润滑脂。制备复合铝基润滑脂的是有机铝化合物，主要有异丙醇铝和三异丙醇三氧。生产复合铝基润滑脂的参考配方，见表 3-7。

表 3-7 复合铝基润滑脂参考配方

序号	原料名称	投料量/%
1	硬脂酸	4
	苯甲酸	3
	三异丙醇三氧铝	1.3
	二苯胺	0.5
	MVI600 基础油	余量
2	硬脂酸	4
	邻苯二甲酸	3
	三异丙醇三氧铝	1.3
	二辛基二苯胺	0.5
	MVI600 基础油	余量
3	硬脂酸	6.8
	苯甲酸	1.5
	异丙醇铝三聚体	3.7
	二异辛基二苯胺	0.4
	石墨烯	0.8
	基础油	余量
4	硬脂酸	7.0
	苯甲酸	3.4
	异丙醇铝	13.4
	水	1.6
	二壬基萘磺酸钡	2
	聚异丁烯	6
	HVI650	余量
5	硬脂酸	3.6
	苯甲酸	1.6
	异丙醇铝	2.7
	水	1
	硫化异丁烯	1
	苯三唑脂肪酸胺盐	0.6
	吩噻嗪	0.4
	PAO 10	余量

(2) 制备机理

使用异丙醇铝制备复合铝皂时，需在硬脂酸、苯甲酸与异丙醇铝反应后加水进行置换，化学反应如下：

$$\text{C}_{17}\text{H}_{35}\text{COOH} + \text{Al}(\text{OCH-CH}_3)_3 + \text{HOOCC}_6\text{H}_6 + \text{H}_2\text{O} \longrightarrow \text{C}_{17}\text{H}_{35}\text{COO-Al-OOCC}_6\text{H}_6 + 3\text{HOCH-CH}_3$$

采用三异丙氧基三氧铝制备复合铝皂，则是由硬脂酸、苯甲酸与三异丙氧基三氧铝直接反应得到：

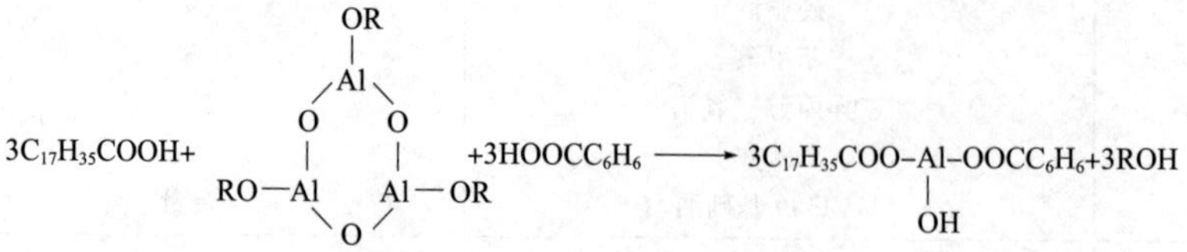

$$3C_{17}H_{35}COOH+ \quad \begin{array}{c} OR \\ | \\ Al \\ O \quad O \\ | \quad | \\ RO—Al \quad Al—OR \\ O \end{array} \quad +3HOOCC_6H_6 \longrightarrow \begin{array}{c} 3C_{17}H_{35}COO—Al—OOCC_6H_6+3ROH \\ | \\ OH \end{array}$$

式中，R 代表异丙基，即 $\begin{array}{c} —CH—CH_3 \\ | \\ CH_3 \end{array}$。

上述两种反应机理区别在于：采用异丙醇铝时需加水置换出一个异丙氧基，而三异丙氧基三氧铝不需加水。

与其他皂基脂一样，复合铝皂含有长碳链烃基和羧基。因此，复合铝基润滑脂具有金属皂基润滑脂的基本结构。但是，由于铝 $^{3+}$ 价的特殊化合价，使得其结构上更具有特殊性。复合铝基脂稠化剂分子中每个铝原子被 3 个配位键与 3 个共价键所包围，依靠配位键、氢键、范德瓦耳斯力等作用力使皂纤维结构稳定。复合铝皂纤维，通过铝皂分子上羟基的氧原子与另一个铝皂分子的铝原子进行配位，形成如下—Al—O—的长链结构：

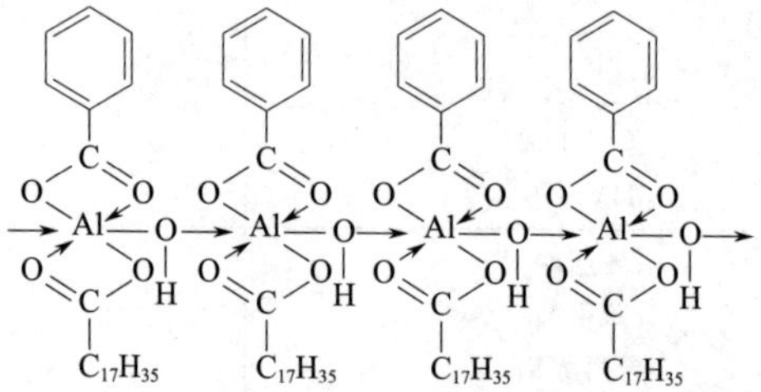

复合铝皂稠化剂的皂纤维的行为可以理解成聚合物，在受热时皂纤维受热解聚并分散于基础油中，冷却后聚合结构又重新形成，通过聚合键继续集合。复合铝皂的特征吸收峰为波数 $1565 \sim 1610 cm^{-1}$ 的三重峰和 $3670 cm^{-1}$ 左右的羟基峰，其中 $1565 \sim 1610 cm^{-1}$ 的三重峰为两个苯甲酸盐和一个硬脂酸盐的重叠。

复合铝稠化剂为珠串型结构，呈圆片状的纤维直径为 $0.05 \sim 0.1 \mu m$。复合铝基润滑脂的纤维结构见图 3-19。

(3) 工艺流程

① 异丙醇铝法制备工艺。启动常压炼制釜搅拌，将部分基础油、硬脂酸、苯甲酸、异丙醇铝加入常压炼制釜进行反应。待反应结束后将物料升

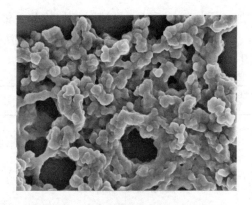

图 3-19　复合铝基脂纤维结构（SEM）

温。加水置换，然后继续升温。升至最高炼制温度后，恒温 1～1.5h。恒温结束后，将物料倒入混合釜。物料在混合釜内降温、过滤、均化。检测锥入度并用基础油调整稠度。在规定温度下加入添加剂，循环、过滤、搅拌均匀。锥入度合适后，脱气。外观合格后，过滤、灌装成品。其制备工艺流程见图 3-20。

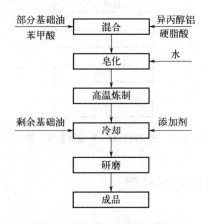

图 3-20　异丙醇铝法制备工艺流程

②　三异丙氧基三氧铝法制备工艺。启动常压炼制釜搅拌，将部分基础油、硬脂酸、苯甲酸、三异丙氧基三氧铝加入常压炼制釜，在 $100～130℃$ 温度下进行反应。待反应结束后升温。在一定温度下恒温 5～15min（此时可加入少量水以消除过量三异丙氧基三氧铝等），然后继续升温。升至最高炼制温度 $190～220℃$，恒温 1～1.5h。恒温结束后，将物料倒入混合釜。物料在混合釜内降温、过滤、均化。检测锥入度并用基础油调整稠度。在

90～110℃温度下加入添加剂，循环、过滤、搅拌均匀。锥入度合适后，脱气。外观合格后，过滤、灌装成品。三异丙氧基三氧铝法生产复合铝基脂的工艺流程，见图 3-21。

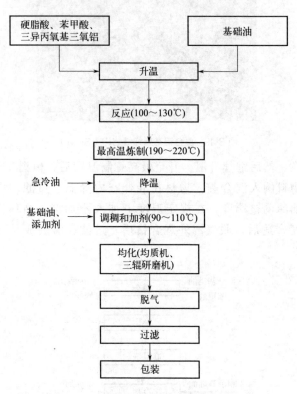

图 3-21　三异丙氧基三氧铝法制备工艺流程

3.2.8　复合磺酸钙基润滑脂

(1) 产品配方

复合磺酸钙基润滑脂是以高碱值磺酸钙皂、脂肪酸钙皂及其他皂复合，稠化高黏度精制基础油，并添加添加剂而制成。产品参考配方见表 3-8。

表 3-8　复合磺酸钙基润滑脂参考配方

序号	原料名称	投料量/%
1	超高碱值合成磺酸钙	47.0
	乙醇	3.5
	乙酸	1.0

序号	原料名称	投料量/%
1	硼酸	2.5
	12-羟基硬脂酸	3.6
	氢氧化钙	2.0
	二苯胺	0.5
	硫化异丁烯	1.0
	非硫磷型有机钼	1.8
	PAO 10	26.0
	150BS	余量
2	超高碱值合成磺酸钙	40.0
	乙酸	1.0
	硼酸	1.8
	壬二酸	1.5
	氢氧化钙	0.4
	二苯胺	1.5
	苯并三氮唑	0.3
	苯三唑十八胺盐	1.0
	硫化异丁烯	1.0
	二烷基三硫化物	0.3
	HVI 500	余量
3	合成磺酸钙(400TBN)	41.4
	碳酸钙	7.9
	异丙醇	3.2
	水	4.7
	十二烷基苯磺酸	1.3
	12-羟基硬脂酸	3.0
	冰醋酸	0.3
	磷酸	2.0
	氢氧化钙	2.3
	MVI500	余量
4	高碱值磺酸钙(400mgKOH/g)	50.0
	烷基苯磺酸	12.0
	二辛基二苯胺	0.8
	改性纳米碳酸钙	1.3
	纳米 WS_2	0.8
	超细镍粉	1.6
	HVI500	余量
5	高碱值合成磺酸钙(380mgKOH/g)	20
	冰醋酸	0.1
	辛二醇	2.0

序号	原料名称	投料量/%
5	氢氧化钙	1.0
	硼酸	0.1
	2,6-二叔丁基对甲苯酚	0.5
	亚磷酸二正丁酯	1.0
	二烷基二硫代氨基甲酸钼	1.0
	150BS	余量
6	高碱值合成磺酸钙	60.0
	硬脂酸	2.0
	硼酸钙	1.0
	乙酸	1.0
	氢氧化钙	1.0
	硫代二丙酸双十二醇酯	0.5
	5号白油	余量
7	高碱值合成烷基苯磺酸钙	35.0
	辛二醇	1.0
	水杨酸	1.8
	氢氧化钙	0.2
	二苯胺	0.5
	矿物基础油	余量
8	高碱值磺酸钙盐	35.0
	乙二醇	0.2
	乙酸	0.3
	水	2.5
	12-羟基硬脂酸	1.2
	硼酸	0.8
	氢氧化钙	1.3
	聚异丁烯	3.0
	硫化异烯烃	1.5
	硫磷双辛基碱性锌盐	2.0
	2,6-二叔丁基苯酚	0.6
	合成基础油	余量
9	高碱值磺酸钙	60.0
	12-羟基硬脂酸	4.0
	水	4.0
	正丁醇	1.7
	十二烷基苯磺酸	1.0
	苯硼酸	1.8
	氢氧化钙	1.2
	亚磷酸二正丁酯	2.0

序号	原料名称	投料量/%
9	N-苯基-α-萘胺	0.6
	聚甲基丙烯酸酯	6
	矿物基础油	余量
10	高碱值磺酸钙	25.6
	水杨酸	2
	硼酸	1
	醋酸	1
	氢氧化钙	1.3
	辛二醇	0.1
	N-苯基-α-萘胺	0.5
	二烷基二硫代磷酸钼	1.8
	HVI650	余量
11	高碱值合成磺酸钙	40.0
	冰醋酸	2.0
	乙醇	2.5
	异丙醇	0.5
	硼酸	2.0
	12-羟基硬脂酸	3.0
	氢氧化钙	2.0
	二苯胺	0.6
	MVI650	余量
12	高碱值合成磺酸钙	45.0
	水	10.5
	12-羟基硬脂酸	1.3
	氢氧化钙	0.8
	MVI500	余量

(2) 制备机理

复合磺酸钙基润滑稠化剂的制备，主要是将牛顿流体高碱值磺酸钙转化成非牛顿流体磺酸钙的过程。高碱值磺酸钙是烷基苯磺酸钙的正盐，与无定型碳酸钙颗粒的复合体。高碱值磺酸钙的结构式为 $(R—C_6H_4—SO_3)_2Ca \cdot xCaCO_3$，其中，R 为 C12～C30（或 C16～C24）的烷基，$x \leqslant 40$。高碱值磺酸钙有高碱值石油磺酸钙与高碱值合成磺酸钙两种，一般要求碱值为 $300 \sim 400mgKOH/g$。

无定形的碳酸钙颗粒被磺酸钙包裹，形成稳定的胶粒溶于油中。包裹在烷基磺酸钙之内的无定形碳酸钙颗粒，其粒径小于 100nm。这种油溶性的高碱值磺酸钙，不具有润滑脂的外观和触变性能。高碱性磺酸钙在一定条件下，通过活性氢化物转化后，不仅外观变黏稠，而且内部的碳酸钙晶型也发生了根本的变化。活性氢转化剂主要包括低分子脂肪酸、水、醇、酚、酮、胺、硼酸、磷酸等。在转化剂的作用下，牛顿体高碱值磺酸钙中的无定形碳酸钙颗粒，转化为方解石型碳酸钙颗粒。不同晶型磺酸钙的转化过程见图 3-22。

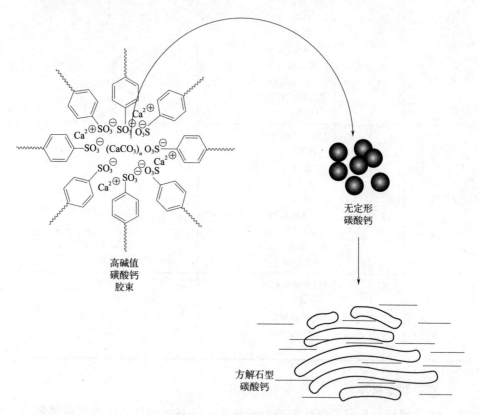

图 3-22　不同晶型磺酸钙转化过程

　　不同转化剂，对于碳酸钙从无定形变为方解石型的转化率是不同的。其转化原理被认为是：转化剂中活泼氢的极性强于碳酸钙，从而引起磺酸钙分子对活泼氢的吸附或吸引，此时磺酸钙会从胶束中游离出来去包裹转化剂。这样一来，原来稳定的胶束体系（碳酸钙被磺酸钙包裹在里面形成稳定的胶束）失去平衡，使无定形碳酸钙从胶束中游离出来，进而打破了体系原有的平衡态。碳酸钙从胶束中游离出来后，在转化剂作用下聚结形成方解石型的固体结晶。反应过程如下：

转化剂与碳酸钙反应生成钙盐（皂）、二氧化碳和水：

$$2RCOOH+CaCO_3（无定形）\longrightarrow (RCOO)_2Ca+CO_2\uparrow+H_2O$$

二氧化碳、水与碳酸钙生成碳酸氢钙：

$$CaCO_3（无定形）+CO_2+H_2O\longrightarrow Ca(HCO_3)_2$$

碳酸氢钙受热又分解为碳酸钙、二氧化碳、水：

$$Ca(HCO_3)_2\xrightarrow{\triangle}CaCO_3（方解石晶型）+CO_2\uparrow+H_2O$$

在上述反应中，二氧化碳和水重复利用，循环进行。最终几乎全部碳酸钙从稳定的胶束中游离出来，形成方解石型晶体。

润滑脂结构的形成过程，首先是出现晶核，晶核不断长大形成晶体。碳酸钙晶体与磺酸钙相互吸附形成粒径更大的胶体粒子或胶团，胶体粒子或胶团靠分子力和离子力形成交错的网络骨架（即凝胶结构），使基础油被固定在结构骨架的空隙中。进而形成了以基础油为分散介质、以含油的凝胶粒子为分散相的二相分散体系，也就是就形成了润滑脂结构。经转化剂转化后的非牛顿体高碱值磺酸钙，具有触变性能。

高碱性磺酸钙转化后，非牛顿流体高碱性磺酸钙的红外谱图会有明显变化。碳酸钙的特征吸收峰移向 $876\sim883cm^{-1}$ 处，这是方解石碳酸钙晶型的典型吸收峰位置。其颗粒尺寸也明显增大，转化后非牛顿体方解石磺酸钙晶粒直径大于 $0.2\mu m$，一般是 $0.5\sim10\mu m$，甚至达到 $50\mu m$ 以上。此时，方解石晶型碳酸钙颗粒呈薄层的片状结构，且均匀地分散在基础油中。

碳酸钙晶体与磺酸钙通过相互吸附，生成粒径更大的胶体粒子或胶团。胶体粒子或胶团靠分子间力和离子键形成交错的网络骨架（即凝胶结构），使油被固定在结构骨架的空隙中。碳酸钙结晶的聚集效应，使牛顿流体的磺酸钙失去了流动性。从而得到了以基础油为分散介质，以含油的凝胶粒子为分散相的二相结构分散体系，即磺酸钙润滑脂。

转化后非牛顿体磺酸钙晶粒呈球形，通过分子间的作用力组成了立体的堆积结构。以这种球形结构为中心，磺酸钙吸附在其表面。

复合磺酸钙基润滑脂还有一部分稠化剂，是12-羟基硬脂酸复合钙皂。这部分稠化剂除稠化作用外，还能改善复合磺酸钙基润滑脂的泵送性以及胶体安定性等性能。用12-羟基硬脂酸、醋酸、硼酸制备复合钙皂，其反应方程式为：

$$2CH_3(CH_2)_5CH(OH)(CH_2)_{10}COOH+Ca(OH)_2\longrightarrow [CH_3(CH_2)_5CH(OH)(CH_2)_{10}COO]_2Ca+2H_2O$$

$$2CH_3COOH+Ca(OH)_2\longrightarrow [CH_3COO]_2Ca+2H_2O$$

$$4H_3BO_3 + Ca(OH)_2 \longrightarrow CaB_4O_7 + 7H_2O$$

其中 12-羟基硬脂酸钙皂的羟基与磺酸钙通过氢键缔合，形成以下结构稠化剂：

$$CH_3-(CH_2)_5-CH(CH_2)_{10}COO-Ca-OOC(CH_2)_{10}CH-(CH_2)_5-CH_3$$

醋酸钙的羰基和碱式磺酸钙的羟基发生了氢键缔合，形成以下结构稠化剂：

因此，复合磺酸钙基润滑脂的稠化剂主要由两部分组成。一是非牛顿体的磺酸钙，二是复合钙皂。复合磺酸钙润滑脂正是依靠方解石晶型碳酸钙的立体堆积结构、复合钙皂的纤维结构，以及低分子酸钙和磺酸钙的氢键缔合结构，通过协同作用，使磺酸钙失去流动性，将基础油稠化为具有触变性的润滑脂。复合磺酸钙基润滑脂的纤维结构见图 3-23。

图 3-23　复合磺酸钙基润滑脂纤维结构

(3) 工艺流程

在反应釜内加入 1/2 基础油与超高碱值烷基苯磺酸钙。控制釜内温度为

20～50℃，搅拌 10min。加入经过 2～5 倍水稀释均匀的转化剂，而后将物料加热到 70～90℃，保温 30min 以上至物料变稠。通过红外检测特征峰值。开启搅拌器。反应釜在 100～110℃ 时，分步加入氢氧化钙、硼酸、12-羟基基硬脂酸，反应 30min 以上。反应釜加热到 120～140℃，加入部分基础油，加热至 210～220℃，保温 10～30min。反应釜物料转釜至调和釜，降温至 100℃ 以下。加入添加剂。调和釜物料通过均质机或循环剪切器自循环均化处理 30～120min，同时加入部分基础油调整稠度。物料经脱气后为成品。复合磺酸钙基润滑脂制备工艺流程，见图 3-24。

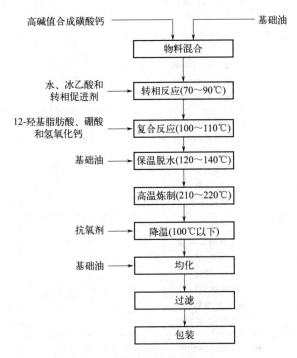

图 3-24　复合磺酸钙基润滑脂制备工艺流程

3.2.9　复合钛基润滑脂

(1) 产品配方

复合钛基润滑脂以高分子脂肪酸、低分子羧酸和钛酸酯制备而得钛基化合物，通过稠化基础油，并加入抗氧、抗腐蚀和抗极压等多效添加剂而制成。常用的脂肪酸有 12-羟基硬脂酸、硬脂酸和油酸等，低分子酸有苯甲酸、对苯二甲酸、冰乙酸、硼酸等。醇酞酯主要是钛酸异丙酯、钛酸正丁酯等。复合钛基润滑脂的基础油，可以选用矿物油、植物油、合成酯等。复合钛基润滑脂产品参考配方见表 3-9。

表 3-9　复合钛基润滑脂参考配方

序号	原料名称	投料量/%
1	钛酸异丙酯	7.0
	12-羟基硬脂酸	4.0
	邻苯二甲酸	1.5
	硫化脂肪	1.2
	二烷基二硫代磷酸锌	0.8
	丁二酸半酯	1.2
	MoS_2	0.7
	石墨	0.6
	二叔丁基对甲酚	0.7
	氨基甲酸钛	0.4
	聚 α-烯烃油	余量
2	硬脂酸	6.9
	钛酸异丙酯	6.8
	对苯二甲酸	4.1
	蒸馏水	0.8
	二苯胺	0.5
	环烷基油	余量
3	硬脂酸	6.0
	钛酸四异丙酯	13.0
	苯甲酸	6.0
	二苯胺	0.5
	羟基硅酸镁粉	2.0
	纳米聚四氟乙烯	1.0
	HVI500 基础油	余量
4	12-羟基硬脂酸	10.2
	苯甲酸	4.6
	钛酸四异丙酯	21.3
	偏钛酸	1.0
	水	2.6
	基础油	余量

(2) 制备机理

以钛酸正丁酯（或钛酸异丙酯）、苯甲酸和硬脂酸为原料，制备复合钛基润滑脂稠化剂。其化学反应如下：

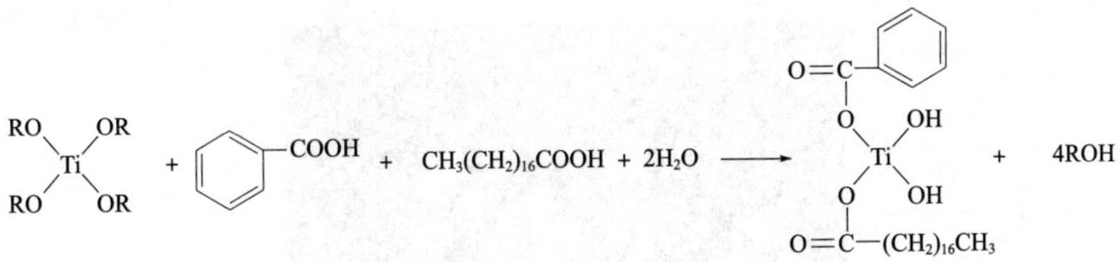
RO
OR
Ti
RO
OR
+
COOH
+
CH3(CH2)16COOH + 2H2O
O=C
O
OH
Ti
O
OH
O=C—(CH2)16CH3
+
4ROH

在上述反应中，反应过程中钛酸酯容易挥发又极易水解，故必须加大钛酸酯的用量。水的加入量是最终能否成脂的一个决定因素。水的加入量过多，反应中过量的水会取代钛酸酯与硬脂酸、苯甲酸的反应产物，从而使稠化剂体系的极性增加，造成游离油过多而导致最终无法成脂。水的加入量过少，也会导致生成的复合钛皂纤维结构不稳定，基础油易从结构中析出，使脂出现表面硬化等现象。

复合钛基润滑脂的复合钛皂纤维结构上的羟基氧原子与邻近的钛原子配位，使得双酸钛皂成为链状结构。即每个钛原子被 7 个键包围，其中 3 个是配位键，4 个是共价键，进而连接成空间网状结构。这种聚合形式，使得复合钛皂稠化基础油所得润滑脂具有较稳定的结构性。复合钛皂结构如下：

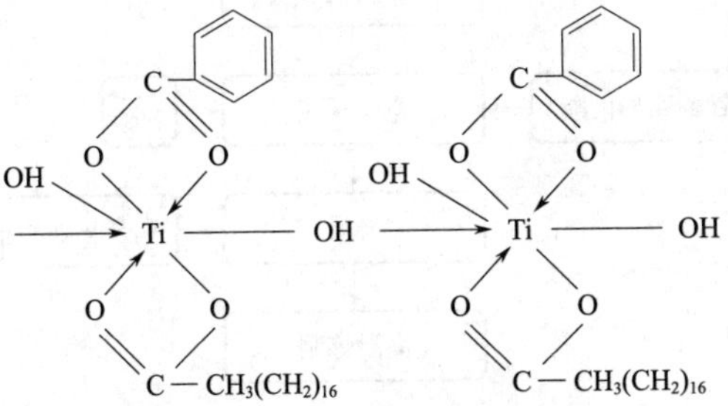
C
O
O
OH
Ti
OH
O
O
C — CH3(CH2)16
C
O
O
OH
Ti
OH
O
O
C — CH3(CH2)16

钛与—COOR 形成钛皂的特征吸收峰为 $1540.46cm^{-1}$ 处的吸收峰，这可以说明润滑脂中有钛皂的生成。

复合钛基脂皂纤维结构都呈多孔疏松的网络结构，呈现片层状态，表现出网络聚合状形貌特征。通过透射电镜可以观测复合钛皂形成的网状结构，见图 3-25。

(3) 工艺流程

在 1/3 或 1/2 的基础油中，加入硬脂酸、苯甲酸搅拌混合。升温至 70～95℃。经过搅拌使其完全溶解在基础油中。将控制反应温度，加入钛酸四异丙酯，搅拌 30min。升温至 110～130℃。加入水，至反应物混浊黏

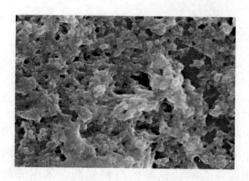

图 3-25　复合钛基脂皂纤维结构

稠形成凝胶。开始升温，在升温到 170℃时，将余量基础油加入釜内，然后继续升温到 195℃。在此温度下保持 5～10min。加入急冷油，进行降温。冷却至 120～100℃时，加入二苯胺抗氧剂及其他添加剂。然后研磨，并用基础油调整稠度即得成品。复合钛基润滑脂的制备工艺流程，见图 3-26。

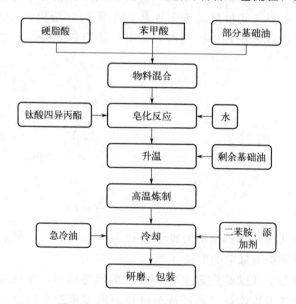

图 3-26　复合钛基润滑脂制备工艺流程

3.2.10　钡基润滑脂

(1) 产品配方

钡基润滑脂是由脂肪酸钡皂稠化基础油而制成。产品参考配方见

表 3-10。

表 3-10　钡基润滑脂参考配方

序号	原料名称	投料量/%
1	硬脂酸	25.4
	$Ba(OH)_2 \cdot 8H_2O$	13.8
	HVI350 基础油	余量
2	硬脂酸钡	18.0
	二苯胺	0.4
	HVI500 基础油	余量
3	硬脂酸钡	16.0
	二苯胺	0.5
	PIB2000	6.0
	150BS 基础油	余量

(2) 制备机理

以硬脂酸和八水氢氧化钡制备钡基润滑脂的化学反应如下：

$$2CH_3(CH_2)_{16}COOH + Ba(OH)_2 \cdot 8H_2O \longrightarrow (CH_3(CH_2)_{16}COO)_2Ba + 10H_2O$$

钡基润滑脂需要结构稳定剂，这种稳定剂主要是游离脂肪酸。因为钡皂在基础油中的溶解度很低，需要到 240℃ 左右才能溶化成为均匀的溶胶。但是，当温度降低时，基础油又会很快从硬脂酸钡的胶团中析出。若不添加胶溶剂，就不可能生成润滑脂的结构。所以在制造钡基润滑脂时，要使产品具有一定的酸性，如含过量碱，甚至呈中性时，都不能生产出满意的钡基润滑脂。

钡基润滑脂游离酸含量，会影响到冷却过程的状态变化。一般游离脂肪酸含量为 0.5%～3%，才会在冷却过程中有明显的相变。如果游离酸少，则相变过程不明显，有时是一个很硬的凝胶体或有大量析油。这将直接影响到成品润滑脂的稠度。

(3) 工艺流程

将硬脂酸和基础油一起投入炼制釜中，加热搅拌使硬脂酸全部熔化。当炼制釜内的温度达到 80～90℃，加入计算量的氢氧化钡水溶液。在 100～140℃ 温度下皂化 2h。皂化完全后，物料升温。温度达到 180～200℃ 时，取试样化验游离有机酸和游离碱。不允许呈碱性。恒温 20～30min。将物料由炼制釜放入凉油盘内自然冷却，盘内脂层厚度一般为 3～10cm。当温度降至 80℃以下时，用三联辊研磨均化后装入成品桶。钡基润滑脂的制备工艺流程，见图 3-27。

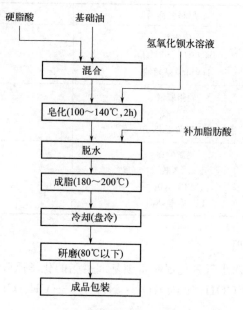

图 3-27　钡基润滑脂制备工艺流程

3.2.11　复合钡基润滑脂

(1) 产品配方

复合钡基润滑脂是由两种或两种以上的酸与氢氧化钡反应生成的复合钡皂，稠化精制基础油制成。其产品参考配方见表 3-11。

表 3-11　复合钡基润滑脂参考配方

序号	原料名称	投料量/%
1	12-羟基硬脂酸	12.0
	癸二酸	3.5
	氢氧化钡	19.5
	二苯胺	1.5
	石油磺酸钡	2.1
	二烷基二硫代磷酸锌	1.9
	多元醇酯	16.5
	PAO	余量

序号	原料名称	投料量/%
2	硬脂酸	12.0
	醋酸	1.3
	氢氧化钡	7.0
	二异辛基二苯胺	0.5
	2,6-二叔丁基酚	0.5
	二戊基二硫代氨基甲酸锌	1.0
	Ⅱ类加氢矿物油	余量
3	12-羟基硬脂酸	19.3
	癸二酸	3.0
	八水合氢氧化钡	10.0
	醋酸钡	0.3
	二硫化钼	1.0
	基础油	余量
4	12-羟基硬脂酸钡	7.8
	对苯二甲酸钡	6.5
	石墨烯	1.9
	二苯胺	0.5
	HVI500 基础油	余量
5	12-羟基硬脂酸	14.5
	癸二酸	4.8
	$Ba(OH)_2 \cdot 8H_2O$	15.8
	二苯胺	0.3
	水杨酸锂	1.5
	苯三唑十八胺	0.2
	填料 MCA	9.5
	MVI500 基础油	余量

(2) 制备机理

复合钡基润滑脂所用的高分子量脂肪酸主要是 C16～C22 脂肪酸，如 12-羟基硬脂酸；低分子量有机酸有醋酸、癸二酸、对苯二甲酸等。12-羟基硬脂酸钡与癸二酸所形成复合皂的分子间氢键如下所示：

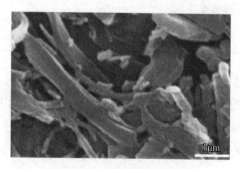

利用红外光谱测试分析润滑脂稠化剂分子间的相互作用与氢键的形成。复合钡基润滑脂的红外谱图中，$3300cm^{-1}$是—OH的特征吸收峰，特征峰$1560cm^{-1}$和$1580cm^{-1}$是—COOR键对称和反对称伸缩吸收峰，属于12-羟基硬脂酸钡稠化剂分子的特征峰。特征峰$1465cm^{-1}$是碳链—CH$_2$的碳氢键反对称弯曲振动吸收峰。羰基C=O的特征峰由$1567cm^{-1}$向$1511cm^{-1}$移动，说明癸二酸中的羰基与12-羟基硬脂酸钡上的羟基形成了分子间氢键。

含有12-羟基硬脂酸的复合钡基润滑脂，皂纤维结构呈细长的棒状。其纤维结构见图3-28。由于12-羟基硬脂酸复合钡基润滑脂稠化剂分子间形成了氢键，相互之间范德瓦耳斯力较大，所以皂纤维结构更紧密，滴点较高，储油能力也更高。

图 3-28　复合钡基润滑脂皂纤维结构

(3) 工艺流程

癸二元酸工艺：将基础油加入到反应釜中，再投入 12-羟基硬脂酸。升温至 80～90℃。加入 Ba(OH)$_2$·8H$_2$O，进行皂化反应。反应时间为 120min。缓慢加入癸二酸继续皂化 60min。用恒定升温速率缓慢升温至 120℃，排出物料中的水分。反应釜内物料升温至 140～160℃，恒温 60min。对物料继续进行加热，使物料再次快速升温至 190～200℃，其后停止加热。冷却物料，使反应釜内部的物料降温至 130～100℃。对物料进行均化处理，同时调整稠度。加入其他添加剂，同时充分搅拌混合均匀。脱气后包装即得成品。癸二元酸生产复合钡基润滑脂的工艺流程见图 3-29。

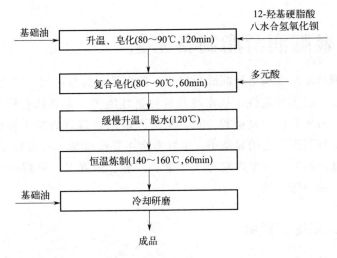

图 3-29 癸二元酸生产复合钡基润滑脂的工艺流程

醋酸工艺：将 40%～60%基础油加入到反应釜中，再投入 12-羟基硬脂酸（或硬脂酸）。加热升温到 80～90℃，加入氢氧化钡水溶液皂化，皂化时间控制在 120min。在上述温度下，加入醋酸进行复合反应，时间控制在 60min。复合反应完成后，升温，120℃脱水。升温至 140～160℃。停止加热，恒温 60min 后，自然降温到 90℃。加入胺类抗氧剂及其他添加剂。经过进行均化处理，同时用基础油调整稠度得成品。用醋酸生产复合钡基润滑脂的工艺流程见图 3-30。

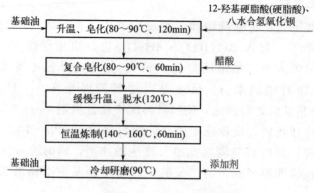

图 3-30　醋酸生产复合钡基润滑脂工艺流程

3.3　聚脲润滑脂制备工艺

聚脲润滑脂与金属皂基润滑脂相比，具有优良的泵送性、氧化安定性、机械安定性、胶体安定性、抗水性及抗辐射性能等，尤其具有较长的润滑使用寿命。另外在抗微动磨损方面，聚脲润滑脂能够有效减少轴承内工作面的磨损，使其变形量明显减小。聚脲通常由异氰酸酯与有机胺反应生成。根据脲基基团的数量，聚脲可分为单脲、二脲、四脲等。聚脲润滑脂广泛用于冶金、轴承等领域。

3.3.1　二聚脲润滑脂

(1) 产品配方

二聚脲润滑脂是由分子中含有二脲基的化合物稠化矿物基础油或者合成基础油，制备的润滑脂。产品参考配方见表 3-12。

表 3-12　二聚脲润滑脂参考配方

序号	原料名称	投料量/%
1	十八胺	5.1
	对甲苯胺	2.0
	MDI	4.7
	T501	0.6
	T406	0.6
	PAO10	余量

序号	原料名称	投料量/%
2	十八胺	5.1
	苯胺	1.6
	二苯基甲烷二异氰酸酯	4.7
	纳米碳酸钙	1.0
	磺酸钙	1.0
	T501	0.4
	4010 环烷基油	余量
3	环己胺	2.4
	十八胺	4.8
	MDI	6.4
	硫化异丁烯	1.2
	石油磺酸钡	2.0
	二苯胺	0.7
	矿物基础油	余量
4	十八胺	5.0
	二苯基甲烷-4,4′-二异氰酸酯	4.6
	水	0.4
	T202	1.0
	N-苯基-α-萘胺	0.5
	低碱值合成磺酸钙	1.6
	T551	0.3
	矿物基础油	余量
5	十二胺	4.5
	MDI	6.0
	T202	1.2
	二苯胺	0.5
	二壬基萘磺酸钙	1.0
	T561	0.2
	矿物基础油	余量
6	环己胺	5.0
	六亚甲基二异氰酸酯	6.1
	水	0.5
	MVI650	余量
7	MDI	3.8
	正辛胺	3.0
	苯胺	0.7
	十八醇	0.1
	2,6-二叔丁基对甲酚	0.4
	二烷基二硫代氨基甲酸锑	0.6
	PAO8	余量

序号	原料名称	投料量/%
	十八胺	3.2
	正辛胺	1.5
8	MDI	3.0
	二苯胺	0.6
	环烷油	余量

(2) 制备机理

二聚脲稠化剂的合成，通常是两分子单胺和一分子二异氰酸酯反应制得。二脲稠化剂含有二个—NH—CO—NH—官能团，结构通式如下：

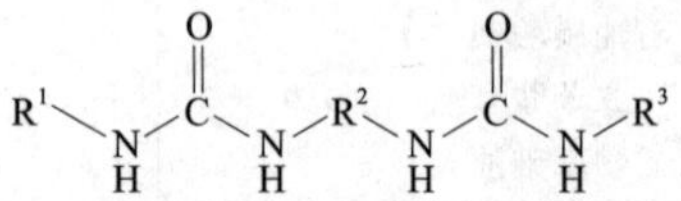

根据其所用的单胺是脂肪族单胺、脂环族单胺、还是芳香族单胺，可以把双脲稠化剂分为脂肪族双脲、脂环族双脲和芳香基双脲。反应方程式如下：

$$R^1NH_2 + OCNR^2NCO + R^3NH_2 \longrightarrow R^1NHCONHR^2NHCONHR^3$$

式中，R^1NH_2、R^3NH_2 可以是相同，也可以是不同的单胺，如辛胺、十二胺、十四胺、十六胺、十八胺（硬脂胺）、环己胺、苯胺、对甲苯胺、对氯苯胺、对十二烷基苯胺等；$OCNR^2NCO$ 为二异氰酸酯，主要有二苯基甲烷二异氰酸酯（MDI）、甲苯二异氰酸酯（TDI）、六亚甲基二异氰酸酯（HDI）等。

十八胺与二异氰酸酯（MDI）反应制备二聚脲稠化剂反应式：

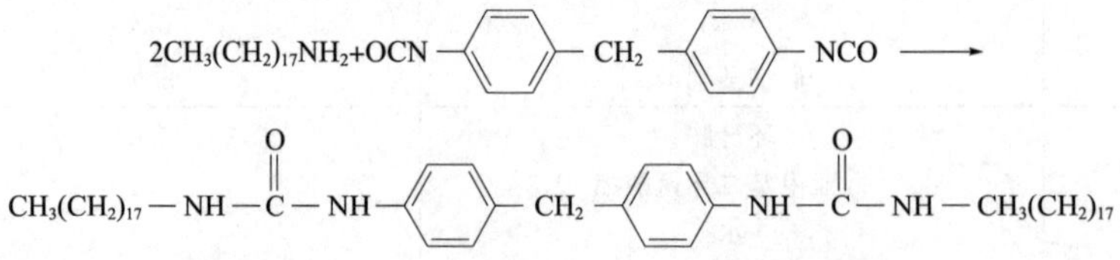

环己胺与二异氰酸酯（MDI）反应制备二聚脲稠化剂反应式：

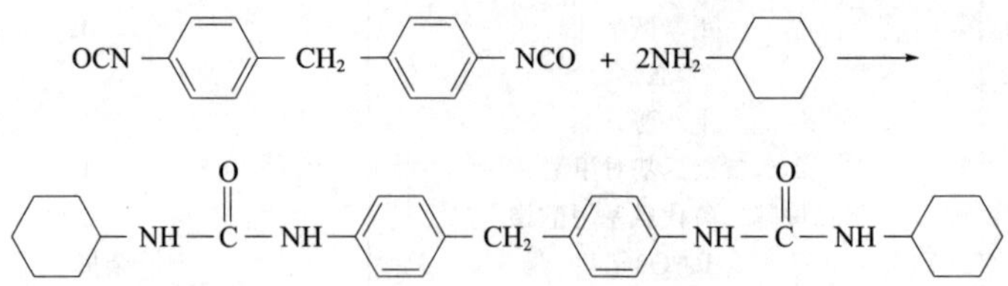

苯胺与二异氰酸酯（MDI）反应制备二聚脲稠化剂反应式：

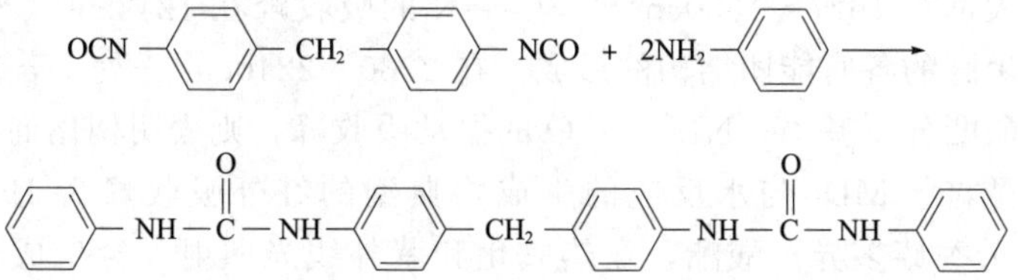

十八胺、甲苯胺与二异氰酸酯（MDI）反应制备二聚脲稠化剂反应式：

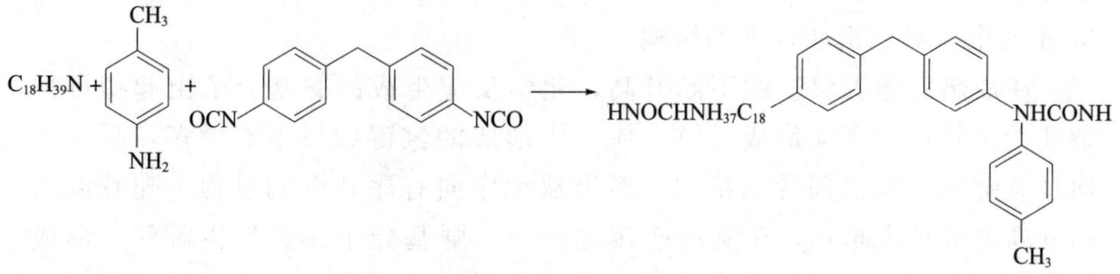

　　用芳香胺（对甲苯胺或者苯胺）制备的聚脲脂，滴点高，但是稠化能力远远不及用脂肪胺制备的聚脲脂。选用两种混合胺组合制备聚脲脂，通过不同配比和工艺，可以制备出性能各异的聚脲脂。

　　聚脲基润滑脂中的脲基分子是通过氢键相连接的，即脲分子之间通过 O 原子和 H 原子相互作用，形成分子间氢键。脲分子氢键排列结构如下：

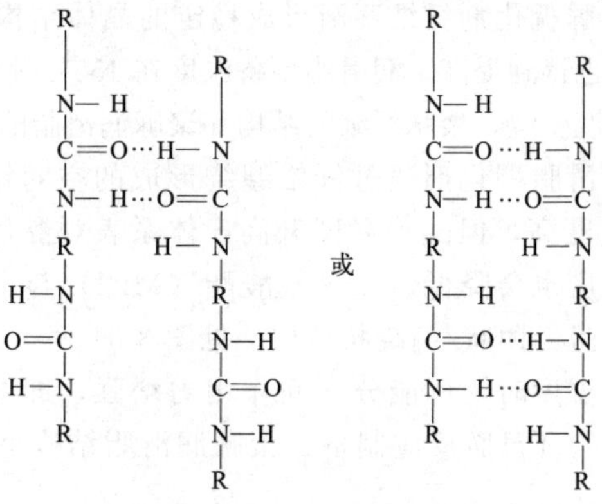

　　一般情况下，N—H 伸缩振动吸收峰位于 3414cm^{-1} 处，而聚脲稠化剂中氢键化的 N—H 伸缩振动吸收峰的位置向左偏移了 100cm^{-1} 左右，在 $3291\sim3330\text{cm}^{-1}$。这表明聚脲稠化剂合成过程中，反应产物中生成了脲基基团—NH—CO—NH—，且脲分子间形成了氢键。正是受脲分子之间缔合氢键的影响，N—H 及 C═O 伸缩振动吸收峰均发生了偏移。正常条件下羰基（C═O）的吸收峰值为 $1710cm^{-1}$，而聚脲润滑脂与其相比也有明显的移动，大都在 $1627\sim1650cm^{-1}$。C═N 的吸收峰在 $1242cm^{-1}$ 处。这些都可表明聚脲的各官能团结构的形成。在 $2230\sim2240cm^{-1}$ 处，若未发现归属于异氰酸酯分子基团—N═C═O 的振动吸收峰，则表明稠化剂中不含有毒的异氰酸酯。MDI 与水反应的生成物典型的红外吸收峰为 $1918cm^{-1}$。MDI 属于芳香族多异氰酸酯，在热氧化和紫外线光照射下会生成醌，从而导致制备的润滑脂理化性能下降，产品外观颜色发生变化。温度在 135℃ 以上时，MDI 二聚体及其衍生物明显开始解聚；温度在 165℃ 以上时可以消除 MDI 二聚体对润滑脂性能的影响。

在加热后随着温度的不断升高，化学反应生成的脲基分子由起初排列杂乱无序状态，逐渐形成长链。体系中形成的氢键数目不断增多，脲分子通过氢键形成稠化剂骨架结构，经历从无序向有序转变的过程。随着温度的升高，链越来越长，在氢键连接过程中，脲基分子还会发生翻转，形成结构的扭曲，变成螺旋管式结构。当温度进一步升高后，链与链之间通过氢键发生交联，从而形成交织在一起的网状结构。在高温炼制阶段，基础油被吸进脲基分子组成的空心管中。经过一定时间的炼制后，空心管饱和变成实心管，此时聚脲基润滑脂的结构也达到稳定状态。

混合胺与异氰酸酯反应结束后，聚脲的纤维结构已经基本形成。但是，此时的纤维结构比较松散细小，稠化能力也较差。随着制备温度的升高，经过高温膨化，聚脲稠化剂纤维逐渐形成稳定的晶体结构，稠化能力增强，聚脲润滑脂的滴点也得到提高。润滑脂制备温度在 155℃ 及以上时，聚脲纤维内部形成氢键的速度变缓，聚脲纤维的结构和聚脲润滑脂的滴点也逐渐稳定。

十八胺聚脲润滑脂稠化剂通过纤维缠绕形成的空间结构强度较高。在较低温度时结构强度高，但随着温度升高，体系表观黏度降低，分子间作用力减弱，结构强度也会降低。二异氰酸酯（MDI）与十八胺反应制备二聚脲润滑脂结构，呈云团状/缠绕状结构。见图 3-31。

环己胺在较高温度时，可能分子间作用力增强，即结构强度升高。二异氰酸酯（MDI）与环己胺反应制备二聚脲润滑脂结构呈棒状/短针状，见图 3-32。

苯胺由于芳环的存在，随着温度升高分子间作用力变化不大，结构强度无显著变化。二异氰酸酯（MDI）与苯胺反应制备二聚脲润滑脂结构呈棒状，见图 3-33。

脂环胺、芳香胺单独或复配时，主要形成棒状、针状短纤维结构；脂肪胺单独或复配更易形成条状、带状等长纤维结构。十八胺聚脲润滑脂的

图 3-31　二异氰酸酯（MDI）与十八胺反应制备二聚脲稠化剂

图 3-32　二异氰酸酯（MDI）与环己胺反应制备二聚脲稠化剂

图 3-33　二异氰酸酯（MDI）与苯胺反应制备二聚脲稠化剂

稠化剂为纤维状，且呈现一定的缠绕结构；环己胺聚脲润滑脂和苯胺聚脲润滑脂为均匀堆积的棒状结构，其中环己胺聚脲润滑脂稠化剂的粒子长约为 $0.5\mu m$，苯胺聚脲润滑脂稠化剂的粒子长约为 $1.0\mu m$。当脂环胺在稠化剂中比例较高时，制备的润滑脂皂纤维呈现长短相似的针状结构，润滑脂稠度大，高温硬化和机械安定性能良好；当芳香胺在稠化剂中比例较高时，制备的润滑脂皂纤维呈现短纤维条形状结构，润滑脂耐高温性能优异，抗氧化性能良好。

对于二脲润滑脂，稠化剂的对称性对润滑脂的滴点有较大的影响。采用两端对称的稠化剂将很难合成高滴点的润滑脂，故一般采用不对称的稠化剂来合成二脲润滑脂。如二脲润滑脂中，如果一个烃基是环己基而另一个是烷基中含 $8\sim16$ 个碳原子的烷基苯基，则二脲润滑脂会具有较好的高温性能。

脲基润滑脂稠化剂中含有官能团—NH—CO—NH—，分子之间以较强的氢键相结合，使整个胶体体系处于非常稳定的状态。同时，氮原子孤电子对的存在，增强了整个分子的极性，使得脲基脂对金属有非常强的亲和力。氮原子的存在，又使其具有一定的防锈、抗磨性，从而决定了脲基脂具有独特的性能。聚脲润滑脂不同于金属皂基稠化剂，不含金属离子，避免了皂基稠化剂中金属离子对润滑脂基础油的催化氧化作用。

(3) 工艺流程

启动常压炼制釜搅拌。将部分油加入常压炼制釜中，升温到 $50\sim80℃$。加入二异氰酸酯，恒温。将部分基础油加入到另一容器中，搅拌、升温，再加入有机胺后搅拌、升温到 $50\sim80℃$。将有机胺与基础油混合物加入到常压炼制釜中，控制反应温度在 $90\sim120℃$。反应结束后取样检测过量二异氰酸酯，检查反应是否完全。合格后继续升温。升至最高炼制温度 $180\sim210℃$。将物料倒入混合釜。物料在混合釜内进行降温、过滤，检测锥入度并用部分基础油调整稠度。在规定温度加入添加剂，并循环、过滤、混合均匀。锥入度合适后，脱气。外观合格后，经过滤、灌装后得成品。二聚脲润滑脂制备工艺流程见图 3-34。

3.3.2 四聚脲润滑脂

(1) 产品配方

四聚脲稠化剂的制备，通常利用单胺、二胺、二异氰酸酯按 $2:1:2$ 比例反应得到。四聚脲润滑脂产品参考配方见表 3-13。

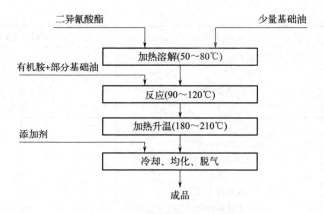

图 3-34 二聚脲润滑脂制备工艺流程

表 3-13 四聚脲润滑脂参考配方

序号	原料名称	投料量/%
1	十二胺	4.8
	乙二胺	0.8
	MDI	5.6
	T501	0.6
	二烷基二硫代氨基甲酸盐	1.0
	MVI500	余量
2	十八胺	3.2
	环己胺	0.9
	乙二胺	0.3
	二苯基甲烷-二异氰酸酯	3.6
	水	0.5
	90BS	余量
3	对甲苯胺	3.3
	十八胺	4.1
	二氨基二苯甲烷	3.0
	二苯基甲烷-4,4′-二异氰酸酯	7.6
	芥酸酰胺	3.5
	N-苯基-α-萘胺	0.5
	HVI350	余量
4	二苯基甲烷二异氰酸酯(MDI)	6.8
	十八胺	7.0
	二氨基二苯甲烷	2.6
	十八醇	1.2
	二异辛基二苯胺抗氧剂	0.5
	TCP	1.0

序号	原料名称	投料量/%
4	二烷基二硫代氨基甲酸钼	0.5
	T561	0.2
	二壬基萘磺酸钡	2.0
	MVI500	余量
5	十二胺	2.9
	环己胺	0.3
	1,2-环己二胺	1.0
	TDI	3.2
	硫化异丁烯	1.4
	季戊四醇酯	余量

(2) 制备机理

在四聚脲润滑脂中，稠化剂含有四个—NH—CO—NH—官能团。稠化剂结构通式如下：

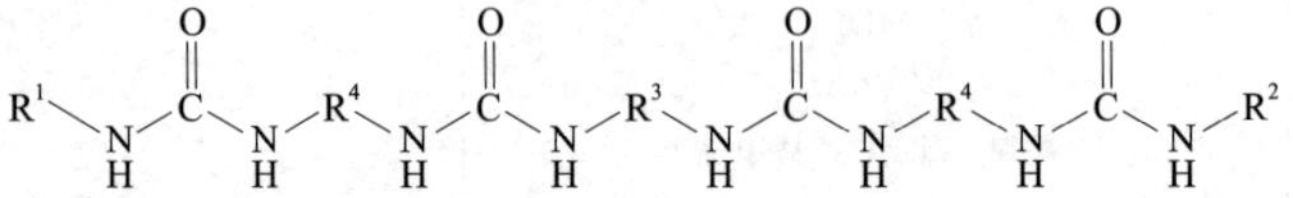

采用两个分子有机单胺、一个分子二元胺与两个分子二异氰酸酯通过加成反应合成而得。即：

$$R^1NH_2 + R^2NH_2 + H_2NR^3NH_2 + 2OCNR^4NCO \longrightarrow R^1NHCONHR^4$$
$$NHCONHR^3NHCONHR^4NHCONHR^2$$

常用的二元胺有乙二胺、丙二胺、己二胺、二氨基二苯甲烷、对苯二胺和间苯二胺等。

十八胺、乙二胺与二苯基甲烷二异氰酸酯制备四聚脲稠化剂的化学反应式：

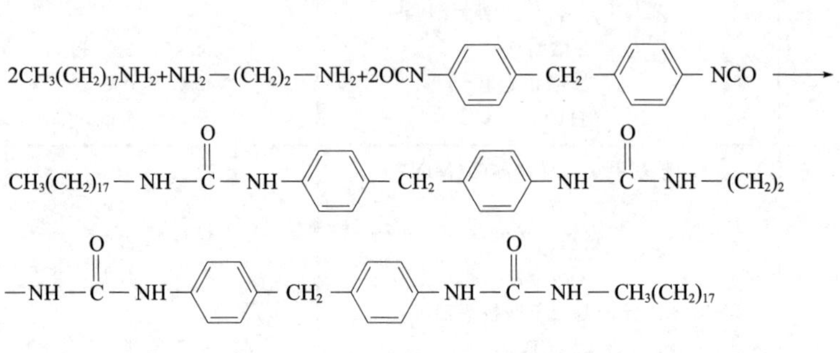

使用十八胺和乙二胺制备的四聚脲脂，纤维结构既有大小均匀的颗粒

状，又有交织均匀的棒状纤维结构，见图 3-35。

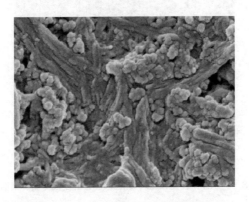

图 3-35　十八胺、乙二胺制备的四聚脲脂纤维结构

由十八胺、二氨基二苯甲烷制备的四聚脲稠化剂结构，明显看出稠化剂为表面光滑的块状和片状结构，见图 3-36。

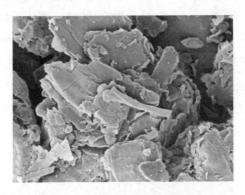

图 3-36　十八胺、二氨基二苯甲烷制备的四聚脲脂纤维结构

使用十八胺、乙二胺和环己胺制备的四聚脲脂，纤维结构为大小较均匀的颗粒状，见图 3-37。

二聚脲稠化剂分子中脲基结构单元少，分子间作用力较弱，稠化剂用量较大。因此，稠化能力不及四聚脲稠化剂。

二聚脲润滑脂样品在 180℃下烘烤后，润滑脂中的 N—H 和 C＝O 官能团吸收峰强度都呈降低趋势。在 200℃下烘烤后，润滑脂中的 N—H 和 C＝O 官能团吸收峰已经不能明显观察到。在高温下工作一段时间后，二聚脲润滑脂硬化现象较为突出。四脲基在 200℃下烘烤后，润滑脂中的 N—H 和 C＝O 官能团吸收峰虽减弱，但没有完全被破坏。这可能是其高温下硬化现象减弱的原因。

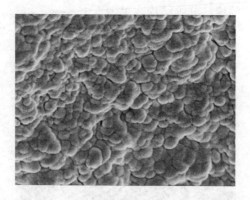

图 3-37 十八胺、乙二胺、环己胺制备的四聚脲脂纤维结构

(3) 工艺流程

　　称取基础油和有机二胺加入反应釜进行混合，缓慢加入 MDI 至反应釜。在 70℃ 下充分反应，反应时间为 60min。将十八胺与基础油混合加热溶解，再将油溶液加入反应釜中。反应釜升温至 90℃，继续反应 40min。最后将反应釜加热至 200℃，恒温炼制 15min。加入余量冷却油。搅拌冷却、研磨、真空脱气、得到成品。四聚脲润滑脂的工艺流程见图 3-38。

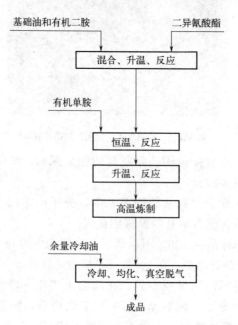

图 3-38 四聚脲润滑脂的工艺流程

3.3.3　六或八聚脲润滑脂

（1）产品配方

六或八聚脲润滑脂主要由六聚脲或八聚脲稠化剂、基础油、抗氧剂、极压剂等调配合而成。六或八聚脲润滑脂产品参考配方见表 3-14。

表 3-14　六或八聚脲润滑脂参考配方

序号	原料名称	投料量/%
1	十八胺	5.0
	乙二胺	1.1
	MDI	6.8
	T501	0.5
	二烷基二硫代氨基甲酸盐	1.0
2	十二胺	6.5
	丙二胺	13.0
	TDI	4.0
	N-苯基-α-萘胺	0.5
	90BS	余量
3	二甲苯二异氰酸酯	4.7
	二氨基二苯甲烷	3.8
	十八胺	1.5
	植物油	7.6
	二苯胺	0.5
	HVI500	余量
4	十八胺	4.0
	乙二胺	1.5
	TDI	5.3
	二苯胺	0.5
	基础油	余量

（2）制备机理

在四聚脲润滑脂中，稠化剂含有六个—NH—CO—NH—官能团。六聚脲稠化剂采用三个分子二异氰酸酯与两个分子二元胺、两个分子有机单胺的加成反应合成而得。稠化剂结构通式如下：

例如三个分子 MDI 与两个分子乙二胺、两个分子十八胺反应合成而得六聚脲。化学反应如下：

$$2CH_3(CH_2)_{17}NH_2 + 2NH_2-(CH_2)_2-NH_2 + 3OCN-\!\!\!\bigcirc\!\!\!-CH_2-\!\!\!\bigcirc\!\!\!-NCO \longrightarrow$$

$$R^1-NH-\overset{\overset{\displaystyle O}{\|}}{C}-NH-R^3-NH-\overset{\overset{\displaystyle O}{\|}}{C}-NH-R^2-NH-\overset{\overset{\displaystyle O}{\|}}{C}-NH-R^3-NH-\overset{\overset{\displaystyle O}{\|}}{C}-NH-R^2-NH-$$

$$-\overset{\overset{\displaystyle O}{\|}}{C}-NH-R^3-NH-\overset{\overset{\displaystyle O}{\|}}{C}-NH-R^1$$

$$R^1:\ CH_3(CH_2)_{17};\quad R^2:\ -(CH_2)_2-;\quad R^3:\ \bigcirc\!-CH_2-\!\bigcirc$$

八聚脲稠化剂采用四个分子二异氰酸酯与三个分子二元胺、两个分子有机单胺的加成反应合成而得。稠化剂结构通式如下：

$$R^1-\underset{H}{N}-\overset{\overset{\displaystyle O}{\|}}{C}-\underset{H}{N}-R^3-\underset{H}{N}-\overset{\overset{\displaystyle O}{\|}}{C}-\underset{H}{N}-R^2-\underset{H}{N}-\overset{\overset{\displaystyle O}{\|}}{C}-\underset{H}{N}-R^3-\underset{H}{N}-\overset{\overset{\displaystyle O}{\|}}{C}-\underset{H}{N}-R^2-\underset{H}{N}-\overset{\overset{\displaystyle O}{\|}}{C}-\underset{H}{N}-R^3-\underset{H}{N}-\overset{\overset{\displaystyle O}{\|}}{C}-CH_3$$

$$-\underset{H}{N}-R^2-\underset{H}{N}-\overset{\overset{\displaystyle O}{\|}}{C}-\underset{H}{N}-R^3-\underset{H}{N}-\overset{\overset{\displaystyle O}{\|}}{C}-\underset{H}{N}-R^1$$

例如四个分子 MDI 与三个分子乙二胺、两个分子十八胺反应合成而得八聚脲。化学反应如下：

$$2CH_3(CH_2)_{17}NH_2 + 3NH_2-(CH_2)_2-NH_2 + 4OCN-\!\!\!\bigcirc\!\!\!-CH_2-\!\!\!\bigcirc\!\!\!-NCO \longrightarrow$$

$$R^1-NH-\overset{\overset{\displaystyle O}{\|}}{C}-NH-R^3-NH-\overset{\overset{\displaystyle O}{\|}}{C}-NH-R^2-NH-\overset{\overset{\displaystyle O}{\|}}{C}-NH-R^3-NH-\overset{\overset{\displaystyle O}{\|}}{C}-NH-R^2-NH-$$

$$-\overset{\overset{\displaystyle O}{\|}}{C}-NH-R^3-NH-\overset{\overset{\displaystyle O}{\|}}{C}-NH-R^2-NH-\overset{\overset{\displaystyle O}{\|}}{C}-NH-R^3-NH-\overset{\overset{\displaystyle O}{\|}}{C}-NH-R^1$$

$$R^1:\ CH_3(CH_2)_{17};\quad R^2:\ -(CH_2)_2-;\quad R^3:\ \bigcirc\!-CH_2-\!\bigcirc$$

对比乙二胺、邻苯二胺、二氨基二苯甲烷制备的三种六脲基润滑脂可知，随着苯环数量的增加，有利于提高脲基润滑脂的热稳定性。使用含双苯环结构的二氨基二苯甲烷所制备的润滑脂，热稳定性要明显优于有机二胺所制备的产品。在 180℃ 下，二脲、四脲、六脲基润滑脂都发生硬化现象，但六脲基润滑脂因结构较为稳定，硬化趋势最小。

八脲分子中 N—H 和 C≡O 的振动吸收峰分别在 $1630cm^{-1}$ 和 $3310\sim$ $3323cm^{-1}$ 处，与二脲基脂相比发生了明显变化，从而进一步验证了脲基官能团之间氢键的形成。

相对于二脲基润滑脂，六或八等多脲基润滑脂的结构更为稳定，高温下的硬化趋势降低。脲润滑脂的滴点，随润滑脂分子中脲基数量的增加而逐渐升高。脲基中羰基的氧原子与胺基的氢原子之间氢键的形成，是聚脲润滑脂具有高滴点的主要原因。

随着分子中脲基官能团数量的增加，逐渐形成了致密的空间网状结构，使得润滑脂结构趋于稳定，从而抗剪切性能得以增强，胶体安定性得以提高。润滑脂分子中脲基数量的增加，使得氧、氮等电负性原子数量增加，进而增强聚脲润滑脂分子与金属表面的吸附作用，能够形成强度更高的润滑薄膜，能更好提升润滑脂的极压性能。但是，随着分子中脲基官能团数量增加，非极性官能团在体系中比例下降，两侧烷基链之间的距离逐渐增大，烷基链之间的相互作用力降低，使得润滑脂稠化能力降低。

(3) 工艺流程

六聚脲润滑脂：首先将二异氰酸酯和基础油加入反应釜，升温并搅拌溶解。有机二胺与基础油混合加热溶解后，缓慢加入反应釜。控制温度为 $65\sim75℃$，反应时间为 $55\sim65min$。然后将有机单胺与基础油混合加热溶解，再缓慢加入反应釜中。控制温度为 $85\sim95℃$，反应时间为 $35\sim45min$。反应釜升温，恒温炼制。在温度 $190\sim210℃$ 下，恒温炼制 $12\sim18min$。后经冷却、研磨和脱气，得到成品。

八聚脲润滑脂：首先将二异氰酸酯和基础油投入到反应釜中，升温并搅拌溶解。将有机二胺与基础油混合并加热溶解，再缓慢加入反应釜中进行反应。温度控制为 $70\sim75℃$，反应时间为 $55\sim65min$。将有机单胺基础油混合并加热溶解，再缓慢加入反应釜继而反应。反应温度为 $85\sim90℃$，反应时间为 $35\sim40min$。将反应釜升温，再恒温炼制 $15\sim20min$，最高炼制温度为 $190\sim200℃$。而后依次经冷却、研磨得到成品。

3.3.4 复合聚脲润滑脂

(1) 产品配方

复合聚脲润滑脂是在聚脲稠化剂的基础上，通过脲分子中引入钙、锂、钡和钠等金属羧酸盐，而得到的润滑脂。包括二聚脲复合脂和四聚脲复合脂。复合聚脲润滑脂的产品参考配方见表3-15。

表 3-15　复合聚脲润滑脂参考配方

序号	原料名称	投料量/%
1	十八胺	4.8
	二氨基二苯甲烷	1.1
	二异氰酸酯	8.8
	丁二酸	2.2
	氢氧化钡	6.6
	水	1.8
	二苯胺	0.5
	MVI500	余量
2	十八胺	7.0
	二氨基二苯甲烷	1.4
	二异氰酸酯	5.0
	丁二酸	2.0
	氢氧化钠	1.6
	水	2.0
	二辛基二苯胺	0.5
	T561	0.5
	环烷基油	余量
3	二异氰酸酯	8.7
	十八胺	4.7
	二氨基二苯甲烷	1
	丁二酸酐	2
	氢氧化钙	6.6
	水	1.2
	T501	0.5
	二壬基萘磺酸钙	1.0
	90BS	余量

(2) 制备机理

四聚脲金属盐稠化剂是 1mol 二胺、2mol 二异氰酸酯和 1mol 单胺反应，先生成具有一个自由端—CNO 的聚脲中间体。而后加入蒸馏水，自由端异氰酸酯水解成具有自由氨基的聚脲化合物。再加入酸或酸酐，进一步形成具有一个或者多个自由羧酸基的聚脲。最后再与碱金属化合物反应形成复合聚脲金属盐。在四聚脲基分子中，引入钙、锂、钡、钠等不同的羧酸金属盐，可以得到不同四脲基分子的复合金属盐四脲基润滑脂。

复合聚脲锂基稠化剂的合成反应路线如下：

$$RNH_2 + 2R^1(CNO)_2 + R^3(NH_2)_2 \longrightarrow RNH—CO—NH—R^1—NH—$$

$$CO—NH—R^3—NH—CO—NH—R^1—CNO \xrightarrow{H_2O} RNH—CO—NH—R^1—$$

$$\text{NH—CO—NH—R}^3\text{—NH—CO—NH—R}^1\text{—NH}_2 \xrightarrow{\text{R}^2(\text{COOH})_2} \text{RNH—CO—}$$

$$\text{NH—R}^1\text{—NH—CO—NH—R}^3\text{—NH—CO—NH—R}^1\text{—NH—CO—R}^2\text{—}$$

$$\text{COOH} \xrightarrow{\text{Li}^+} \text{RNH—CO—NH—R}^1\text{—NH—CO—NH—R}^3\text{—NH—CO—}$$

$$\text{NH—R}^1\text{—NH—CO—R}^2\text{—COOLi}$$

复合聚脲钠基稠化剂的合成反应路线如下：

$$\text{RNH}_2 + 2\text{R}^1(\text{CNO})_2 + \text{R}^3(\text{NH}_2)_2 \longrightarrow \text{RNH—CO—NH—R}^1\text{—NH—}$$

$$\text{CO—NH—R}^3\text{—NH—CO—NH—CO—R}^1\text{—CNO} \xrightarrow{\text{H}_2\text{O}} \text{RNH—CO—NH—}$$

$$\text{R}^1\text{—NH—CO—NH—R}^3\text{—NH—CO—NH—CO—R}^1\text{—NH}_2 \xrightarrow{\text{R}^2(\text{COOH})_2} \text{RNH—}$$

$$\text{CO—NH—R}^1\text{—NH—CO—NH—R}^3\text{—NH—CO—NH—CO—R}^1\text{—NH—}$$

$$\text{CO—R}^2\text{—COOH} \xrightarrow{\text{Na}^+} (\text{RNH—CO—NH—R}^1\text{—NH—CO—NH—R}^3\text{—}$$

$$\text{NH—CO—NH—CO—R}^1\text{—NH—CO—R}^2\text{—COO})\text{Na}$$

复合聚脲钙基稠化剂的合成反应路线如下：

$$\text{RNH}_2 + 2\text{R}^1(\text{CNO})_2 + \text{R}^3(\text{NH}_2)_2 \longrightarrow \text{RNH—CO—NH—R}^1\text{—NH—}$$

$$\text{CO—NH—R}^3\text{—NH—CO—NH—CO—R}^1\text{—CNO} \xrightarrow{\text{H}_2\text{O}} \text{RNH—CO—NH—}$$

$$\text{R}^1\text{—NH—CO—NH—R}^3\text{—NH—CO—NH—CO—R}^1\text{—NH}_2 \xrightarrow{\text{R}^2(\text{COOH})_2} \text{RNH—}$$

$$\text{CO—NH—R}^1\text{—NH—CO—NH—R}^3\text{—NH—CO—NH—CO—R}^1\text{—NH—}$$

$$\text{CO—R}^2\text{—COOH} \xrightarrow{\text{Ca}^{2+}} (\text{RNH—CO—NH—R}^1\text{—NH—CO—NH—R}^3\text{—}$$

$$\text{NH—CO—NH—CO—R}^1\text{—NH—CO—R}^2\text{—COO})_2\text{Ca}$$

复合金属盐四脲基脂中的 N—H 振动吸收均在 3325cm^{-1} 左右。相比较二脲基润滑脂，N—H 振动吸收有少许位移，且吸收强度较二脲基润滑脂有大幅度减弱。复合金属盐四脲基脂中羰基的振动吸收均在 1640cm^{-1} 左右，相比聚脲基润滑脂也稍有一些位移。由此可见，在四脲基分子中引入金属盐后，脲分子间作用力相对二脲基分子有较大变化。

复合聚脲锂基润滑脂呈现短纤维结构，短纤维结构使得聚脲锂基稠化剂稠化能力较弱。聚脲钠基润滑脂纤维结构呈云团状、纽带状，联结紧密，润滑脂胶体安定性较好。聚脲钙基润滑脂呈片状、云团状，空间上相互堆叠。聚脲钡基脂呈短棒状、云团状，制备的润滑脂负载能力较好。

(3) 工艺流程

将基础油与有机二胺加入至反应釜，升温至 80℃ 进行加热搅拌溶解。将二苯甲烷二异氰酸酯油溶液投入反应釜中，在 80℃ 的条件下进行恒温反应 60min。十八胺油溶液加入至反应釜，在 80℃ 的温度条件下反应 40min。

然后将反应釜升温至 95℃，添加蒸馏水进行水解反应 40min。加入烷基二酸油溶液，同时将反应釜温度升至 120℃。在此温度条件下进行恒温反应 60min。将金属碱溶液加入至反应釜，恒温反应 40min。将反应釜升温至 205℃进行高温炼制 15min。经过搅拌、冷却、研磨、脱气等工艺得成品。复合金属盐四脲基润滑脂工艺流程见图 3-39。

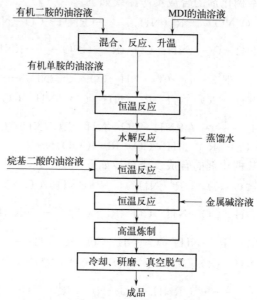

图 3-39　复合金属盐四脲基润滑脂工艺流程

3.4　各类非皂基润滑脂

非皂基润滑脂是不用脂肪酸金属皂作稠化剂而制得的一类润滑脂。又分为有机脂及无机脂两类。在有机脂中，除聚脲润滑脂外，还有用其他有机物如对苯二酰胺盐、聚四氟乙烯、石油蜡、阴丹士林、酞菁铜等，分散在基础油内所制得的润滑脂。无机脂是用无机稠化剂如膨润土、炭黑、硅胶等，经过表面处理后，分散在基础油内而制得的润滑脂。

3.4.1　酰胺钠润滑脂

(1) 产品配方

酰胺钠润滑脂由 N-烷基对苯二甲酸酰胺钠盐稠化基础油，并加有抗氧化剂和防锈剂制成。产品参考配方见表 3-16。

表 3-16　酰胺钠润滑脂产品参考配方

序号	原料名称	投料量/%
1	N-烷基对苯二甲酸酰胺钠	10.5
	二苯胺	0.5
	HVI500	余量
2	N-烷基对苯二甲酸酰胺钠	10.0
	二苯胺	0.5
	二壬基萘磺酸钡	2.0
	PAO10	余量

(2) 制备机理

酰胺皂稠化剂以 N-烷基对苯二甲酸单酰胺的金属盐为主，其分子结构如下：

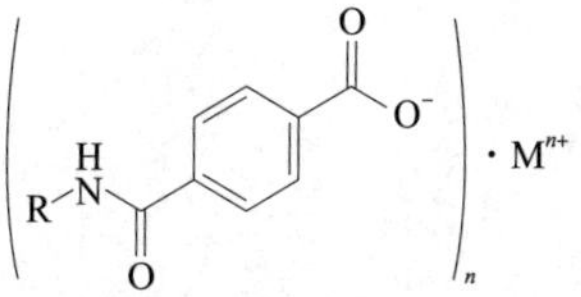

含 Na^+、Li^+、Al^{3+}、Ba^{2+} 等离子的酰胺皂稠化剂对基础油均有良好的稠化性能，当 R 基为正十八烷基时，酰胺皂稠化剂的稠化性能最强。N-烷基对苯二甲酸单酰胺钠是目前应用较为广泛的酰胺皂稠化剂。

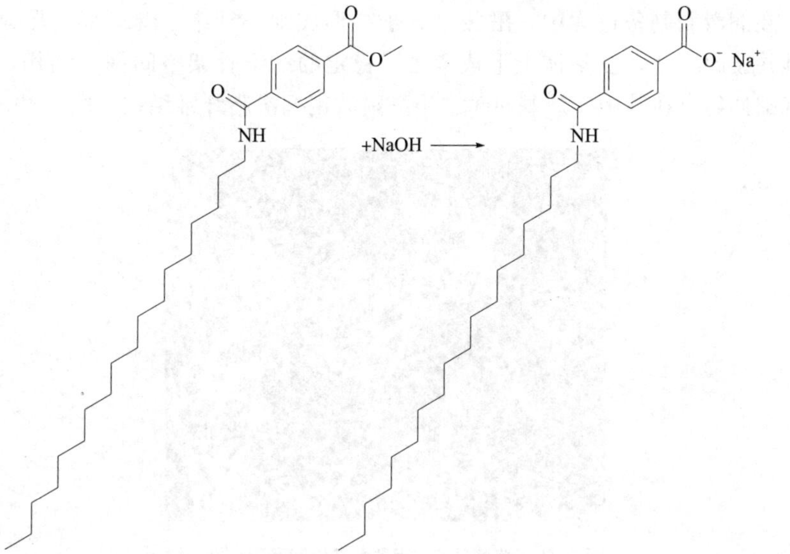

N-烷基对苯二甲酸酰胺钠，是一种典型的两亲性分子。酰胺基团（—CO—NH—）的存在，使得稠化剂分子间可以形成氢键。酰胺钠盐分子间形成如下氢键结构：

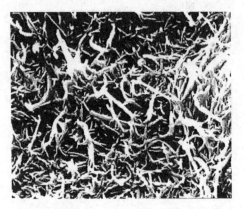

在润滑脂制备过程中，酰胺皂分子会形成细小纤维，继而聚集形成粗大纤维并彼此缔合，在整体上形成紧密、稳定的纤维骨架空间网状结构，从而将基础油约束在其中。烷基对苯二甲酸酰胺钠润滑脂纤维结构见图 3-40。

图 3-40　烷基对苯二甲酸酰胺钠润滑脂纤维结构

酰胺皂稠化剂分子中含有羧酸盐结构，以其制成的润滑脂具有相应皂基润滑脂的优点。同时，稠化剂分子中酰胺基团和苯环的存在，又使该脂同时具备了酰胺类润滑脂的性能优势，从而使其表现出更优异的综合性能。

3.4.2 烃基润滑脂

(1) 产品配方

烃基润滑脂是以固体烃类（石油蜡）作稠化剂制成的润滑脂。烃基润滑脂的稠化剂，除以烷烃为主要成分石蜡和以异构烷烃为主要成分的微晶蜡外，还使用聚乙烯蜡、酚醛树脂、石油树脂等合成蜡、聚合物等组分，以改善其高温性能。基础油则以矿物基础油为主，包括石蜡基、环烷基和中间基的各类基础油。在很多场合如钢丝绳用脂，则更多使用抽出油。为了改善其他相关性能，也常常加入增黏、抗氧、防锈等各类添加剂。烃基润滑脂产品参考配方见表 3-17。

表 3-17　烃基润滑脂参考配方

序号	原料名称	投料量/%
1	残渣蜡膏	24.0
	残渣精油	余量
2	80 号微晶蜡	10.0
	聚乙烯	3.0
	乙烯和丙烯共聚物	3.0
	油酸酰胺	6.0
	二丁基二硫代氨基甲酸锑	1.5
	磺酸钡	2.5
	冷冻机油	14.0
	抽出油	余量
3	微晶蜡	7.0
	芥酸酰胺	10.0
	改性酚醛树脂	20.0
	矿物油	余量
4	蜡膏	20.0
	松节油	12.0
	聚异丁烯	4.0
	聚乙烯蜡	5.0
	硫化异丁烯	2.0
	N-苯基-α-萘胺	1.0
	羊毛脂	1.0
	石墨	0.5
	120BS	余量

序号	原料名称	投料量/%
5	蜡膏	16.0
	聚异丁烯	6.0
	松香	3.0
	氯化石蜡	2.0
	N,N-二仲丁基对苯二胺	1.0
	羊毛脂	1.0
	石墨	0.5
	汽缸油	余量
6	石油蜡	8.0
	聚乙烯粉	5.0
	高黏度重质矿物油	余量
7	80 号微晶蜡	6.0
	油酸酰胺	8.0
	松香树脂	13.0
	磺酸钡	5.0
	抽出油	余量
8	90 号微晶蜡	5.0
	芥酸酰胺	8.0
	松香改性酚醛树脂	15.0
	磺酸钙	3.0
	残渣油	余量
9	85 号微晶蜡	7.0
	硬脂酸酰胺	7.0
	马林酸树脂	12.0
	磺酸钠	4.0
	矿物油	余量
10	2 号防锈蜡	26.0
	乙撑双硬脂酰胺	9.0
	热拌沥青再生剂	53.0
	150BS	余量
11	聚顺式-1,4-异戊二烯	7.0
	聚异丁烯基橡胶	2.0
	石油磺酸钡	4.0
	SBS 改性沥青	30.0
	基础油	余量
12	微晶蜡	10.0
	无规聚丙烯	8.0
	对二辛基二苯胺	0.5
	石油磺酸钡	3.5
	基础油	余量

序号	原料名称	投料量/%
13	微晶蜡	5.0
	聚乙烯蜡	6.0
	酚醛树脂	3.0
	氯化石蜡	2.0
	石油磺酸钡	2.0
	MCA	1.0
	合成烃油	余量
14	微晶蜡	5.0
	聚异丁烯	8.0
	石油树脂	2.0
	2,6-二叔丁基对甲酚	2.0
	烷基亚磷酸酯	1.0
	石油磺酸钠	1.5
	二硫化钼	0.5
	120BS	余量

(2) 制备机理

石蜡是固态高级烷烃的混合物，结构式为 C_nH_{2n+2}，其中 $n=17\sim35$。微晶蜡以 C31~C70 的支链饱和烃为主。基础油中蜡结晶开始析出时，在各个方向上的生长速度不同，因而成长为针状、条状或片状等状态，最后形成空间结构使基础油得以被稠化。

蜡的结晶状态与其分子结构有密切关系。蜡结晶的过程主要包括以下三个步骤：一是溶蜡油，即蜡在高温下可以溶解在油中，形成溶液。二是过冷，即当温度降至析蜡点以下时，蜡以结晶的形式从溶液中析出。三是过饱和，即温度继续降低，蜡晶体继续聚集长大，形成结晶体。在这个过程中，涉及成核速率、晶体生长速率。成核速率是指新晶核形成的能力。晶体生长速率是指晶体增长的速度。冷却速率与成核速率和晶体生长速率密切相关。当冷却速率足够慢时，高熔点的蜡首先析出并发出结晶热。随着温度继续下降，熔点较低的蜡也会结晶。即将沉淀的蜡分子与已结晶的蜡晶体碰撞，逐渐形成微小的晶状结构。

与由无支链正构烷烃组成的石蜡相比，微晶蜡主要由异构烷烃、带长侧链的环烷烃和少量正构烷烃组成。微晶蜡的弹性和黏附性，与其所含的非直链组分有关。典型的微晶蜡晶体结构小而薄，使其比石蜡更柔韧。主要由正构烷烃构成的石蜡，生成斜方形片状或条状结晶，而以异构烷烃构成的微晶蜡，一般为细长的针状结晶。

随着国内费-托合成技术的提升，费托蜡产品的需求量逐年增加。费托蜡是费-托合成工艺中的一种烃类混合物。相较于石油蜡，费托蜡具有熔点高、硬度大、碳数分布宽、裂解温度低、几乎不含硫氮杂原子等特点。费托蜡碳数呈正态分布，且以长链烷烃为主。费托蜡溶液结晶过程，以"针形"结晶和"片状"结晶混合形式为主，结晶产品粒径在几十到一百多微米。费托蜡晶体结构见图 3-41。

图 3-41　费托蜡晶体

剪切作用可显著影响蜡晶的形态和结构。蜡含量越高，胶质含量越低，则蜡晶聚集体越容易被破坏。

(3) 工艺流程

启动炼制釜搅拌，将基础油、蜡膏、合成蜡等加入炼制釜中。加热升温使稠化剂完全溶解。继续加热升温到最高炼制温度 130～140℃，排除水分。停止加热。降低至规定温度。加入抗氧、防锈、增黏等添加剂。用滤网进行过滤后。黏度合格后进行灌装。

3.4.3　氟素润滑脂

(1) 产品配方

氟素润滑脂是由聚四氟乙烯（PTFE）以及三氟氯乙烯-聚乙烯共聚物、四氟乙烯-六氟丙烯共聚物等含氟聚合物，稠化全氟聚醚油（PFPE）、硅油、氟硅油、氟氯碳油、全氟碳油等基础油，而制得的一类具有高度化学稳定性的润滑脂。氟素润滑脂产品参考配方见表 3-18。

表 3-18　氟素润滑脂参考配方

序号	原料名称	投料量/%
1	聚四氟乙烯	14.0
	银粉	50.0
	全氟聚醚	余量
2	聚四氟乙烯	10.0
	二氧化硅	2.0
	石墨烯	2.0
	全氟聚醚油	32.0
	全氟烃油	余量
3	聚四氟乙烯	40.0
	全氟十八酸钙	1.2
	全氟聚醚油	余量
4	氟化石墨烯	20.0
	聚四氟乙烯	2.0
	全氟聚醚油	余量
5	聚四氟乙烯	36.0
	二辛基二苯胺	1.0
	全氟聚醚基础油	50.0
	三羟甲基丙烷酯	余量
6	聚四氟乙烯	2.0
	膨润土	4.0
	硅胶	4.0
	甲基硅油	余量
7	聚四氟乙烯	13.0
	聚脲粉	7.0
	全氟聚醚油	50
	季戊四醇酯	余量
8	聚四氟乙烯	3.0
	滑石粉	27.0
	氟硅油	余量
9	四氟乙烯-六氟丙烯共聚物	28.0
	氮化硼	12.0
	MCA	2
	氟氯碳油	余量
10	聚四氟乙烯	28.0
	炭黑	3.0
	纳米二硫化钨	1.0
	二丁基二苯胺	0.5
	二壬基萘磺酸钠	2.0
	全氟聚醚油	余量

(2) 制备机理

由于 PTFE 中氟原子取代了聚乙烯中的氢原子，而氟原子体积较大半径为 0.064nm，远大于氢原子半径 0.028nm，且相邻大分子的氟原子的负电荷又相互排斥，使得 C—C 链由聚乙烯的平面的、充分伸展的曲折构象渐渐扭转到 PTFE 的螺旋构象，并形成一个紧密的完全"氟代"的保护层。与其他材料相比，这使其具有无法比拟的化学稳定性以及低的内聚能密度。PTFE 分子结构如下：

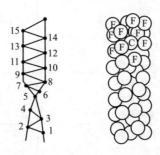

稠化剂通过在基础油中分散并形成骨架，使液体润滑剂被吸附和固定在骨架之中，从而形成具有塑性的半固体润滑脂。PTFE 作为润滑脂稠化剂，与常规皂基润滑脂的形成机理不同。皂纤维是通过空间网状结构将基础油吸附在晶格内，而 PTFE 只通过物理吸附的作用稠化基础油。稠化剂PTFE 要求分子量大于 2000；—CF_2CF_2—单元大于 85%，最好大于 90%；熔点大于 260℃，最好大于 300℃；粒度小于 30μm，适宜的小于 5μm。PT-FE 对于一般的矿物油和合成油稠化能力不好，需要较高含量的稠化剂才能够形成润滑脂。纳米 PTFE 微粉的吸油能力较强，与其比表面积更大、空隙率较大所致。使用 PTFE 粉体作为稠化剂调配全氟聚醚润滑脂，其微观形貌见图 3-42。

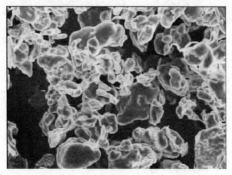

图 3-42 PTFE 润滑脂显微结构

PTFE 作为耐高温稠化剂，不同于复合皂基润滑脂通过皂纤维空间网状结构将基础油吸附在晶格内的稠化机理。PTFE 只通过物理吸附的作用稠化基础油，且其与氟素基础油的亲和力较弱，导致全氟聚醚润滑脂的胶体安定性不好、容易分油；长时间高温工况下导致润滑脂分油过多，容易变干变稠，氧化加剧，结焦积碳变黑，从而导致润滑脂快速变质并造成轴承表面的腐蚀、振动、噪声增大、轴承磨损严重等润滑不良的问题发生，同时也影响了其使用及贮存寿命。由全氟聚醚基础油和聚四氟乙烯稠化剂组成的氟素润滑脂，因两组间特殊分子结构决定了分子之间作用力较弱，进而影响了全氟聚醚润滑脂的胶体安定性。通过加入适当的结构稳定剂，可以提高润滑脂的胶体安定性。

(3) 工艺流程

在搅拌反应釜中，加入全氟聚醚等基础油。搅拌升温至 80~90℃，然后加入所需稠化剂。升温至 110~130℃。搅拌 60~120min。再慢慢加入剩余基础油，降温至 80℃后，加入添加剂，恒温搅拌 1h。混匀后冷却至50℃。经研磨、脱真空即得产品。氟素润滑脂制备工艺流程见图3-43。

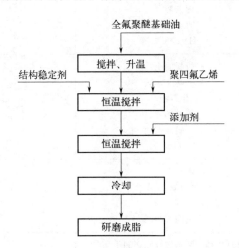

图 3-43　氟素润滑脂制备工艺流程

3.4.4　膨润土润滑脂

(1) 产品配方

利用经以季铵盐或者氨基酰胺覆盖等表面活性剂处理后的有机膨润土，稠化各类基础油可制的膨润土润滑脂。膨润土润滑脂产品参考配方见表3-19。

表 3-19　膨润土润滑脂参考配方

序号	原料名称	投料量/%
1	膨润土	14.3
	二甲基十八烷基苄基氯化铵	6.0
	癸二酸钠	0.4
	二苯胺	0.3
	150BS	余量
2	有机膨润土	15.0
	乙酸乙酯	1.4
	T501	0.6
	三羟甲基丙烷酯	余量
3	有机膨润土	9.0
	丙酮	2
	二异辛基二苯胺	0.5
	萘酚绿 B	0.02
	环烷基基础油	余量
4	双硬脂基二甲基铵改性膨润土	8.0
	丙三醇	1.5
	T701 防锈剂	2.5
	HVI500	余量
5	有机膨润土	12.0
	二异辛基二苯胺	0.7
	氟化石墨	1.8
	碳酸钙	2.0
	石油磺酸钡	1.5
	PAO20	余量
6	膨润土	15.0
	丙酮	1.6
	T501	0.6
	季戊四醇酯	余量
7	双月桂基二甲基铵改性膨润土	18.0
	T705 防锈剂	3.0
	乙二醇	5.0
	HVI350SN	余量

(2) 制备机理

膨润土主要成分是蒙脱石，按所含的主要交换性阳离子属性来划分，可分为钠基蒙脱石和钙基蒙脱石。钙基膨润土比钠基膨润土更难以在水中分散。蒙脱石属于2∶1型层状硅酸盐矿物。其晶体的基本结构有两种：一种是硅-氧四面体（T）；另一种为铝氧和氢氧所组成的八面体（O）。T、O两种基本单元以TOT层结构出现。在TOT层间充满nH_2O和交换性阳离子。蒙脱石分子结构氧层之间的黏结力很小，水和别的极性分子容易进入晶层间，同时结构中的阳离子又容易与其他离子发生置换：

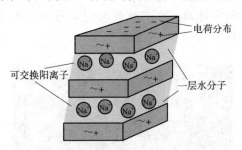

微观形态上，膨润土是由硅氧四面体和铝氧八面体组成的层状、鳞片状结构。其层状硅酸盐结构见图3-44。

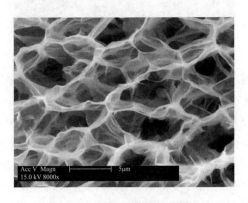

图3-44　膨润土层状硅酸盐结构

膨润土最显著的特征性质，是具有强烈的亲水性。当用有机阳离子化合物或有机盐对膨润土进行改性时，如采用十八烷基三甲基氯化铵、十八烷基二甲基苄基氯化铵、十六烷基三甲基氯化铵等对膨润土进行有机改性，就可以得到有机膨润土。这种有机膨润土具有强烈的亲油性。

将有机膨润土与基础油混合后，有机膨润土层之间的季铵盐阳离子对基础油具有较强的亲和力，基础油会慢慢地渗入到有机膨润土片状结构中，使层片间距增大，起到稠化的作用。但是，这个过程较为缓慢，需要通过强烈的机械剪切和助分散剂来加快膨化过程。强烈的机械搅拌可以加速基础油与膨润土之间的混合，并且在剪切过程中的膨润土之间摩擦与碰撞有利于扩大膨润土层片间距，加速基础油渗入膨润土层片间。助分散剂极性的结构，能够帮助扩大膨润土层片间距，并且形成氢键稳定其胶体结构。

膨润土润滑脂的微观结构，不具有典型的纤维结构特征。稠化成脂时借助分散剂与膨润土的羟基形成氢键网络，使膨润土颗粒在基础油中形成三维骨架。基础油均匀地填充在三维骨架的空隙中，从而形成非牛顿流体的润滑脂。膨润土润滑脂的微观结构见图3-45。

图 3-45　膨润土润滑脂微观结构

随表面处理剂不同，膨润土润滑脂的耐高温性、机械安定性因而发生变化。膨润土稠化剂与基础油结合牢固，一方面表现出其优良的胶体安定性，另一方面表现基础油难以进入摩擦表面，因此抗磨性和抗擦伤性稍差。膨润土脂对金属表面防腐蚀性不理想，需添加有效的防锈剂来改善。

由于蒙脱石晶体的相转变温度在700℃以上，比一般皂基润滑脂的脂肪酸皂稠化剂具有更高的相转变温度。从理论上来说，膨润土润滑脂可以比皂基润滑脂具有更高的使用温度条件。但是，因为受到阳离子表面活性剂高温分解和基础油高温蒸发损失的限制，使得膨润土的最高使用温度，却远远低于蒙脱石的相转变温度。

(3) 工艺流程

炼制釜法：启动炼制釜搅拌，将全部基础油投入炼制釜中，加热升温到50~60℃。向炼制釜中加入有机膨润土，搅拌使基础油与有机膨润土混合均匀。向炼制釜中加入极性分散助剂，高速搅拌混合30~60min。继续加热至100~120℃，以除去有机膨润土中的水分。继续加热至160~180℃，停止加热。向釜中加入添加剂，搅拌5~10min。在规定温度下，进行研磨均化。合格后包装成品。常压炼制釜法工艺流程见图3-46。

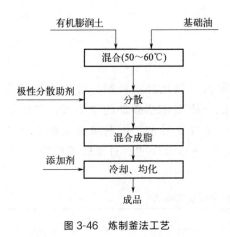

图 3-46　炼制釜法工艺

高速分散机法：采用高速分散机将计量的有机膨润土与砂磨介质充分混合，形成一定浓度浆料。将浆料加入砂磨机中进行研磨，浆料浓度控制在 5% ～ 35%，温度控制在 35 ～ 45℃，砂磨时间控制在 3～7h。加入占总量 1/3 的基础油，加热升温至 80～120℃脱除砂磨介质。缓慢加入占总量 1/3 的基础油，使温度降低至 30～90℃，冷却时间 10～60min。加入计量的助分散剂，持续搅拌，以使基础油充分膨化于膨润土中。温度控制在 30～90℃，搅拌 10～60min。升温脱除助分散剂，温度控制在 100～150℃。加入剩余 1/3 的基础油，继续搅拌使基础油充分膨化于膨润土中，将温度冷却至 110～120℃。加入添加剂。研磨均化，得到膨润土润滑脂成品。高速分散机法工艺流程见图 3-47。

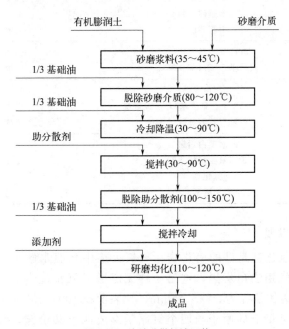

图 3-47　高速分散机法工艺

3.4.5 硅胶润滑脂

(1) 产品配方

硅脂基本是以硅油为基础油，再加入二氧化硅增稠剂、结构改善剂以及改性添加剂等，经混合研磨加工而成。适用作基础油的主要有：二甲基硅油、乙基硅油、甲基乙烯基硅油、甲基羟基硅油、甲基苯基硅油、氟烃基硅油、长链烷基硅油等。其中氟烃基硅油是极性的，对橡胶的影响极小。硅胶润滑脂参考配方见表 3-20。

表 3-20 硅胶润滑脂参考配方

序号	原料名称	投料量/%
1	4 号白炭黑	9.0
	季戊四醇	3.0
	甲基硅油	余量
2	纳米二氧化硅	12.0
	150BS 基础油	余量
3	纳米二氧化硅	11.0
	二苯基硅二醇	1.0
	甲基硅油	余量
4	改性气相二氧化硅	10.0
	聚甲基三氟丙基硅氧烷	余量
5	气相白炭黑	8.0
	1,3,5-三(3,3,3-三氟丙基)环三硅氧烷	0.6
	聚甲基三氟丙基硅氧烷	余量
6	疏水型白炭黑	2.0
	聚四氟乙烯稠化剂	23.0
	氮化硼	1.0
	全氟聚醚基础油	余量

(2) 制备机理

气相法二氧化硅是硅的卤化物在氢氧火焰中高温水解生成的纳米级白色粉末，俗称气相法白炭黑，这是一种无定形二氧化硅产品，原生粒径在 $7\sim40\mathrm{nm}$，聚集体粒径为 $200\sim500\mathrm{nm}$，比表面积 $100\sim400\mathrm{m}^2/\mathrm{g}$。二氧化硅晶体的结构，是每个硅原子与四个氧原子形成四个共价键，每个氧原子与两个硅原子形成共价键，而 SiO_2 并不是代表一个简单分子。二氧化硅晶体结构如下：

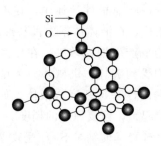

表面未处理的气相法二氧化硅聚集体是含有多种硅羟基。纳米 SiO_2 表面羟基较多，是亲水疏油型的，容易团聚。纳米 SiO_2 的表面存在不同键合状态的羟基和不饱和的残键。气相法二氧化硅表面结构如下：

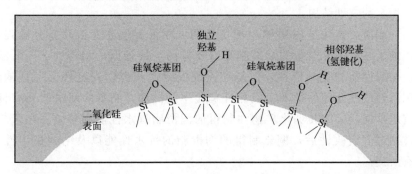

气相法二氧化硅表面存在"硅氧基"和"硅羟基"。其中的硅羟基具有较高的活性，可以形成氢键，或者与其他基团反应。这也保证了二氧化硅粒子之间能形成稳定的网络，同时与其他介质之间具有良好的相互作用，使得二氧化硅呈现出良好的增强、增韧、增稠触变以及防沉降等性能。平均粒径为 20nm 的未改性二氧化硅颗粒形貌，见图 3-48。

图 3-48　二氧化硅颗粒形貌（SEM）

当气相法二氧化硅分散在非极性液体中，在不同颗粒表面的硅醇基团通过氢键相互作用形成架桥，在液体体系中极易形成均匀的三维网状结构。但是，这种三维结构的构成产生增稠效果，在体系受到如搅拌或摇动等机械外力作用时，这种结构受到破坏。机械外力类型和持续时间决定受破坏的程度，其结果是被增稠的体系重新变成液体。如果保持静置状态，气相法二氧化硅颗粒又会连接起来，恢复原来的稠度。

表面存在的大量活性硅羟基使纳米 SiO_2 呈现亲水疏油的特性，易于团聚，分散性能不好。因此，需要对纳米 SiO_2 进行改性，使其呈现亲油疏水的特性。在这些体系，尤其是在液体的混合物或溶液中，表面改性的气相法二氧化硅显示出优异的流变行为。这是由于溶剂化效应或吸附作用而形成了稳定的三维结构。

气相法二氧化硅的增稠和触变作用，在很大程度上依赖于分散强度。采用纳米二氧化硅制备的润滑脂具有良好的与接触面的相容性、高低温性能、黏附性能和化学惰性，但是在贮存安定性和剪切安定性上存在缺陷。使用未经改性处理的纳米二氧化硅稠化甲基硅油，制备的润滑脂具有良好的抗水性能，但用其稠化矿物油制得的润滑脂抗水性能则稍差。纳米二氧化硅通过表面改性后，稠化制得的润滑脂的抗水性能以及结构稳定性等，均有所提高。

常用的纳米二氧化硅表面改性剂有很多，主要包括三类：一是醇类，利用醇类进行酯化反应是常用的方法，纳米二氧化硅表面的—OH 与醇的—OH 发生酯化反应并生成水。因此，及时将水分引出体系，以推动反应正向进行，是改性的关键。二是 $RSiX_3$（R—有机官能团基，X—水解性官能团基）类硅烷偶联剂，使用硅烷偶联剂改性。三是聚合物表面接枝，利用有机单体在活化的纳米二氧化硅表面进行单体聚合，可分为均聚和共聚，常用的改性单体包括苯乙烯、苯乙烯醇、丁二烯、十七氟癸基三甲氧基硅烷等。

改性剂通过化学键与二氧化硅结合，对纳米二氧化硅表面结构产生影响，导致纳米二氧化硅由亲水向亲油过程转变，能够稳定吸附基础油。改性纳米二氧化硅制备润滑脂结构稳定，胶体安定性、贮存安定和机械安定性也较好。

(3) 工艺流程

启动搅拌，将基础油与结构改善剂一起加入双行星式搅拌机的搅拌釜中。加热使结构改善剂溶于基础油中。当升至一定温度时，向釜内加入硅胶。加完硅胶后，控制温度进行膨化。间断搅拌，控制搅拌速度 30～45r/

min，时间 30～60min。将物料放出。将其放置冷却后再研磨得到成品。硅脂制备工艺流程见图 3-49。

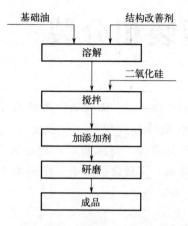

图 3-49 硅脂制备工艺流程

第 4 章
润滑脂灌装和分装

各类包装形式的润滑脂成品，需要通过灌装或分装等操作过程来实现。一个完整的润滑脂灌装或分装过程，一般包括计量、灌装（或分装）、检查、标识、输送、码垛等阶段。润滑脂通过灌装或分装，可以更好满足润滑脂使用现场的具体要求，实现设备集中供脂或手工涂脂方便可靠地进行，简化操作程序。

4.1 润滑脂包装

润滑脂的包装形式主要有散装罐以及 200L、20L、18L、16L、5L、2L、1L 和 250mL 的钢桶、塑料、纸桶等，有时还采用塑料袋包装。润滑脂散装罐主要提供给冶金生产线的集中润滑系统，其在汽车、工程机械等领域均有广泛应用。一些办公设备、电动玩具、通信工具等行业使用的特种润滑脂，则采用容量更小的包装，如 100mL、50mL、20mL 等。润滑脂的包装形式，正不断向多样化方向发展。

4.1.1 润滑脂包装形式

润滑脂包装以金属和塑料材料为主，纸质材料包装仅占 1.0% 以下。按包装形式不同，15.9～24.9kg 的塑料和 168～204kg 的金属包装用量最大。从近年来的统计资料来看，2.4kg 以下的小桶包装以及 <0.5kg 的小容器包装，呈现出较快的增长趋势。2021 年全国润滑脂包装形式统计见表 4-1。

表 4-1　2021 年全国润滑脂包装形式统计

项目	比例/%			
	金属	塑料	纸质	合计
大桶(168～204kg)	37.77	0.05	0.00	37.82
中桶(49.9～54.4kg)	0.22	4.30	0.00	4.52
中桶(15.9～24.9kg)	4.42	41.70	0.00	46.12

项目	比例/%			
	金属	塑料	纸质	合计
小桶(12～15kg)	0.53	0.14	0.00	0.67
小桶(2.4～4.1kg)	0.07	3.33	0.02	3.42
小桶(0.5～2.4kg)	1.66	1.88	0.00	3.54
塑料袋(0.8～1.0kg)	0.00	3.45	0.00	3.44
小容器<0.5kg	0.07	0.39	0.00	0.46
铁塑纸包装统计	44.75	55.23	0.02	100

4.1.2 包装桶类型

(1) 钢桶

钢桶是金属容器的一种，是用金属材料制成的容量较大的容器，一般为圆柱形。钢桶包装用钢材主要是低碳薄钢板。低碳薄钢板具有良好的塑性和延展性，制桶工艺性好，有优良的综合防护性能。但是，钢材最大的缺点是耐蚀性差、容易生锈，采用表面镀层和涂料等方式才能使用。

按容积大小不同，钢桶分为大桶（200L及以上）、中桶（80～200L）和小桶（80L以下）三种类型。

根据其封闭器的结构形式和封闭器直径的大小，钢桶分为闭口钢桶和全开口钢桶两大类，进一步又分为小开口钢桶、中开口钢桶、直开口钢桶、开口缩颈钢桶等四种型式，而每种型式按容量规格构成系列。按钢桶的桶口型式分类见表4-2。

表4-2　按钢桶的桶口形式分类

类别	型式	封闭器
闭口钢桶	小开口钢桶	螺旋式注入口封闭器一个
		螺旋式注入口和透气口封闭器各一个
	中开口钢桶	揿压式封闭器
		螺栓压紧式封闭器
		螺旋顶压式封闭器
全开口钢桶	直开口钢桶	螺栓型封闭箍、杠杆式封闭箍
	开口缩颈钢桶	

按涂覆层不同，钢桶可分为烤漆桶、镀锌桶、镀锡桶、电镀桶、内涂桶等，此外，还有钢塑料复合桶、预涂卷材钢桶、覆膜板钢桶等。

按材料的厚度不同，钢桶可分为重型桶、中型桶、次中型桶和轻型桶。各类型钢桶钢板厚度见表4-3。

表4-3　各类型钢桶钢板厚度

容量/L	重型桶/mm	中型桶/mm	次中型桶/mm		轻型桶/mm
			桶身	桶顶底	
200	1.5	1.2	1.0	1.2	0.8～1.0
100	1.2	1.0	0.8	1.0	0.6～0.8
80					
63	1.0	0.8	—	—	0.5～0.6
50			0.6	0.8	
45	0.8	0.6	—	—	
35	0.6	0.5	—	—	0.3～0.4
25					
20					

按盛装货物的危险性不同，钢桶分为Ⅰ级、Ⅱ级和Ⅲ级。Ⅰ级钢桶适用于盛装危险性较大的货物；Ⅱ级钢桶适用于盛装危险性中等的货物；Ⅲ级钢桶适用于盛装危险性较小的货物和非危险货物。各级钢桶的性能要求见表4-4。

表4-4　各级钢桶的性能要求（GB/T 325.1—2018）

序号	项目	闭口钢桶			开口钢桶			要求
		Ⅰ级	Ⅱ级	Ⅲ级	Ⅰ级	Ⅱ级	Ⅲ级	
1	气密试验/kPa	≥30	≥20		—			保压5min不泄漏
2	液压试验/kPa	250	≥100[a]		—			保压5min不渗漏
3	堆码试验/N	见 GB/T 325.1—2018 的 7.6 式(1)						无明显变形与破损
4	跌落高度[b]/m	1.8	1.2	0.8	1.8	1.2	0.8	闭口钢桶：达到内外压平衡后不渗漏 开口钢桶：不撒漏或破损

　[a] Ⅱ级、Ⅲ级闭口钢桶液压试验压力应不小于所装物质在50℃时的蒸汽压力的1.75倍减去100kPa，但最小的试验压力应为100kPa。

　[b] 当拟装物的密度（ρ）不大于1.2g/cm³ 时，跌落高度按本表；当拟装物的密度（ρ）大于1.2g/cm³ 时，跌落高度应按GB/T 325.1—2018 表2计算，并四舍五入，取一位小数。

钢桶的基本结构包括桶底、桶身、桶顶、封闭器（闭口桶封闭器和开口桶封闭器）。开口包装钢桶的结构见图 4-1，闭口包装钢桶的结构见图 4-2。

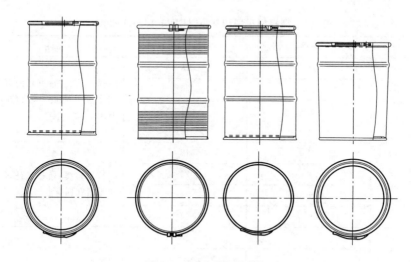

图 4-1 开口包装钢桶结构

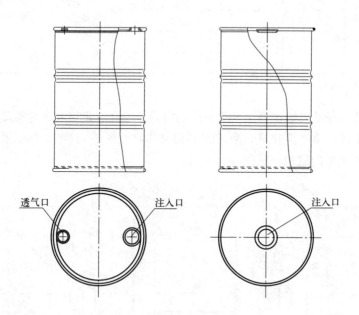

图 4-2 闭口包装钢桶的结构

(2) 钢提桶

钢提桶按其外形，分为 T 型（带有锥度）和 S 型（不带锥度），同时又进一步分为 4 个类别，4 种规格。钢提桶分类见表 4-5。

表 4-5　钢提桶类别和规格（GB/T 13252—2008）

类别	规格	标称容积/L	备注
1	1	18	抓爪盖类,带有爪的可开盖通过爪使盖子紧扣在桶身上
	2	20	
	3[a]	21	
	4	24	
2	1	18	箍紧盖类,通过箍使可开盖箍紧在桶身上
	2	20	
	3[a]	21	
	4	24	
3	1	18	固定盖类,桶顶和桶底通过卷边固定在桶身上
	2	20	
4	1	17	
	2	17	
	3	19	
	4	20	

[a] 不适用 S 型桶。

按技术要求，钢提桶又分为危险品包装Ⅰ、Ⅱ、Ⅲ级和非危险品包装。

第 1 类、第 2 类和第 3 类 T 型桶的结构，见图 4-3。第 1 类、第 2 类和第 3 类 S 型桶的结构，见图 4-4。

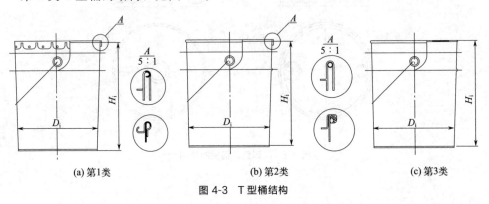

(a) 第1类　　　　　　　　(b) 第2类　　　　　　　　(c) 第3类

图 4-3　T 型桶结构

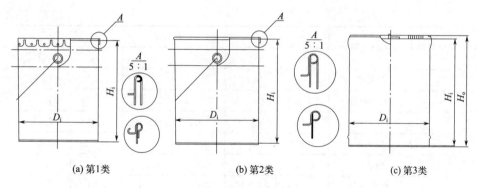

|(a) 第1类|(b) 第2类|(c) 第3类|

图 4-4　S 型桶结构

（3）塑料提桶

塑料提桶的桶身是以聚丙烯、聚乙烯等树脂为主要原料，采用注塑成型法生产的桶。经过组装附有提手，而具有盛装功能。按桶身材质分为聚丙烯（PP）与聚乙烯（PE）。聚丙烯（PP）使用温度范围≤95℃，聚乙烯（PE）使用温度范围≤80℃。

4.1.3　200L 及以下全开口包装钢桶

（1）产品特性

适用作为各种固体颗粒和浓稠半液态产品的包装、运输或储存的包装容器。

（2）技术参数

直口式 200L 及以下全开口包装钢桶国家标准见表 4-6。

表 4-6　直口式 200L 及以下全开口包装钢桶国家标准（GB/T 325.4—2015）

单位：mm

尺寸符号	项目说明	公称容量					
		200L	100L	80L	50L	35L	25L
D_1	内径	560±2	500±2	395±2	395±2	355±2	285±2
H_1	全高	895±3	610±3	775±3	485±3	435±3	465±3
D_2	环筋外径	≤585 (≤575)[a]	—	—	—	—	—
D_3	卷封边缘外径	575±2	515±2	401±2	401±2	361±2	291±2
D_4	封闭箍外径	≤600	≤540	≤420	≤420	≤380	≤310

尺寸符号	项目说明	公称容量					
		200L	100L	80L	50L	35L	25L
h_5	环筋高	—	10±2	7±2	7±2	7±2	7±2
h_4	环筋间距	280±3	280±3	330±3	260±3	210±3	240±3
h_6	波纹高	3±1	—	2±1	2±1	2±1	2±1
h_1	桶底深	19±1	16±1	16±1	16±1	16±1	10±1
h_2	桶盖深	19±1	16±1	16±1	16±1	12±1	12±1
h_3	桶盖边深	8.5±1	7±1	7±1	7±1	7±1	7±1
D	卷管直径	10±1	10±1	6.5±1	6.5±1	6.5±1	6.5±1
D_5	桶盖外径	583±2	522±2	413.5±2	413.5±2	373.5±2	303.5±2
D_6	桶盖配合外径	558.8±1	498±1	393.5±1	393.5±1	353.5±1	283.5±1

a 是桶身环筋为"W"筋时的环筋外径。

4.1.4　200L 及以下闭口钢桶

(1) 产品特性

适用于作为储存和运输石油化工产品等非腐蚀性液体的包装容器。

(2) 技术参数

200L 及以下闭口钢桶国家标准见表 4-7。

表 4-7　200L 及以下闭口钢桶国家标准（GB/T 325.5—2015）

单位：mm

尺寸符号	项目说明	公称容量					
		200L	100L	80L	50L	25L	20L
D_1	内径	560±2	500±2	430±2	395±2	282±2	282±2
d_1	缩颈内径	—	—	415±2	380±2	272±2	272±2
H_1	全高	885±3	600±3	650±3	480±3	480±3	400±3
D_2	环筋外径	≤585 (≤575) a	—	—	—	—	—
D_3	卷封边缘外径	575±2	515±2	436±2	401±2	288±2	288±2
h_1	桶底深	19±1	16±1	16±1	16±1	16±1	16±1
h_2	桶盖深	19±1	16±1	16±1	16±1	16±1	16±1
h_4	环筋间距	280±3	280±3	210±3	260±3	260±3	260±3

尺寸符号	项目说明	公称容量					
		200L	100L	80L	50L	25L	20L
h_5	环筋高	—	10±2	7±2	7±2	7±2	7±2
h_6	波纹高	3±1	—	2±1	2±1	2±1	2±1
P_1	注入口至透气口中心距离	415±2	375±2	290±2	255±2	147±2	147±2
P_2	注入口中心至桶身外壁距离	75±2	68±2	68±2	68±2	68±2	68±2

a 是桶身环筋为"W"筋时的环筋外径。

4.1.5 钢提桶

(1) 产品特性

包括 20L 钢提桶、18L 钢提桶、10L 钢提桶等。结构简单、易于生产。适用于涂料产品以及各种液态、固态化工品的包装。

(2) 技术参数

T 型桶结构尺寸见表 4-8。第 1、2 类型桶结构尺寸见表 4-9。第 3 类 S 型桶结构尺寸见表 4-10。第 4 类 S 型桶结构尺寸见表 4-11。危险品包装测试压力见表 4-12。非危险品包装测试压力见表 4-13。第 3、4 类提桶试验压力见表 4-14，按 GB/T 4857.5 的规定测试有无泄漏。内装物及填充量、跌落部位见表 4-15，跌落高度见表 4-16，当盛装液体密度大于 1.2g/cm³ 时跌落高度见表 4-17。

表 4-8 T 型桶结构尺寸（GB/T 13252—2008）　　单位：mm

类别	规格	内径				内高 H_i^a	
		桶顶 D_{i1}		桶底 D_{i2}			
		尺寸	极限偏差	尺寸	极限偏差	尺寸	极限偏差
1 2b 3c	1	285	±3	272	±3	315	±5
	2					342	
	3					360	
	4					420	

a 内高尺寸不含密封垫。

b 不含第 4 种规格。

c 不含第 3、4 种规格。

表 4-9　第 1、2 类 S 型桶结构尺寸（GB/T 13252—2008）单位：mm

类别	规格	内径 D_i		内高 H_i^a	
		尺寸	极限偏差	尺寸	极限偏差
1 2	1	285	±3	310	±5
	2			340	
	4			420	

a 内高尺寸不含密封垫。

表 4-10　第 3 类 S 型桶结构尺寸（GB/T 13252—2008）单位：mm

类别	规格	内径 D_i		内高 H_i		外高 H_o	
		尺寸	极限偏差	尺寸	极限偏差	尺寸	极限偏差
3	1	285	±3	310	±5	330	±5
	2			340		360	

表 4-11　第 4 类 S 型桶结构尺寸（GB/T 13252—2008）单位：mm

类别	规格	内径 D_i		内高 H_i		外高 H_o	
		尺寸	极限偏差	尺寸	极限偏差	尺寸	极限偏差
4	1	264	±3	328	±5	340	±5
	2			310		320	
	3	273		342		352	
	4			360		370	

表 4-12　危险品包装测试压力（GB/T 13252—2008）

级别	危险级别 I 包装	危险级别 II、III 包装
测试压力/kPa	30	20

表 4-13　非危险品包装测试压力（GB/T 13252—2008）

类别		1 类	2 类	3 类	4 类
测试压力/kPa	加盖前	20	20	20	20
	加盖后	10	10		

表 4-14　第 3、4 类提桶试验压力（GB/T 13252—2008）

级别	危险级别 I 包装	危险级别 II、III 和非危险品包装
测试压力/kPa	250	100

表 4-15　内装物及填充量、跌落部位（GB/T 13252—2008）

实际内装物	模拟内装物	填充量	跌落部位
固体	干燥沙	容积的 95%	焊缝、桶底、桶顶卷边和焊缝结合部位
液体	水	容积的 98%	

表 4-16　跌落高度（GB/T 13252—2008）

级别	危险级别Ⅰ包装	危险级别Ⅱ包装	危险级别Ⅲ和非危险品包装
跌落高度/m	1.8	1.2	0.8

表 4-17　盛装液体密度大于 1.2g/cm³ 时跌落高度（GB/T 13252—2008）

级别	危险级别Ⅰ包装	危险级别Ⅱ包装	危险级别Ⅲ和非危险品包装
跌落高度/m	液体密度×1.5	液体密度×1.2	液体密度×0.67

4.1.6　日用塑料提桶

(1) 产品特性

包括 20L 钢提桶、18L 钢提桶、10L 钢提桶等。适用于涂料产品以及各种液态、半固态和固态化工品的包装。

(2) 技术参数

日用塑料提桶国家标准见表 4-18。

表 4-18　日用塑料提桶国家标准（GB/T 30403—2013）

序号	项目		技术要求
1	负载		无破裂,提手不脱落
2	负载变形率		≤10%
3	耐热性能		无破裂,提手不脱落
4	耐冲击性		无破裂
5	跌落试验		无破裂
6	老化	颜色变化	$\Delta E \leqslant 8$

注：容量小于 5L 的日用塑料提桶不做耐冲击性。

4.2　润滑脂灌装

润滑脂灌装是指在生产现场，利用一定的计量手段而将生产设备中润滑脂通过成品泵送于包装桶的过程。润滑脂的灌装，要求计量准确，工作效率高。对于散装罐以及200L钢桶包装，主要利用生产设备的物料循环系统直接灌装，而16～18L钢桶或塑料桶则多采用灌装生产线直接进行自动灌装。

4.2.1　润滑脂灌装基本过程

(1)　灌装前准备

打印产品标签，核对标签名称与所要灌装的润滑脂是否一致。确认润滑脂的批号、净含量。检查打印后标签是否清晰。检查包装桶清洁程度，要求干净、有无杂质。对不干净的和有杂质的包装桶，应移开处理后合格后再进行灌装。计量器具要进行清零检查。

(2)　灌装操作要求

在灌装中要随时检查润滑脂的气泡、明杂等外观状态变化。对灌装于桶内的润滑脂，要求表面刮平无凹陷，以防润滑脂储存中出现析油。要保证桶内润滑脂的净含量符合计量误差允许范围。要保证桶盖、桶卡装牢，螺栓、螺母紧固。

润滑脂灌装完成后，关闭相应阀门，防止串脂、漏脂。立即清理灌装现场，将使用余下的包装桶放回原位，以防错用，保持环境整洁。

(3)　润滑脂计量

按工作原理不同，衡器可分为机械秤、电子秤、机电结合秤三大类。衡器发展的重点是电子衡器。其结构主要由承重系统、传力转换系统和示值系统3部分组成。电子衡器简称电子秤。这种计量衡器通过程控、群控、电传打印记录、屏幕显示等现代电子技术的配套使用，具有功能齐全，效率更高的特点。目前，润滑脂计量衡器主要使用电子秤。

4.2.2　电子台案秤

(1)　性能

由称重传感器为一次转换元件与承载器、电子装置、数字显示装置组成。称量范围在 30～600kg。

(2) 技术参数

电子台案秤国家标准中精准度等级见表 4-19，最大允许误差见表 4-20。

表 4-19　电子台案秤精准度等级国家标准（GB/T 7722—2020）

准确度等级	检定分度值 e / g	检定分度数 $n=\text{Max}/e$		最小秤量（Min）（下限）
		最小	最大	
中准确度级 Ⅲ	$0.1\leqslant e\leqslant 2$ $e\geqslant 5$	100 500	10000	$20e$
普通准确度级 Ⅳ	$e\geqslant 5$	100	1000	$10e$

表 4-20　最大允许误差（GB/T 7722—2020）

最大允许误差（MPE）	质量（m）以检定分度值（e）表示	
	Ⅲ级	Ⅳ级
$\pm 0.5e$	$0\leqslant m\leqslant 500$	$0\leqslant m\leqslant 50$
$\pm 1.0e$	$500< m\leqslant 2000$	$50< m\leqslant 200$
$\pm 1.5e$	$2000< m\leqslant 10000$	$200< m\leqslant 1000$

4.2.3　双头 5～20kg 润滑脂容积式灌装机

(1) 性能

称重传感器平台在 PLC 的控制下设定计量。其操作精度高，改变了传统流量计式灌装机定量精度及无法对较黏液体的计量缺陷，集称重与灌装一体化，适用于润滑脂以及其他黏稠液体的称重定量灌装。

(2) 技术参数

双头 5～20kg 润滑脂容积式灌装机参数值见表 4-21。

表 4-21　双头 5～20kg 润滑脂容积式灌装机参数值

项目	参数值
灌装头数目/个	2
灌装范围/kg	5～20
灌装速度/(桶/h)	240～300
灌装精度/%	±5

项目	参数值
进料压力/MPa	0.3～0.35
耗气量/(m³/min)	0.2
输送机高/mm	680±50

4.2.4　半自动 200L 桶润滑脂称重灌装机

(1) 性能

采用称重式定量灌装、人工上桶、自动扣除桶皮重和定量灌装。特有的双速给料方式，可提高工作速度、保证精度。适用于润滑脂、有黏度或有泡沫较难罐装的黏稠产品，如润滑脂、各种膏体、胶黏剂以及其他化工产品。

(2) 技术参数

半自动 200L 桶润滑脂称重灌装机参数值见表 4-22。

表 4-22　半自动 200L 桶润滑脂称重灌装机参数值

项目	参数值
检重范围/kg	10～200
最大速度/(桶/h)	20～30
标准精度/g	±(30～50)
工作气压/MPa	0.3～0.8
外形尺寸/mm	3000×1000×1900

4.3　润滑脂成品分装

一些润滑脂主要采用 200mL～5L 的小包装，最小甚至达到几毫升水平。在润滑脂生产现场直接灌装 5L 及以下包装时，因灌装时间较长，会影响后续产品正常生产。此时，一般是要先灌装中转罐或中转桶，然后再对润滑脂产品进行分装处理。为了提高润滑脂分装效率，现多使用各类专用设备进行分装操作。

4.3.1 分装设备类型

润滑脂分装设备有半自动机械和全自动机械。半自动机械分装是通过机械将计量的润滑脂装入包装盒（袋），再人工封盖或过塑密封。全自动机械分装则是从装入包装盒（袋）、封盖、装箱和控制，均由机械设备完成。受润滑脂批量较小的限制，目前润滑脂分装主要是半自动的分装机。

4.3.2 FM-SMN 半自动旋转膏体灌装机

（1）性能

属于活塞式容量灌装。设置手动挡与自动挡，可按需求，调节灌装量和灌装速度。主要用于针对高黏度膏体物料及异形瓶样的灌装，如润滑脂，膏脂，涂料等。

（2）技术参数

FM-SMN 半自动旋转膏体灌装机参数值见表 4-23。

表 4-23　FM-SMN 半自动旋转膏体灌装机参数值

型号	灌装范围 /g	灌装精度 /%	灌装速度 /(次/min)	耗气量 /(L/min)	外形尺寸 /mm
FM-SMN/100	20～100		10～30	165	980×550×1450
FM-SMN/250	30～250		10～25	150	1000×550×1550
FM-SMN/500	100～500	±0.5	8～20	263	1100×550×1600
FM-SMN/1000	200～1000		5～15	367	1300×670×1650
FM-SMN/2000	1000～2000		5～15	380	1400×670×1650

4.3.3 DFB-08 型机械式定量分装机

（1）性能

通过机械式取料机构和气动提升机构，从 200～208L 润滑脂桶中自动快速吸取物料，经 0～3.2 可调的定量器定量，然后由气动灌装机构快速灌装。具有定量准、灌装快、效率高、强度低等显著特点。适用于对润滑脂等黏稠类物品进行自动定量及快速分装。

（2）技术参数

DFB-08 型机械式定量分装机参数值见表 4-24。

表 4-24 DFB-08 型机械式定量分装机参数值

项目	参数值
定量范围/(kg/次)	0～2.5
灌装速度/(L/h)	≥1000
电机功率/kW	7.5
空气压力/MPa	0.4～0.6
桶允许变形量/mm	≤20
外形尺寸/mm	2230×1520×2500

第 5 章
润滑脂质量标准

按照功能特点，润滑脂兼有润滑、减振、防护和密封等几大功效。"润滑"是润滑脂的基本功能，此类产品称为减摩润滑脂而用量最大。通常将以"润滑"功能为主，来实现防止机械磨损的润滑脂称作减摩润滑脂。减摩润滑脂可再进一步区分为通用润滑脂和专用润滑脂两类。相对而言，一些具有防护、密封等重要功能的产品，往往是依据使用工况的特殊要求来独立研制开发的。这些产品则分别称之为防护润滑脂和密封润滑脂。

5.1 通用润滑脂

依据稠化剂类型的不同，通用润滑脂包括皂基脂和非皂基脂两大类，具体产品如锂基润滑脂、复合锂基润滑脂、聚脲润滑脂等。无论是皂基脂或非皂基脂，都可按耐负荷能力的不同，区分为非极压润滑脂和极压润滑脂；按使用温度的高低不同，进而区分为低温用润滑脂、高温润滑脂和高低温润滑脂。

5.1.1 无水钙基润滑脂

(1) 产品特性

采用羟基脂肪酸钙皂稠化基础油，再加入添加剂制成。具有优良的机械安定性、抗水性、胶体安定性和低温性能。其结构中不含水，使用温度比一般钙基脂高 30℃ 以上。抗吸湿性和抗热硬化性均优于复合钙基脂。适用于工程机械、电机、风机轴承以及水泵轴承等机械部位润滑。使用温度范围为 −20～110℃。

(2) 技术参数

无水钙基润滑脂企业标准见表 5-1。

表 5-1　无水钙基润滑脂企业标准（Q/0305LBT004—2017）

项目		指标	
		2 号	3 号
外观		浅黄至褐色均匀光滑油膏	
工作锥入度/(0.1mm)		265～295	220～250
滴点/℃	≥	130	135
钢网分油(100℃,30h)/%	≤	8	7
腐蚀(T_2 铜片,100℃,30h)		合格	
蒸发量(99℃,22h)/%	≤	5	
水淋流失量(38℃,1h)/%	≤	13	
相似黏度(−10℃,$10s^{-1}$)/(Pa·s)	≤	1200	1300
延长工作锥入度(100000 次)/(0.1mm)	≤	370	360

5.1.2　通用锂基润滑脂

(1) 产品特性

采用羟基脂肪酸锂皂稠化精制矿物基础油，并加有抗氧、防锈等添加剂制成。滴点较高，有优良的抗水性、结构稳定性和剪切稳定性。氧化稳定性、胶体安定性和抗水性良好。剪切稳定性优良。被公认是一种多用途、长寿命、耐宽温的通用润滑脂。稠化剂的微粒越小，脂的噪声性能越好。环烷基油具有良好的降低噪声的效果。高分子聚合物可以改善润滑性能。广泛适用于各种机械设备的滚动轴承和滑动轴承及其他摩擦部位的润滑。使用温度−20～120℃。

(2) 技术参数

通用锂基润滑脂国家标准见表 5-2。

表 5-2　通用锂基润滑脂国家标准（GB/T 7324—2010）

项目		质量指标		
		1 号	2 号	3 号
外观		浅黄至褐色光滑油膏		
工作锥入度/(0.1mm)		310～340	265～295	220～250
滴点/℃	≥	170	175	180

项目	质量指标		
	1 号	2 号	3 号
腐蚀（T_2 铜片,100℃,24h）	铜片无绿色或黑色变化		
钢网分油（100℃,24h）（质量分数）/% ≤	10	5	
蒸发量（99℃,22h）（质量分数）/% ≤	2		
杂质（显微镜法）/（个/cm^3） 　10μm 以上　　　　　　≤ 　25μm 以上　　　　　　≤ 　75μm 以上　　　　　　≤ 　125μm 以上　　　　　≤	2000 1000 200 0		
氧化安定性（99℃,100h,0.760MPa） 压力降/MPa　　　　　　　≤	0.070		
相似黏度（－15℃,10s^{-1}）/（Pa·s） ≤	800	1000	1300
延长工作锥入度（100000 次）/（0.1 mm）≤	380	350	320
水淋流失量（38℃,1h）（质量分数）/% ≤	10	8	
防腐蚀性（52℃,48h）	合格		

5.1.3 二硫化钼锂基润滑脂

（1）产品特性

灰色至黑灰色均匀油膏。具有良好的润滑性、机械安定性、抗水性和氧化安定性。适用于矿山机械、冶金机械设备、机电设备、交通运输等高温、重负荷各种较大型机械设备的润滑。工作温度范围为－20～120℃。

（2）技术参数

二硫化钼锂基润滑脂石化行业标准见表5-3。

表5-3　二硫化钼锂基润滑脂石化行业标准（NB/SH/T 0587—2016）

项目	极压型				普通型				试验方法
	0 号	1 号	2 号	3 号	0 号	1 号	2 号	3 号	
工作锥入度/（0.1mm）	355～ 385	310～ 340	265～ 295	220～ 250	355～ 385	310～ 340	265～ 295	220～ 250	GB/T 269
延长工作锥入度（100000 次）/0.1mm　　　　　≤	420	390	360	330	420	390	360	330	GB/T 269

项目	极压型				普通型				试验方法
	0号	1号	2号	3号	0号	1号	2号	3号	
滴点/℃ ≥	170		175		170		175		GB/T 4929
防腐蚀性(52℃,48h)	合格								GB/T 5018
蒸发量(99℃,22h)(质量分数)/% ≤	2.0								GB/T 7325
铜片腐蚀（T_2 铜片, 100℃,24h)乙法	铜片无绿色或黑色变化								GB/T 7326—87
相似黏度（−10℃,$10s^{-1}$)/(Pa·s) ≤	150	250	500	800	150	250	500	800	SH/T 0048
水淋流失量(38℃,1h)(质量分数)/% ≤	—	10.0			—	10.0			SH/T 0109
极压性能（四球机法）P_D/N	—				报告				SH/T 0202
极压性能（梯姆肯法）OK值/N ≥	177				—				NB/SH/T 0203
钢网分油(100℃,24h)(质量分数)/% ≤	—	10.0	5.0		—	10.0	5.0		NB/SH/T 0324
钼含量(质量分数)/% ≥	1.5				0.5				NB/SH/T 0864

5.1.4 极压锂基润滑脂

(1) 产品特性

采用脂肪酸锂皂稠化矿物润滑油并加入抗氧、极压添加剂所制得。与普通锂基润滑脂比较，具有更好的极压抗磨性、抗水性和防锈防腐性。可有效防止摩擦副的磨损、点蚀，延长设备的使用寿命。适用于高负荷机械设备轴承及齿轮的润滑，也可用于集中润滑系统。工作温度范围为−20～120℃。

(2) 技术参数

极压锂基润滑脂国家标准见表5-4。

表5-4 极压锂基润滑脂国家标准 (GB/T 7323—2019)

项目	技术要求					试验方法
	00号	0号	1号	2号	3号	
工作锥入度/0.1mm	400～430	355～385	310～340	265～295	220～250	GB/T 269

项目	技术要求					试验方法
	00 号	0 号	1 号	2 号	3 号	
滴点/℃ ≥	165	170	180			GB/T 4929
腐蚀(T_2 铜片,100℃,24h)	铜片无绿色或黑色变化					GB/T 7326 乙法
分油量（锥网法）（100℃, 24h）(质量分数)/% ≤	—	—	10	5		NB/SH/T 0324
蒸发量(99℃,22h)(质量分数)/% ≤	2.0					GB/T 7325
杂质(显微镜法)/(个/cm³) 25 μm 以上 ≤ 75 μm 以上 ≤ 125 μm 以上 ≤	3000 500 0					SH/T 0336
相似黏度($-10℃,10s^{-1}$)/(Pa·s) ≤	100	150	250	500	1000	SH/T 0048
延长工作锥入度（100000 次）/0.1mm ≤	450	420	380	350	320	GB/T 269
水淋流失量(38℃,1h)(质量分数)/% ≤	—	—	10			SH/T 0109
防腐蚀性(52℃,48h)	合格					GB/T 5018
极压性能:(梯姆肯法)OK 值/N ≥	133	156				NB/SH/T 0203
(四球机法)P_D/N ≥	588					SH/T 0202
氧化安定性(99℃,100h, 758kPa) 压力降/kPa ≤	70					SH/T 0325
低温转矩(−20℃)/(mN·m) 起动 ≤ 运转 ≤	—	1000 100				SH/T 0338

5.1.5 二硫化钼极压锂基润滑脂

(1) 产品特性

采用脂肪酸锂皂稠化矿物润滑油并加有极压添加剂及二硫化钼粉所制得。除具有锂基脂优良的高低温性、机械安定性、胶体安定性、氧化安定性、抗水性和防锈性外，还具有突出的极压抗磨性能。适用于轧钢机械、矿山机械、重型起重机械的润滑与防护。工作温度范围−20～120℃。

(2) 技术参数

二硫化钼极压锂基润滑脂的石化行业标准见表5-5。

表5-5 二硫化钼极压锂基润滑脂石化行业标准 (SH/T 0587—2016)

项目	极压型				普通型				试验方法
	0号	1号	2号	3号	0号	1号	2号	3号	
工作锥入度/(0.1mm)	355～385	310～340	265～295	220～250	355～385	310～340	265～295	220～250	GB/T 269
延长工作锥入度（100000次)/0.1mm ≤	420	390	360	330	420	390	360	330	GB/T 269
滴点/℃ ≥	170		175		170		175		GB/T 4929
防腐蚀性(52℃,48h)	合格								GB/T 5018
蒸发量(99℃,22h)（质量分数)/% ≤	2.0								GB/T 7325
铜片腐蚀(T₂铜片,100℃,24h)(乙法)	铜片无绿色或黑色变化								GB/T 7326—87
相似黏度(−10℃,10s⁻¹)/(Pa·s) ≤	150	250	500	800	150	250	500	800	SH/T 0048
水淋流失量(38℃,1h)（质量分数)/% ≤	—	10.0			—	10.0			SH/T 0109
极压性能（四球机法)P_D/N	—				报告				SH/T 0202
极压性能（梯姆肯法)OK值/N ≥	177				—				NB/SH/T 0203
钢网分油(100℃,24h)（质量分数)/% ≤	—	10.0	5.0		—	10.0	5.0		NB/SH/T 0324
钼含量(质量分数)/% ≥	1.5				0.5				NB/SH/T 0864

5.1.6 极压复合锂基润滑脂

(1) 产品特性

采用复合锂皂稠化矿物基础油并加入极压添加剂所制得。滴点高，轴承漏失量少，机械安定性和胶体安定性良好。与普通复合锂基润滑脂比较，具有优良的高温性、高极压性、抗水性和机械安定性，以及更长的使用寿命。适用于高温、高负荷机械设备的润滑。工作温度范围-20~160℃。

(2) 技术参数

极压复合锂基润滑脂的石化行业标准见表5-6。

表5-6　极压复合锂基润滑脂石化行业标准（NB/SH/T 0535—2019）

项目	质量指标			试验方法
	1号	2号	3号	
工作锥入度/(0.1mm)	310~340	265~295	220~250	GB/T 269
延长工作锥入度变化率(质量分数)/% 100000次 ≤	15	20		GB/T 269
滴点/℃ ≥	260			GB/T 3498
防腐蚀性(52℃,48h)	合格			GB/T 5018
腐蚀(T₂铜片,100℃,24h)	铜片无绿色或黑色变化			GB/T 7326 乙法
相似黏度(-10℃,10s⁻¹)/(Pa·s) ≤	500	800	1200	SH/T 0048
水淋流失量(38℃,1h)(质量分数)/% ≤	5			SH/T 0109
极压性能(四球机法)/N P_D ≥ ZMZ ≥	3089 441			SH/T 0202
极压性能(梯姆肯法)OK值/N ≥	156			NB/SH/T 0203
抗磨性能(四球机法)(1200r/min,40kgf,75℃,60min)/mm ≤	0.6			SH/T 0204
分油量(锥网法)(100℃,24h)(质量分数)/% ≤	6	5	3	NB/SH/T 0324
氧化安定性(99℃,100h,758kPa)压力降/kPa ≤	70			SH/T 0325
漏失量(104℃,6h)/g ≤	3.5	2.5		SH/T 0326
蒸发度(180℃,1h)(质量分数)/% ≤	5			SH/T 0337
轴承寿命(149℃)/h ≥	400			SH/T 0428

①为保证项目，每半年测定一次。如原料、工艺变动时必须进行测定。
②为保证项目，每4年测定一次。如原料、工艺变动时必须进行测定。

5.1.7　复合铝基润滑脂

(1) 产品特性

采用硬脂酸及低分子酸的复合铝皂稠化高黏度矿基础油制成。具有独特的热可逆性，以及优良的耐高温性、抗水性、机械安定性和泵送性。在使用部位受到高温后冷却，仍能恢复良好的凝胶结构；同时受到一定程度的机械剪切后，放置一定时间后润滑脂结构的恢复也较理想。是高滴点润滑脂之一，具有较好的润滑性能。其结构中有最细小的皂纤维，泵送阻力小，稠化能力较强。金属铝皂对基础油的催化氧化作用较锂基脂、钠基脂小，故复合铝基脂有良好的抗氧化性，泵送性也优于其他润滑脂。具有良好的抗水性，对金属的防护性良好。缺点是对矿物油稠化能力强，但对硅油、酯类油、聚醚等稠化能力差，轴承寿命不及复合锂基脂。适用于冶金、化学、造纸及其他行业高温、高湿条件下设备的润滑，特别是具有集中润滑系统的机械设备润滑，如大型轧钢机，烧结机等传送系统设备。

(2) 技术参数

复合铝基润滑脂石化行业标准见表 5-7。

表 5-7 复合铝基润滑脂石化行业标准 [SH/T 0378—1992 (2003)]

项目		质量指标		
		0 号	1 号	2 号
滴点/℃	≥	235		
工作锥入度/(0.1mm)		355～385	310～340	265～295
腐蚀(T$_2$ 铜片,100℃,24h)		铜片无绿色或黑色变化		
钢网分油(100℃,24h)(质量分数)/%	≤	—	10	7.0
蒸发量(99℃,22h)(质量分数)/%	≤	1.0		
氧化安定性(99℃,100h,0.770MPa) 压力降/MPa	≤	0.070		
水淋流失量(38℃,1h)(质量分数)/%	≤	—	10	10
延长工作锥入度(100000 次)	≤	420	390	360
杂质/(个/cm^3) 25μm 以上 75μm 以上 125μm 以上	≤ ≤ ≤	3000 500 0		
相似黏度(−10℃,10s^{-1})/(Pa·s)	≤	250	300	550
防腐蚀性/级	≤	2		

5.1.8 极压复合铝基润滑脂

(1) 产品特性

采用复合铝皂稠化矿物基础油并加入极压添加剂所制得。热可逆性独特，在使用部位受高温后冷却，仍能恢复良好的纤维结构。流动性良好，其中 0 号、1 号脂适于长距离管道输送。具有良好的高温、极压、抗磨、抗水性能。有一定的防锈性能，能够防止润滑部位的锈蚀发生。适用于高负荷机械设备及集中润滑系统。工作温度范围 $-20\sim160℃$。

(2) 技术参数

极压复合铝基润滑脂的石化行业标准见表 5-8。

表 5-8　极压复合铝基润滑脂石化行业标准 ［SH/T 0534—1993 (2003)］

项目		质量指标		
		0 号	1 号	2 号
工作锥入度/(0.1mm)		355～385	310～340	265～295
滴点/℃	≥	235	240	240
腐蚀(T_2铜片,100℃,24h)		铜片无绿色或黑色变化		
钢网分油(100℃,24h)(质量分数)/%	≤	—	10	7
蒸发量(99℃,22h)(质量分数)/%	≤	1.0		
氧化安定性[1](99℃,100h,0.770MPa) 压力降/MPa	≤	0.070		
水淋流失量(38℃,1h)(质量分数)/%	≤	—	10	10
杂质(显微镜法)/(个/cm³) 25μm 以上 75μm 以上 125μm 以上	≤ ≤ ≤	3000 500 0		
相似黏度($-10℃,10s^{-1}$)/(Pa·s)	≤	250	300	550
延长工作锥入度(100000 次)/(0.1mm) 变化率/%	≤	10	13	15
防腐蚀性(52℃,48h)/级	≤	2		
极压性能(梯姆肯法)OK 值/N	≥	156		

①基础油黏度由生产厂与用户协商确定。
②为保证项目，每半年测定一次。如原料、工艺变动时必须进行测定。

5.1.9　复合磺酸钙基润滑脂

(1) 产品特性

采用新型高碱值磺酸钙皂、脂肪酸钙皂及其他皂复合，稠化高黏度精制矿物基础油，并添加添加剂而制成。具有良好的高温性、胶体安定性、抗水抗腐性，以及有突出的极压抗磨性和机械安定性，还具有优良的抗腐蚀性，能与传统的复合钙基脂相容，被称为全新理念的新一代润滑脂。同时，因其不含重金属和对环境有害的其他功能添加剂，也被称为环保润滑脂。适用于高温、重负荷以及有水的环境下的润滑，如钢铁冶金行业连铸、热轧机工作辊轴承等，也可用于造纸业湿热环境或其他重型设备的润滑。使用温度范围−20～160℃。

(2) 技术参数

复合磺酸钙基润滑脂国家标准见表 5-9。

表 5-9　复合磺酸钙基润滑脂国家标准 (GB/T 33585—2017)

项目		质量指标	
		1 号	2 号
外观		均匀光滑油膏	
工作锥入度/(0.1mm)		310～340	265～295
滴点/℃	≥	280	300
钢网分油(100℃,24h)(质量分数)/%	≤	6	4
氧化安定性(99℃,100h,760kPa) 压力降/kPa	≤	70	
腐蚀(T_2 铜片,100℃,24h)		铜片无绿色或黑色变化	
防腐蚀性(52℃,48h,蒸馏水)		合格	
延长工作锥入度(100000 次)与工作锥入度差值/(0.1mm)	≤	40	
滚筒安定性(80℃,100h) 1/4 工作锥入度变化值/(0.1mm) 不加水 加水[a]		±15 ±20	
水淋流失量(79℃,1h)(质量分数)/%	≤	6	4
极压性能 烧结负荷(四球机法)P_D/N	≥	3089	

项目	质量指标	
	1 号	2 号
承载能力 OK 值（梯姆肯法）/N　　≥	200	
抗磨性能（四球机法） （75℃,1200r/min,392N,60min） 磨斑直径/mm　　≤	0.55	
相似黏度（−10℃,10s^{-1}）/(Pa·s)[b]　　≤	600	1000

[a] 用刮刀将 50g 试样均匀地涂在滚筒内表面，加入 10g 蒸馏水，然后把滚柱放入筒内，并上紧筒盖。

[b] 没有泵送的应用场合此项不作要求。

5.1.10　复合钛基润滑脂

(1) 产品特性

采用复合钛稠化深度精制矿油并加入抗氧、防锈、极压抗磨等添加剂制成。具有良好的高低温性、低噪音性、抗水性、抗氧性和抗极压性，使用寿命较长。是一种被普遍认可的环境友好型润滑剂。适用于重载、高温、水淋等其他工况下各类机械设备的润滑。使用温度范围−30～180℃。

(2) 技术参数

复合钛基润滑脂企业标准见表 5-10。

表 5-10　复合钛基润滑脂企业标准（Q/320505LUBO001—2016）

项目	质量指标	
	KA-30P♯1	KA-30P♯2
外观	光滑均匀油膏	光滑均匀油膏
工作锥入度/(0.1mm)	310～340	265～295
滴点/℃　　≥	230	240
钢网分油（100℃,24h）（质量分数）/%　　≤	2.0	
腐蚀（T$_2$ 铜片,100℃,24h）	铜片无绿色或黑色变化	
水淋流失量（79℃,1h）（质量分数）/%　　≤	3.0	2.5
延长工作锥入度（10 万次）变化率/%　　≤	20	15

项目	质量指标	
	KA-30P♯1	KA-30P♯2
蒸发量(99℃,22h)(质量分数)/%	2.0	
氧化安定性(99℃,100h,0.770MPa) 压力降/MPa	0.070	
极压性能(四球机法) P_D/N	3087	
相似黏度(−10℃,10s^{-1})/(Pa·s)	800	1000

5.1.11 极压聚脲润滑脂

(1) 产品特性

采用脲基化合物稠化基础油,并加入抗氧、抗腐蚀和抗极压等添加剂精制而成。具有耐高温、使用寿命长,以及良好的抗氧化性、抗水性及极压性。稠化剂中不含金属离子,从而避免了金属离子对基础油的催化作用。但是,在高温状态下会产生较强的硬化现象。适用于冶金行业钢厂热连铸机集中润滑系统,以及其他处于高温、高负荷、水淋条件下工作设备的润滑。

(2) 技术参数

极压聚脲润滑脂的石化行业标准见表5-11。

表5-11 极压聚脲润滑脂石化行业标准 (SH/T 0789—2007)

项目		质量指标		
		0号	1号	2号
工作锥入度/(0.1mm)		355～385	310～340	265～295
延长工作锥入度(十万次) 差值变化率[a]/%	≤	15	20	25
滴点/℃	≥	250		
钢网分油(100℃,24h)(质量分数)/%	≤	—	8.0	5.0
腐蚀(T₂铜片,100℃,24h)		铜片无绿色或黑色变化		
蒸发量(99℃,22h)(质量分数)/%	≤	1.5		

项目		质量指标		
		0 号	1 号	2 号
相似黏度($-10℃$,$D=10s^{-1}$)/(Pa·s)	≤	300	500	1000
水淋流失量($38℃$,1h)(质量分数)/%	≤	—	7.0	5.0
氧化安定性($100℃$,100h,氧分压 0.785MPa) 压力降/MPa	≤		0.050	
防腐蚀性能($52℃$,48h)			合格	
极压性能	TIMKEN 法/N ≥		178	
	四球机法最大无卡咬负荷 P_D/N ≥		686	
轴承寿命($149℃$)/h	≥	—	—	120

ª差值变化率计算方法为：工作十万次后的锥入度值与工作 60 次后的锥入度值的差值，除以工作 60 次的锥入度值，乘以 100％所得的百分数。

5.1.12 膨润土润滑脂

(1) 产品特性

由有机膨润土稠化高黏度矿物基础油并加有添加剂制成。与皂基脂比较，有机膨润土无相转变变化，所得膨润土润滑脂无滴点，其高温性取决于表面覆盖剂的耐高温性能。机械安定性随不同的表面活性剂的性能而变化。长时间在滚动轴承里使用，膨润土润滑脂容易变稀而流出。对金属表面的防腐蚀性稍差，需添加有效的防锈剂来改善。由于膨润土稠化剂与基础油结合牢固，一方面表现出其优良的胶体安定性，另一方面表现基础油难以进入摩擦表面，因而抗磨性和抗擦伤性不太理想，影响其在高速滚动轴承里的使用。适用于中低速机械设备润滑。工作温度范围可达 160℃以上。

(2) 技术参数

膨润土润滑脂石化行业标准见表 5-12。

表 5-12　膨润土润滑脂石化行业标准〔SH/T 0536—1993（2003）〕

项目		质量指标		
		1 号	2 号	3 号
工作锥入度/(0.1mm)		310～340	265～295	220～250
滴点/℃	≥		270	

项目		质量指标		
		1号	2号	3号
钢网分油(100℃,30h)/%	≤	5	5	3
腐蚀(T₂铜片,100℃,24h)		铜片无绿色或黑色变化		
蒸发量(99℃,22h)/%	≤	1.5		
水淋流失量(38℃,1h)/%	≤	10		
延长工作锥入度(100000次)变化率/%	≤	15	20	25
氧化安定性①(99℃,100h,0.770MPa) 压力降/MPa	≤	0.070		
相似黏度(0℃,10s⁻¹)/(Pa·s)		报告		

①为保证项目,每半年测定一次。如原料、工艺变动时必须进行测定。

5.1.13 极压膨润土润滑脂

(1) 产品特性

采用有机膨润土稠化精制矿物基础油并加有极压、抗氧和防锈添加剂制成。具有良好的耐高温性、机械安定性、氧化安定性、抗水性和防锈性。在较高温度下或较高环境温度下,润滑脂不流失。极压抗磨性能良好。适用于高负荷或有一定冲击负荷机械设备的轴承润滑。工作温度范围−20～180℃。

(2) 技术参数

极压膨润土润滑脂的石化行业标准见表5-13。

表5-13　极压膨润土润滑脂石化行业标准 [SH/T 0537—1993 (2003)]

项目		质量指标	
		1号	2号
工作锥入度/(0.1mm)		310～340	265～295
滴点/℃	≥	270	
钢网分油(100℃,30h)/%	≤	5	
腐蚀(T₂铜片,100℃,24h)		铜片无绿色或黑色	
蒸发量(99℃,22h)/%	≤	1.5	

项目		质量指标	
		1 号	2 号
水淋流失量(38℃,1h)/%	≤	10	
延长工作锥入度(100000 次)变化率/%	≤	20	25
氧化安定性[①](99℃,100h,0.770MPa) 压力降/MPa	≤	0.070	
相似黏度(−15℃,10s⁻¹)/(Pa·s)	≤	1200	1500
防腐蚀性(52℃,48h)/级	≤	1	
极压性能(四球机法)ZMZ 值/N	≥	490	

① 为保证项目,每半年测定一次。如原料、工艺变动时必须进行测定。

5.1.14　5201 硅脂

(1) 产品特性

半透明乳白稠状体。二甲基硅油经气相法二氧化硅稠化而成。耐热、耐寒,稠随温度变化小。防水性能好,可在物件表面形成防水膜。化学稳定性能好,除强酸、强碱外,对一般金属及化学药品无作用。对橡胶密封件具有良好的保护功能。对橡胶、塑料及金属部件之间,可有效降低摩擦,具有长效润滑功效。对于高压电缆附件(10kV 以上电力电缆接头及开关附件)及电气绝缘体,可起防止电晕释放和消除电弧、绝缘、抗爬电、密封、润滑和抗潮湿等作用生理惰性,为无毒品。适用于油田和路桥的专用脱模、半导体和晶体管的填充、高压绝缘子的防污闪及仪器表面的绝缘、光学仪器的有轴润滑、塑料和橡胶制品脱模等。

(2) 技术参数

5201 硅脂化工行业标准见表 5-14。

表 5-14　5201 硅脂化工行业标准 (HG/T 2502—1993)

项目		型号								
		5201-1			5201-2			5201-3		
		优等品	一等品	合格品	优等品	一等品	合格品	优等品	一等品	合格品
锥入度/ (0.1mm)	不工作	200～260			200～250			170～200		
	工作 ≤	300	320	380	290	310	370	240	260	320

项目		型号							
		5201-1			5201-2			5201-3	
		优等品	一等品	合格品	优等品	一等品	合格品	优等品	一等品 合格品
油离度/%	≤	6.0	8.0		7.0	8.0		7.0	8.0
挥发物含量/%	≤	2.0	3.0		2.0	3.0		2.0	3.0
相对介电常数/(50Hz)		$2.6\sim3.0$	$2.5\sim3.1$		$2.6\sim3.0$	$2.5\sim3.1$		$2.6\sim3.0$	$2.5\sim3.1$
介质损耗因数/(50Hz)	≤	8.0×10^{-4}	3.5×10^{-3}		8.0×10^{-4}	3.5×10^{-3}		8.0×10^{-4}	3.5×10^{-3}
体积电阻率/(Ω·cm)	≥	1.0×10^{15}	5.0×10^{14}		1.0×10^{15}	5.0×10^{14}		1.0×10^{15}	5.0×10^{14}
电气强度/(MV/m)	≥	18	12		18	12		18	12
燃烧性		自熄							
腐蚀性		无蚀斑							
防水密封性		氯化钴试纸不返红色							

5.1.15 聚四氟乙烯润滑脂

(1) 产品特性

采用全氟聚醚等合成油和聚四氟乙烯等原料调制而成。在高温、高湿、腐蚀、辐射等条件下,具有优异的化学惰性、耐久性、耐腐蚀性和低挥发性。其摩擦系数低、承载能力高,能与大多数橡胶、塑料相容。适用于高温、重负荷、高真空、接触腐蚀性介质以及水淋等条件下,高负荷精密机械设备轴承及齿轮等的润滑维护。工作温度范围−45~320℃。

(2) 技术参数

聚四氟乙烯润滑脂企业标准见表 5-15。

表 5-15　聚四氟乙烯润滑脂企业标准 (Q/NBYHG 4—2015)

项目	指标	
	1 号	2 号
外观	灰白色膏体	
工作锥入度/(0.1mm)	$310\sim340$	$265\sim295$

项目		指标	
		1号	2号
杂质(显微镜法)/(个/cm³)			
25μm 以上	≤	3000	3000
75μm 以上	≤	500	500
125μm 以上	≤	0	0
滴点/℃	≥	300	300
腐蚀(100℃,24h)	≤	2级	2级
钢网分油(100℃,24h)(质量分数)/%	≤	5.0	
延长工作锥入度变化率(100000 次)/%	≤	10	
水淋流失量(38℃,1h)(质量分数)/%	≤	10.0	
蒸发量(99℃,22h)(质量分数)/%	≤	2.0	
极压性能(P_D 值)/N	≥	1500	
极压性能(P_B 值)/N	≥	700	
相似黏度($-10℃,10s^{-1}$)/(Pa·s)	≤	800	

5.1.16　7014-2 高温润滑脂

(1) 产品特性

产品具有良好的高、低温性能和机械安定性能，在高温下具有良好的润滑性、防护性、抗氧化能力和延长轴承寿命，适用于工业装置中高温条件下使用的各种滚动轴承、一般滑动轴承及齿轮的润滑。产品的使用温度范围为－40～220℃。

(2) 技术参数

高温润滑脂的企业标准见表 5-16。

表 5-16　7014-2 高温润滑脂企业标准 (Q/SY RH2167—2008)

项目		质量指标
外观		乳白色至浅褐色均匀油膏
1/4 工作锥入度/(0.1mm)		62～75
滴点/℃	≥	260
腐蚀(T_2 铜片,100℃,24h)		铜片无绿色或黑色变化

项目		质量指标
钢网分油(100℃,24h)(质量分数)/%	≤	10
杂质(显微镜法)/(个/cm³) 25μm 以上 75μm 以上 125μm 以上	≤ ≤	5000 1000 0
蒸发损失(质量分数)/% 200℃,1h 204℃,22h	≤ ≤	5 10
延长工作锥入度(100000 次)/(0.1mm)	≤	375
氧化安定性(99℃,100h,0.760MPa) 压力降/MPa	≤	0.054
相似黏度(−40℃,10s⁻¹)/(Pa·s)	≤	1500
水淋流失量(38℃,1h)(质量分数)/%	≤	10

5.2 专用润滑脂

所谓专用润滑脂,是针对某一特殊应用领域或某些固定装置设备、零部件的工作特点,而设计使用的专项产品。此类产品主要包括汽车专用脂、铁路专用脂、冶金装备专用脂、工程机械专用脂、风电专用脂、机器人专用脂等。

5.2.1 汽车通用锂基脂

(1) 产品特性

采用脂肪酸锂皂稠化矿物基础油并加入抗氧、防锈等添加剂制得。具有优良的机械安定性、胶体安定性、抗氧化性、抗水性、防锈性、热安定性。在载重汽车上使用,优于通用锂基脂。可延长润滑周期达 30000km 以上,同时可降低动力消耗,提高行车安全性。能满足广大地区车辆对润滑脂的要求。适用于汽车轮毂轴承、底盘、水泵和发电机等摩擦部位的润滑。使用温度范围为−30～120℃。

(2) 技术参数

汽车通用锂基脂的国家标准见表 5-17 。

表 5-17 汽车通用锂基脂国家标准 (GB/T 5671—2014)

项目		质量指标		试验方法
		2 号	3 号	
工作锥入度/(0.1mm)		265～295	220～250	GB/T 269
延长工作锥入度(100000 次),变化率/%	≤	20		GB/T 269
滴点/℃	≥	180		GB/T 4929
防腐蚀性(52℃,48h)		合格		GB/T 5018
蒸发量(99℃,22h)(质量分数)/%	≤	2.0		GB/T 7325
腐蚀(T₂铜片,100℃,24h)		铜片无绿色或黑色变化		GB/T 7326,乙法
水淋流失量(79℃,1h)(质量分数)/%	≤	10.0		SH/T 0109
钢网分油(100℃,30h)(质量分数)/%	≤	5.0		NB/SH/T 0324
氧化安定性(99℃,100h,0.770MPa),压力降/MPa	≤	0.070		SH/T 0325
漏失量(104℃,6h)/g	≤	5.0		SH/T 0326
游离碱含量(以折合的 NaOH 质量分数计)/%	≤	0.15		SH/T 0329
杂质含量(显微镜法)/(个/cm³) 　10μm 以上　　≤ 　25μm 以上　　≤ 　75μm 以上　　≤ 　125μm 以上　≤		2000 1000 200 0		SH/T 0336
低温转矩(−20℃)/(mN·m)　　　≤ 　　　　　　　　　　　　启动 　　　　　　　　　　　　运转		 790 390	 990 490	SH/T 0338

如果需要,基础油运动黏度应该在试验报告中进行说明。

5.2.2 采棉机润滑脂

(1) 产品特性

采用高黏度指数矿物基础油和稠化剂并添加多种添加剂调配而成。具有良好的高温抗氧化性能及低温流动性能。抗磨极压性能优异,可延长零件的使用寿命。密封性能良好,具有防湿、防尘、防土、防污的功效。抗水性能良好,即使有大量水存在,仍能确保采棉机设备的正常运转。适用于采棉机轴承的润滑。工作温度－20～120℃。

（2）技术参数

采棉机润滑脂石化行业标准见表 5-18。

表 5-18　采棉机润滑脂石化行业标准（NB/SH/T 0949—2017）

项目		质量指标	试验方法
不工作锥入度/(0.1mm)		385～475	GB/T 269
低温锥入度(－10℃)/(0.1mm)	≥	310	NB/SH/T 0858
滴点/℃	≥	150	GB/T 3498、GB/T 4929[a]
腐蚀(T₂铜片,100℃,24h)		无黑色或绿色变化	GB/T 7326
防腐蚀性(52℃,48h)		合格	GB/T 5018
极压性能(四球机法,1770r/min,10s) P_D/N	≥	1961	SH/T 0202
抗磨性能(四球机法,392N,60min)/mm	≤	0.60	SH/T 0204
离心分油率(50℃,10min)(质量分数)/%		报告	NB/SH/T 0869

[a] 当试验结果有争议时，以 GB/T 4929 为仲裁方法。

5.2.3　特 7 号精密仪表脂

（1）产品特性

浅黄色至褐色光滑均匀油膏。由硬脂酸锂皂、微晶蜡稠化精密仪表油制成。具有良好的润滑性，可保证精密仪表的正常润滑。防锈防护性优异，保证精密仪表不被锈蚀。摩擦阻力较小，低温启动性良好，能保证精密仪表在低温下正常启动。适用于精密仪器仪表的轴承及摩擦部件上作为润滑与防护剂，也适用于家用电器的润滑与防护。使用温度范围－70～120℃。

（2）技术参数

特 7 号精密仪表脂石化行业标准见表 5-19。

表 5-19　特 7 号精密仪表脂石化行业标准（NB/SH/T 0456—2014）

项目		质量指标	试验方法
外观		浅黄色至褐色光滑均匀油膏	目测
滴点/℃	≥	180	GB/T 3498

项目		质量指标	试验方法
相似黏度（$-50℃,10s^{-1}$）/（Pa·s）	≤	1800	SH/T 0048
漏斗分油（50℃，48 h）（质量分数）/%	≤	2.5	附录 A
强度极限（50℃）/Pa		报告	SH/T 0323
水分（质量分数）/%		无	GB/T 512
机械杂质（质量分数）/%		无	GB/T 513
游离碱（以 NaOH 计）/%	≤	0.05	SH/T 0329
蒸发度（120℃，1h）（质量分数）/%	≤	2.5	SH/T 0337
腐蚀（40 号钢片、H62 黄铜片、LY11 硬铝合金片，50℃，48h）		合格	附录 B

注：强度极限项目为推荐性检测项目，由产品的供需双方根据实际使用情况选择采用。

5.2.4 特 221 号润滑脂

（1）产品特性

浅黄色至浅褐色均匀油膏。以硬脂酸钙和醋酸钙稠化硅油制成。具有良好的润滑性，可减少磨损。抗水性能良好，在潮湿环境下能保证部件润滑。高低温性能良好，在宽温度范围内也可满足润滑要求。防护性能良好，保证润滑部件不受到外界环境的侵蚀。适用于腐蚀性介质接触摩擦组合件，如金属与金属或金属与橡胶的接触面上起润滑和密封作用，也可用于滚动轴承的润滑。使用温度范围－60～150℃。

（2）技术参数

特 221 号润滑脂石化行业标准见表 5-20。

表 5-20　特 221 号润滑脂石化行业标准　（NB/SH/T 0459—2014）

项目	质量指标	试验方法
外观	浅黄色至浅褐色光滑均匀油膏	目测
滴点/℃　≥	260	GB/T 3498[a]
工作锥入度/（0.1mm）		
1/4 工作锥入度	64～84	GB/T 269
工作锥入度[b]	280～360	

项目		质量指标	试验方法
压力分油(200g±5g)(质量分数)/%	≤	7.0	GB/T 392
水分(质量分数)/%	≤	痕迹	GB/T 512
机械杂质(质量分数)/%	≤	无	GB/T 513[c]
游离碱(以 NaOH 计)/%	≤	0.08	SH/T 0329[d]
强度极限[b](50℃)/Pa	≥	120	SH/T 0323
相似黏度($-50℃,D=10s^{-1}$)/(Pa·s)	≤	800	SH/T 0048
腐蚀(T_3铜,100℃,3h)		合格	SH/T 0331[e]
蒸发度(150℃,1h)(质量分数)/%	≤	2.0	SH/T 0337

[a] 测定滴点时,如发现润滑脂样品内有气泡,应将试样涂在玻璃片上,脂层厚度约 2mm,在 70℃ 和残压 2.7～6.7kPa 的真空干燥箱内放置 1h,取出试样,在干燥器内冷至室温。然后按 GB/T 3498 进行分析。

[b] 本项目为推荐检测项目,供需双方可根据实际情况选择采用。

[c] 测定机械杂质时,置 20g±0.1g 试样于烧杯内,再慢慢加入 75mL 馏程为 60～90℃ 的直馏汽油,搅拌均匀后倒入分液漏斗中,并用汽油洗净烧杯,洗涤液也一并移入分液漏斗中,在分液漏斗中加入 50% 醋酸 75mL,强烈振摇直至试样完全分解为止。然后将分液漏斗中的混合液进行过滤。过滤完后,依次用苯乙醇(体积比 4:1)溶液、乙醇以及热蒸馏水冲洗过滤器,并将过滤器放入 105～110℃ 恒温箱中烘干。再按照 GB/T 513 进行分析。

[d] 测定游离碱时,溶剂采用分析纯的苯,试样溶解后,趁热进行滴定。

[e] 金属片尺寸:25mm×25mm×3mm,烧杯容积为 50mL。

5.2.5 7011 号低温极压脂

(1) 产品特性

黑色均匀油膏。以硬脂酸锂皂稠化酯类油,并加有胶体二硫化钼和抗氧添加剂等制成。具有优良的低温性能,可保证轴承低温下正常运转。润滑性良好,保护轴承减少磨损。机械安定性能和胶体安定性良好,可避免润滑脂流失。轴承漏失倾向较低,可保证轴承的正常润滑。极压性能优异,保证轴承在重负荷下的正常润滑。适用于飞机的重负荷齿轮、襟翼操纵机构、尾轮和起落架支点轴承以及其他螺旋传动、链条传动等机械部件的润滑。使用温度范围 -60～120℃。

(2) 技术参数

7011 号低温极压脂的石化行业标准见表 5-21。

表 5-21　7011 号低温极压脂石化行业标准（NB/SH/T 0438—2014）

项目		质量指标	试验方法
外观		黑色均匀油膏	目测
滴点/℃	≥	170	GB/T 3498
1/4 工作锥入度/(0.1mm)		60～76	GB/T 269
腐蚀（T₃ 铜，100℃，3h）		合格	SH/T 0331ᵃ
压力分油（质量分数）/%	≤	25	GB/T 392
相似黏度（−50℃，$D=10s^{-1}$）/(Pa·s)	≤	1100	SH/T 0048
蒸发度（120℃）（质量分数）/%	≤	1.5	SH/T 0337
化学安定性（0.78MPa 氧压下，100℃，100h） 压力降/MPa	≤	0.034	SH/T 0335
承载能力(常温)/N 综合磨损值 ZMZ	≥	491	GB/T 3142
滚筒安定性 1/4 工作锥入度变化值/(0.1 mm)	≤	30	SH/T 0122

注：ᵃ 金属片尺寸为 25mm×25mm×（3～5mm），烧杯容积为 50mL。

5.2.6　7023B 低温航空润滑脂

（1）产品特性

红色均匀油膏。以复合酰胺盐稠化半合成油，并加有抗氧、防锈等添加剂制成。具有优良的胶体安定性、防护性、高低温性和机械安定性。适用于飞机操纵系统、起落架收放系统等各种摩擦接点，各类军械的滑动部件，以及某些航空电机、微电机及仪表的轴承盒齿轮等的润滑。使用温度 −60～120℃。

（2）技术参数

7023B 低温航空润滑脂石化行业标准见表 5-22。

表 5-22　7023B 低温航空润滑脂石化行业标准（Q/SH303 0124—2019）

项目		质量指标	试验方法
外观		乳白色至黄色均匀油膏	目测
滴点/℃	≥	180	GB/T 4929

项目		质量指标	试验方法
1/4 工作锥入度/(0.1mm)		66～76	GB/T 269
压力分油(质量分数)/%	≤	20	GB/T 392
蒸发度(120℃,1h)(质量分数)/%	≤	12.0	SH/T 0337
腐蚀(T_3铜,100℃,3h)		合格	SH/T 0331

机械杂质含量/(颗数/cm³)
  直径 25～74μm
  直径 75～124μm
  直径大于等于125μm
	
	≤
	≤
	
		5000
		1000
		无
			SH/T 0336[a]

相似黏度(-50℃,20s^{-1})/(Pa·s)	≤	1100	SH/T 0048
抗水淋性能(38℃±2℃)/%(质量分数)	≤	15.0	SH/T 0109

　　[a] 允许有直径大于100μm至小于125μm的颗粒,但在由平均试样制备的十个试样中发现大于或等于125μm的颗粒多于1颗时,则此批润滑脂不合格。

5.2.7 轧辊轴承润滑脂

(1) 产品特性

采用复合金属皂稠化深度精制的矿物基础油,并加入抗氧、防锈、抗磨极压等添加剂制成。具有优良的抗水性、防锈性,可保证设备在潮湿或有水存在下的防护与润滑。耐高温性优良,摩擦部位在较高温度下润滑脂不流失,能有效延长轴承在高温条件下的使用寿命。极压抗磨性良好,可满足高负荷或有一定冲击负荷机械设备轴承的润滑要求。适用于中小型轧机的轧辊、立式轧机的轧辊、中板轧机和翻板机等设备轴承的润滑。使用温度-20～180℃。

(2) 技术参数

轧辊轴承润滑脂的石化行业标准见表5-23。

表5-23　轧辊轴承润滑脂石化行业标准 (NB/SH/T 0948—2017)

项目		质量指标			试验方法
		1号	2号	3号	
工作锥入度/(0.1mm)		310～340	265～295	220～250	GB/T 269
滴点/℃	≥	250	260		GB/T 3498

项目	质量指标			试验方法
	1 号	2 号	3 号	
分油(锥网法) 分油量(100℃,24h)(质量分数)/%　≤	10.0	7.0	5.0	NB/SH/T 0324
腐蚀(T_2 铜,100℃,24h)	铜片无绿色或黑色变化			GB/T 7326(乙法)
延长工作锥入度(100000 次)/(0.1mm)　≤	390	360	330	GB/T 269
蒸发度(180℃,1h)(质量分数)/%　≤	7.0			SH/T 0337
水淋损失量(38℃,1h)(质量分数)/%　≤	10	7	5	SH/T 0109
极压性能(四球法) 　烧结负荷(P_D 值)/N　≥ 　负荷磨损指数(LWI 值)/N　≥	3089 441			GB/T 12583
相似黏度(−10℃,10s^{-1})/(Pa・s)　≤	800	1000	1500	SH/T 0048
漏失量(104℃,6h)/g　≤	—	7.0	5.0	SH/T 0326
承载能力(梯姆肯法)OK 值/N　≥	156			NB/SH/T 0203
氧化安定性(99℃,100h,758kPa) 　压力降/kPa　≤	70			SH/T 0325
防腐蚀性(52℃,48h)	合格			GB/T 5018

5.2.8　电力复合脂

(1) 产品特性

均匀油膏。由润滑脂并加有特种导电填料、抗氧化、抗腐蚀油性添加剂调制而成。具有良好的耐高温、耐潮湿、抗氧化、抗霉菌及抗化学腐蚀性能,还具有高温不流淌、低温不龟裂、理化性能稳定、使用寿命长等特点。能较大地降低接触电阻,降低温升,提高母线连接处的导电性,增强电网运行的安全性,节省电能损耗,还可避免接触面产生电化腐蚀。广泛应用于变电所、配电所中的母线与母线、母线与设备接线端子连接处的接触面和开关触头的接触面,以及相同和不同金属材质的导电体(铜与铜、铜与铝、铝与铝)的连接。

(2) 技术参数

电力复合脂电力行业标准见表 5-24。

表 5-24　电力复合脂电力行业标准（DL/T 373—2010）

项目	质量指标
外观	均匀油膏,无明显颗粒状杂质
锥入度(25℃,150g)/(0.1mm)	200～315
滴点/℃	≥200
pH 值	6.9～7.1
腐蚀(铜片、铝片、120℃、24h)	试品应无斑点和明显的不均匀颜色变化,膏体无胶皮状及硬膜
蒸发度(200℃,24h)/%	≤2
涂膏前后冷态接触电阻的变化系数	$X<1$
经有载冷热循环操作后接触电阻稳定系数	$K≤1.5$
耐潮性能	$K≤1.3$
耐盐雾腐蚀的性能	涂膏面无腐蚀,$K≤1.5$
耐化工腐蚀气体的性能	电接触腐蚀面积小于接触面积的 25%
低温性能(−40℃,24h)	无龟裂
体积电阻率(20℃,Ω·cm)	$≥10^8$
额定电流下的温升	符合搪(镀)锡母排端头标准的规定
耐电化学腐蚀性能	$K≤1.5$ 试验后母排电接触内表面用汽油擦拭干净后,用 3～5 倍放大镜观察,应无斑点和明显的不均匀的颜色变化,但铜排上允许有轻微的均匀变色
保质期	不低于 5 年

5.2.9　电位器阻尼脂

(1) 产品特性

乳白色至浅褐色。由皂基或无机稠化剂稠化精制矿物基础油或合成基础油制成。具有优异的阻尼性、润滑性和防锈性。阻尼性适宜,可减少磨损,确保阻尼部件不受外界环境侵蚀。绝缘性优良,可保证电位器的安全性。密封性良好,不易流失。适用于旋转式电位器轴系或直滑式电位器滑片与滑轨的阻尼和润滑。

(2) 技术参数

电位器阻尼脂的石化行业标准见表 5-25。

表 5-25　电位器阻尼脂石化行业标准（SH/T 0640—1997）

项目	质量指标				试验方法
	Ⅰ型	Ⅱ型	Ⅲ型	Ⅳ型	
外观	乳白色至浅褐色黏稠油膏				目测
1/4 工作锥入度/(0.1mm)	40～56	60～76	80～96	100～116	GB/T 269
滴点/℃　　　　≥	200	250		200	GB/T 3498
蒸发度(质量分数)/%　≤ 　100℃,1h 　120℃,1h 　200℃,1h	 2.0 — —	 — 5.0 —	 — — —	 — — 2.0	SH/T 0337
腐蚀(T_3 铜,100℃,3h)	合格				SH/T 0331
相似黏度($10s^{-1}$)/(Pa·s) 　−40℃　　　　≤ 　0℃　　　　≤ 　25℃	 — 2000 ≥250	 — 实测 100～500	 300 — —	 150 — —	SH/T 0048
旋转力矩（20℃,20r/min,转 20 圈)/(mN·m)	实测	30～100	—	—	附录 A

5.2.10　风力发电机组主轴偏航变桨距轴承润滑脂

(1) 产品特性

采用合成基础油和特制金属皂为稠化剂制成。可满足风电设备转子频繁低温启动及重载低速连续运行的要求。具有较宽的使用温度范围和良好的防水及防腐蚀性能。承载能力高，可有效避免摩擦件在重载或冲击载荷下发生擦伤及胶合。减摩性能优良，可有效抑制轴承的摩擦升温。低温启动性能良好，可使设备在较宽温的温度范围内使用。具有长的使用寿命，可延长换脂、加脂周期，同时具有长的轴承抗磨寿命，能有效延长风力发电设备主轴承的工作寿命。适用于风电设备主轴承偏航变桨距的润滑。使用温度范围−40～200℃。

(2) 技术参数

风力发电机组主轴偏航变桨距轴承润滑脂的国家标准见表 5-26。

表 5-26 风力发电机组主轴偏航变桨距轴承润滑脂国家标准（GB/T 33540.1—2017）

项目	质量指标	试验方法
锥入度 　工作锥入度/(0.1mm) 　延长工作锥入度(100000 次)，锥入度变化率/% ≤	290～320 15	GB/T 269
滴点/℃ ≥	250	GB/T 3498
油分离度(40℃,168h)(质量分数)/%	2～6	IP 121
铜片腐蚀(T_2 铜片,100℃,24h)	无黑色或绿色变化	GB/T 7326 乙法
滚筒安定性(80℃,50h) 　工作锥入度变化值/(0.1mm)	−30～50	SH/T 0122
防锈性 ≤ 　蒸馏水 　盐水(氯化钠)(0.5 mol/L)	0-0 1-1	SH/T 0700
氧化安定性(99℃,100h,760kPa) 　压力降/kPa ≤	40	SH/T 0325
低温转矩(−40℃)/(mN·m) ≤ 　起动转矩 　运转转矩	1000 100	SH/T 0338
极压性能 　烧结负荷 P_D/N ≥	2450	SH/T 0202
抗磨性能(392N,60min,75℃,1200r/min) 　磨痕直径/mm ≤	0.6	SH/T 0204
抗微动磨损能力(SRV 法)(100N,4h,50℃,0.3mm,50Hz) 　磨迹/mm	报告	ASTM D7594
水分 ≤	痕迹	GB/T 512
杂质含量(显微镜法)/(个/cm^3) 　75μm 以上 ≤ 　125μm 以上 ≤	100 0	SH/T 0336

注：基础油运动黏度/（40℃，mm^2/s），若用户需求由供应商提供。FE8 轴承试验，若客户需求由供需双方协商测试。橡胶相容性，供需双方协商试验。

5.2.11 风力发电机组发电机轴承润滑脂

(1) 产品特性

采用合成基础油和特制金属皂为稠化剂制成。可满足风电设备发电机转子频繁低温启动及高温连续运行对轴承润滑脂的要求。具有较宽的使用温度范围和良好的防水及防腐蚀性能。承载能力高，可有效避免摩擦件在重载或冲击载荷下发生擦伤及胶合。减摩性能及降噪性能优良，可有效抑制发电机的摩擦升温，使发电机轴承平稳安静运行。低温启动性能良好，可使设备在较宽温度范围内以较小的摩擦力矩启动。具有长的使用寿命，可延长换脂、加脂周期，同时具有长的高温轴承抗磨寿命，延长发电机轴承的工作寿命。适用于风电设备发电机轴承的润滑。使用温度范围−40～200℃。

(2) 技术参数

风力发电机组发电机轴承润滑脂的国家标准见表 5-27。

表 5-27　风力发电机组发电机轴承润滑脂国家标准（GB/T 33540.1—2017）

项目	质量指标	试验方法
锥入度 　工作锥入度/(0.1 mm) 　延长工作锥入度(100000 次)，锥入度变化率/% ≤	265～295 15	GB/T 269
滴点/℃　　　　　　　　　　　　　　　　≥	260	GB/T 3498
分油（锥网法，100℃，24h）(质量分数)/% ≤	5	NB/SH/T 0324
铜片腐蚀(T_2 铜片，100℃，24h)	无黑色或绿色变化	GB/T 7326 乙法
滚筒安定性(100℃，50h) 　工作锥入度变化/(0.1mm)	±80	SH/T 0122
防锈性　　　　　　　　　　　　　　　　≤ 　蒸馏水 　盐水(氯化钠)(0.5mol/L)	0-0 1-1	SH/T 0700
氧化安定性(99℃，100h，760kPa) 　压力降/kPa　　　　　　　　　　　　　≤	40	SH/T 0325
低温转矩(−40℃)/(mN·m)　　　　　　　≤ 　起动转矩 　运转转矩	1000 100	SH/T 0338
抗磨性能(392N，60min，75℃，1200r/min) 　磨痕直径/mm　　　　　　　　　　　　≤	0.5	SH/T 0204
润滑脂润滑寿命(FE9 法)(A/1500/6000-140) (F_{50})/h　　　　　　　　　　　　　　≥	200	DIN 51821-1 和 DIN 51821-2
水分　　　　　　　　　　　　　　　　　≤	痕迹	GB/T 512

项目		质量指标	试验方法
杂质含量(显微镜法)/(个/cm³)			SH/T 0336
75μm 以上	≤	100	
125μm 以上	≤	0	

注：基础油运动黏度/(40℃，mm²/s)，若用户需求由供应商提供。橡胶相容性，供需双方协商试验。

5.2.12　风力发电机组开式齿轮润滑脂

(1) 产品特性

采用合成基础油和特制金属皂为稠化剂制成。可在较宽的环境温度范围内及野外恶劣气候条件下，对风电偏航齿轮进行有效防护。能适应风电偏航齿轮长期正常工作对减摩、抗磨及极压等润滑方面的要求。具有优异的防水及防腐蚀性能。承载能力高，可有效避免摩擦件在重载或冲击载荷下发生擦伤及胶合。减摩性及低温启动性能优良，可使设备在较宽温度范围内以较小的扭矩启动及运行。抗磨性能优异，可有效延长摩擦件的工作寿命。适用于电场风电设备偏航齿轮的润滑与维护。使用温度范围－30～200℃。

(2) 技术参数

风力发电机组开式齿轮润滑脂的国家标准见表5-28。

表5-28　风力发电机组开式齿轮润滑脂国家标准 (GB/T 33540.2—2017)

项目		性能要求				试验方法
		00	0	1	2	
锥入度/(0.1mm)						GB/T 269
不工作锥入度		400～430	355～385	—	—	
60次工作锥入度		—	—	310～340	265～295	
滴点/℃	≥	150		160		GB/T 4929
腐蚀						
T₂铜，100℃，24h		无黑色或绿色变化				GB/T 7326 乙法
45号钢，100℃，3h		合格				SH/T 0331
相似黏度(－30℃)/(Pa·s)						
10s⁻¹		报告		—		SH/T 0048
20s⁻¹		—		报告		

项目	性能要求				试验方法
	00	0	1	2	
滑落试验(70℃,48h)	合格				附录 A
油膜低温柔韧性(−40℃,30min)	合格				附录 B
蒸发损失(100℃,22h)(质量分数)/% ≤	2.0				GB/T 7325
防锈性(蒸馏水,168h)/级 ≤	1-1				SH/T 0700
防腐蚀性(52℃,48h)	合格				GB/T 5018
盐雾试验(10 号钢,35℃,3d),级 ≤	0				SH/T 0081
湿热试验(10 号钢,49℃,7d),级 ≤	0				GB/T 2361
极压性能(27℃±8℃,1770r/min) 烧结负荷 P_D/N ≥	6080				SH/T 0202
承载能力 梯姆肯 OK 值/N ≥	133				NB/SH/T 0203
抗磨性能(75℃,1200r/min,392N,60min) 磨痕直径/mm ≤	0.6				SH/T 0204

5.2.13 中小型电机轴承润滑脂

(1) 产品特性

采用 12-羟基硬脂酸锂皂稠化深度精制的矿物基础油,并加入抗氧、防锈等添加剂,经特殊工艺炼制而成。稠化剂的皂纤维结构均匀,在剪切力的作用下能保持较好的润滑脂结构特征。润滑脂的洁净度高,能够有效地降低轴承的振动值。防锈性能良好,能够防止轴承运转过程中的锈蚀。降噪性能优良。适用于中小型电机的滚动轴承和其他较低负荷设备的滚动轴承的润滑。使用温度−20~120℃。

(2) 技术参数

中小型电机轴承润滑脂的石化行业标准见表 5-29。

表 5-29 中小型电机轴承润滑脂的石化行业标准 (NB/SH/T 6002—2020)

项目	质量指标	试验方法
外观	均匀油膏	目测
工作锥入度/(0.1mm)	265~295	GB/T 269

项目		质量指标	试验方法
滴点/℃	≥	175	GB/T 4929
分油量（锥网法,100℃,24h）（质量分数）/%	≤	5.0	NB/SH/T 0324
腐蚀（T₂ 铜片,100℃,24h）		铜片无绿色或黑色变化	GB/T 7326 乙法
蒸发损失（99℃,22h）（质量分数）/%	≤	1.0	GB/T 7325
低温转矩（−20℃）/(mN·m)			SH/T 0338
起动转矩	≤	590	
运转转矩	≤	290	
氧化安定性（99℃,100h,758kPa）			SH/T 0325
压力降/kPa	≤	50	
杂质（显微镜法）/(个/cm³)			SH/T 0336
10μm 以上	≤	2000	
25μm 以上	≤	1000	
75μm 以上	≤	0	
延长工作锥入度（100000 次）/(0.1mm)	≤	350	GB/T 269
漏失量（104℃,6h）/g	≤	4.0	SH/T 0326
水淋损失量（38℃,1h）（质量分数）/%	≤	8	SH/T 0109
防腐蚀性（52℃,48h）		合格	GB/T 5018
轴承振动值（满足 Z4 组技术要求的 6308 轴承）/dB	≤	49	GB/T 32333[a]

a 轴承注脂方式为两面注脂，注脂量 10～11g。

5.2.14　工程机械用润滑脂

(1) 产品特性

采用脂肪酸锂皂等稠化剂，稠化适宜黏度的矿物基础油制成。具有优良的润滑性、密封性和防护性。适用于包括挖掘机、起重机、装载机等在内的各种工程机械的工作臂轴销、回转支承等部位的润滑。工作温度范围−20～130℃。

(2) 技术参数

工程机械用润滑脂石化行业标准见表 5-30。

表 5-30　工程机械用润滑脂石化行业标准（NB/SH/T 0985—2019）

项目	质量指标			试验方法
	1 号	2 号	3 号	
稠化剂类型	报告			—
工作锥入度(25℃,60 次)/(0.1mm)	310～340	265～295	220～250	GB/T 269
不工作锥入度(25℃,0 次)/(0.1mm)	报告			GB/T 269
延长工作锥入度(100000 次)/(0.1mm) ≤	380	350	320	GB/T 269
基础油运动黏度(100℃)/(mm²/s)	报告			GB/T 265
滴点/℃ ≥	170	175	180	GB/T 4929
腐蚀(T_2 铜片,100℃,24h)	铜片无绿色或黑色变化			GB/T 7326 乙法
钢网分油(100℃,24h)(质量分数)/% ≤	10.0	5.0		NB/SH/T 0324
蒸发损失(99℃,22h)(质量分数)/% ≤	2.0			GB/T 7325
氧化安定性(99℃,100h,758kPa)压力降/kPa ≤	80			SH/T 0325
相似黏度(−10℃,10s^{-1})/(Pa·s) ≤	600	950	1350	SH/T 0048
水淋损失量(38℃,1h)(质量分数)/% ≤	10	8		SH/T 0109
湿热试验(45$^{\#}$ 钢片,14d)/级	A			GB/T 2361[a]
极压性能(四球机法),烧结负荷 P_D 值/N ≥	1961			SH/T 0202
抗磨性能(四球机法),磨痕直径/mm ≤	0.70			SH/T 0204
橡胶相容性试验(100℃,72h)				
丁腈橡胶[b]				
硬度变化 ≥	−30			
拉伸强度变化率/% ≥	−70			GB/T 1690 及
扯断伸长率变化率/% ≥	−80			GB/T 531.1
体积变化率/%	0～40			GB/T 528
聚氨酯橡胶[c]				
硬度变化	−5～5			
拉伸强度变化率/% ≥	−70			
扯断伸长率变化率/% ≥	−60			
体积变化率/%	−5～15			

　　[a]控制试片上脂膜涂覆厚度为 0.2～0.3mm。在试样涂覆过程中，要避免气泡、划痕和表面条痕。
　　[b]橡胶相容性试验用的丁腈橡胶满足 SH/T 0429 附录 A 中所示的低丙烯腈丁腈橡胶（NBR-L）。
　　[c]橡胶相容性试验用的聚氨酯橡胶满足本标准中附录 A 所示的聚氨酯橡胶（AU）。

5.3 防护润滑脂

某些润滑脂主要用来防止金属生锈或腐蚀，被称为防护润滑脂。这类润滑脂可隔绝或减少摩擦副表面间接接触，或物体表面与腐蚀性物质接触，起到减少或减缓化学作用对材料表面侵蚀与破坏的作用。其功能包括防锈、防腐蚀和抗水性等。

5.3.1 钢丝绳生产用润滑剂

(1) 产品特性

褐色至深褐色均匀油膏。由石油蜡稠化矿物基础油并加入抗氧、防锈等多种添加剂所制得。具有良好的化学安定性、防锈性、抗水性和低温性能。几乎不溶于水，遇水也不乳化。对金属表面有良好的黏附性。按用途不同，分为普通和重型起重机、港机、工程机械、渔业海工、电梯、钢芯铝绞线、环保型和纤维芯等用润滑剂。适用于钢丝绳生产及使用过程中的防护和润滑。

(2) 技术参数

钢丝绳生产用润滑剂的通用技术要求见表 5-31，不同使用环境钢丝绳生产用润滑剂的滴点和脆点见表 5-32。

表 5-31 钢丝绳生产用润滑剂石化行业标准 (NB/SH/T 0387—2023)

项目	质量指标									试验方法
	普通	重型起重机	港机	工程机械	渔业海工	电梯	钢芯铝绞线[a]	环保型[b]	纤维芯	
外观	均匀油膏									目测
运动黏度[c]（120℃）/（mm^2/s） ≥	25	30	30	30	90[d]	20	—	—	20	GB/T 265
闪点/℃ >	200	220	220	220	220	200	200	200	180	GB/T 3536
水溶性酸或碱	无									GB 259
腐蚀(45 号钢片,100℃,3h)	合格									SH/T 0331
盐雾试验(45 号钢片,膜厚 0.2mm,A 级)/d ≥	7	7	10[d]	7	10[d]	7	7	7	7	SH/T 0081

项目	质量指标									试验方法
	普通	重型起重机	港机	工程机械	渔业海工	电梯	钢芯铝绞线[a]	环保型[b]	纤维芯	
湿热试验(45号钢片,膜厚0.2mm,A级)/d ≥	30									GB/T 2361
磨痕直径(1200r/min,75℃,392N,60min)/mm ≤	0.8	0.6[d]	0.7	0.7	0.7	0.6[d]	0.7	0.7	0.7	SH/T 0204
黏附性[e](66℃,15min)/% ≥ 150r/min	100	100	100	100	100	100	100	100	—	SH/T 0469 —1994 附录A
300r/min	40	50	80	70	50	50	50	50	—	
生物降解率/% ≥	—	—	—	—	—	—	—	60[d]	—	GB/T 21856

[a] 钢芯铝绞线滴点至少不低于120℃,试验方法为 GB/T 4929。
[b] 环保型滴点至少不低于140℃,试验方法为 GB/T 4929。
[c] 按照 GB/T 265 进行运动黏度测定时,将恒温浴的温度设置为120℃,其他试验条件不变。
[d] 指本类产品的特征参数。
[e] 测试中制作样片时,应先将油脂加热到130℃后再制作试验样品,室温冷却 6h 后测试,钢芯铝绞线用润滑剂、环保型润滑剂除外。

表 5-32　不同使用环境钢丝绳生产用润滑剂的滴点和脆点

项目	质量指标				试验方法
	常温 (−15～60℃)[a]	寒冷 (−30～70℃)[a]	极寒 (−40～70℃)[a]	高温[b] (−20～200℃)[a]	
滴点[c]/℃ ≥	70	80	80	220	GB/T 4929
脆点[c]/℃ ≤	−20	−40	−50	−25	GB/T 4510

[a] 括号中温度指推荐使用环境温度。
[b] 冷涂型。
[c] 测试时,应先将油脂加热到130℃后再制作试验样品,高温型除外。

5.3.2　钢丝绳维护用润滑剂

(1) 产品特性

采用稠化剂稠化矿物油、合成油或植物油,并加入抗氧、防锈、极压等添加剂制得。其中钢丝绳维护脂为半流体润滑脂,而钢丝绳维护油为含有挥发性溶剂的润滑剂。具有优良的渗透性、防锈性、附着性和极压性。适用于钢丝绳使用过程中的维护。

(2) 技术参数

钢丝绳维护用润滑剂的石化行业标准见表 5-33。

表 5-33　钢丝绳维护用润滑剂石化行业标准（NB/SH/T 0387—2023）

项目		钢丝绳维护油	钢丝绳维护脂	试验方法
外观		油状	膏状	目测
滴点/℃	≥	—	160	GB/T 4929
闪点/℃	>	60	200	GB/T 3536
脆点/℃	≤		−25	GB/T 4510
水溶性酸或碱		无		GB 259
腐蚀[a]（45 号钢片，100℃，3h）		合格		SH/T 0331
盐雾试验[a]（45 号钢片，膜厚 0.2mm，A 级）/d	≥	7		SH/T 0081
湿热试验[a]（45 号钢片，膜厚 0.2mm，A 级）/d	≥	30		GB/T 2361
磨痕直径[a]（1200r/min，392N，75℃，60min）/mm	≤	0.7		SH/T 0204
黏附性(66℃，15min)/%　150r/min　300r/min	≥	—　—	100　50	SH/T 0469—1994 附录 A

[a] 对于钢丝绳维护油，此项目的测试，应对溶剂挥发后的油膏进行试验。

5.3.3　摩擦式提升机钢丝绳润滑脂和维护油

（1）产品特性

采用植物树脂、防锈剂、增摩剂、稳定剂等炼制而成。具有摩擦系数高、附着性和防锈性优良的特点。适用于摩擦式提升机钢丝绳的润滑与维护。

（2）技术参数

摩擦式提升机钢丝绳润滑脂和维护油石化行业标准见表 5-34。

表 5-34　摩擦式提升机钢丝绳润滑脂和维护油石化行业标准（NB/SH/T 6019—2020）

项目		质量指标		试验方法
		摩擦式提升机钢丝绳润滑脂	摩擦式提升机钢丝绳维护油[a]	
摩擦系数 μ　20℃时　30℃时	≥　≥	0.25　0.22	0.25　0.22	附录 A

项目	质量指标		试验方法
	摩擦式提升机钢丝绳润滑脂	摩擦式提升机钢丝绳维护油[a]	
闪点(闭口)/℃ ≥	220	60[a]	GB/T 261
滴点/℃ ≥	80	80	GB/T 4929
黏附强度和可塑性 (70号钢、-12℃和20℃)	合格	合格	附录 B
软化和老化性能 (70号钢、40℃、28d)	合格	合格	附录 C
防水性能(20℃和40℃) ≤	0 级	0 级	附录 D
水溶性酸含量	无	无[a]	SH/T 0329
防腐蚀能力[b](70号钢)	至少是 6 个周期	至少是 6 个周期	附录 E
锥入度	[c]	[c]	GB/T 269
脆点	[c]	[c]	GB/T 4510

　　[a]摩擦式提升机钢丝绳维护油为摩擦式提升机钢丝绳润滑脂加有稀释剂后得到的产品,其闪点和水溶性酸含量项目为含稀释剂的产品性能要求,其余项目为无稀释剂的性能要求。

　　[b]当使用于储存和工作中,对于在短时间间隔内需要连续涂抹的润滑脂或维护油而言,需将环境气候、井道中释放的化合物(如二氧化硫等)和试验周期数列为检测条件。

　　[c]此项目检测的必要性及要求均由供需双方协商确定。

5.3.4　无黏结预应力筋专用防腐润滑脂

(1) 产品特性

　　采用脂肪酸混合金属皂稠化深度精制的矿物基础油并加入多种添加剂而制得。具有良好的化学安定性与防腐防锈性能,可防止各种腐蚀介质对预应力筋的侵蚀。还具有良好的黏附性、润滑性,能减少预应力筋之间的摩擦和磨损。与塑料等材料有良好的相容性,不使塑料溶胀、脆裂。适用于大型建筑、机场、桥梁的无黏对预应力筋防腐防锈。

(2) 技术参数

　　无黏结预应力筋专用防腐润滑脂的建筑行业标准见表5-35。

表 5-35　无黏结预应力筋专用防腐润滑脂建筑行业标准（JG/T 430—2014）

项目	质量指标			试验方法
	1 号	2 号	3 号	
工作锥入度/(0.1mm)	296～325	265～295	235～264	GB/T 269
滴点/℃	≥165	≥170	≥175	GB/T 4929
钢网分油(100℃,24h)(质量分数)/%	≤8.0	≤5.0	≤3.0	NB/SH/T 0324
水分(质量分数)/%	痕迹			GB/T 512
腐蚀(45 号钢片,100℃,24h)	合格			SH/T 0331
蒸发损失(99℃,22h)(质量分数)/%	≤2.0			GB/T 7325
低温性能(-40℃,30min)	合格			附录 A
湿热试验(45 号钢片,30d)(锈蚀级别)/级	≤B			GB/T 2361
盐雾试验(45 号钢片,30d)(锈蚀级别)/级	≤B			SH/T 0081
氧化安定性(99℃,100h,758kPa) 　氧化后压力降/kPa 　氧化后酸值/mgKOH/g	≤70 ≤1.0			SH/T 0325 GB/T 264
相容性(65℃,40d) 　护套材料的吸油率/% 　护套材料的拉伸强度变化率/%	≤10 ≤30			附录 B
灰分(质量分数)/%	≤10			SH/T 0327

注：用户对产品有特殊要求时，可由制造商和用户协商有关性能的要求。

5.3.5　炮用润滑脂

(1) 产品特性

采用石油蜡为稠化剂，稠化适宜基础油制成。具有优良的防护性、耐水性和高低温性。适用于涂抹军械装备、金属备件、金属工具等军械物品未涂漆金属表面的防护。

(2) 技术参数

炮用润滑脂石化行业标准见表 5-36。

表 5-36　炮用润滑脂石化行业标准（NB/SH/T 0383—2017）

项目	质量指标	试验方法
外观	黄色至深褐色均匀油膏	目测

项目		质量指标	试验方法
滴点/℃	≥	65	附录 A
腐蚀(45 号钢片及 T₃ 铜片,100℃,3h)		合格	SH/T 0331[a]
防护性能(45 号钢片,50℃,30h)		合格	附录 B
保持能力(60℃,24h)/(mg/cm²)	≥	1.5	附录 C
运动黏度(100℃)/(mm²/s)		12～15	GB/T 265[b]
酸值/(mgKOH/g)	≤	0.3	GB/T 264
水溶性酸碱		中性或弱碱性	附录 D
机械杂质(质量分数)/%	≤	0.07	GB/T 511[c]
水分(质量分数)/%		无	GB/T 512
灰分(质量分数)/%	≤	0.07	SH/T 0327
低温性能(-43℃,30min)		合格	NB/SH/T 0387—2014 附录 C
锥入度(25℃)/(0.1mm)		报告	GB/T 269 第三篇

[a] 腐蚀试验用 45 号钢片和 T₃ 铜片的磨光金属片,置入热至 100℃±2℃ 的试料中,再按 SH/T 0331 操作。

[b] 将试样加热到 100℃后,再按 GB/T 265 操作。

[c] 将 GB/T 511 中试样取样量由 100g 修改为取试料 10g。

5.4 密封润滑脂

部分润滑脂专门用作对水、油、气等介质的密封,被称为密封润滑脂。作为密封用润滑脂,必须考虑所接触的密封件材质与介质的性质,根据润滑脂与材质(特别是橡胶)的相容性来选择适宜的润滑脂。用于真空条件的密封脂,还要特别考虑到真空度的要求。

5.4.1 密封润滑脂种类

(1) 防水密封脂

防水密封脂适用于水环境(潮湿环境)中运动部件间的密封与润滑,如各种水龙头、水表、阀门(陶瓷水阀和旋塞阀)、卫浴器材及潜水用品等。盾构施工中的主轴承密封脂和盾尾密封脂,也属于一种防水密封脂。在水环境中,防水密封脂要求具有优良的防水密封性。在使用过程中,要求密封脂耐压性和耐水冲刷性强，与材料适应性好，对接触的金属及非金属材料无腐蚀或损害作用。此外，还要求产品黏附性和润滑性良好，在金属与橡胶、金属与高分子材料滑动件间有良好的润滑效果。与饮用水接触时，应满足食品安全的化学稳定性，无毒、无味。

(2) 耐油密封脂

对于与汽油、煤油、润滑油、水、乙醇、石油液化气和天然气等烃类介质接触的机械设备、机车、管路接头、阀门等静密封面或在低速下滑动或转动的密封面，如油气田闸板阀、燃气阀、燃气管、输油输气管道连接部位以及油箱端盖和油窗等，需要使用耐油密封脂进行密封和润滑。耐油密封脂要求具有良好的耐烃类以及水、乙醇等介质的能力。在介质条件下，要求密封脂不熔解、不分散、不固化，并且具有良好的耐高压和抗震动性能，黏附性和高温稳定性高，能够有效减少摩擦部位的磨损，延长部件寿命。

(3) 抗化学密封脂

抗化学密封脂是抗酸碱盐、强腐蚀剂、强氧化剂等化学介质的润滑脂。要求具有良好的密封性、润滑性和防护性。针对与各种介质接触的机械装备、管路、阀门、轴承等工况条件，抗化学密封脂应具有优良的密封性、黏附性、化学稳定性、高温性和抗氧化稳定性。使用寿命长。与塑料、橡胶等非金属和金属原料具有良好的相容性。可有效防止泄漏。同时减少金属密封接触面的滑动阻力，减少阀门开闭阻力。适用于输送酸、碱、盐、腐蚀气体、强氧化剂等介质的各种高温高压阀、连接部的润滑和密封。

(4) 真空密封脂

真空密封脂广泛应用于各种气动、真空装备的密封件的润滑和密封，包括真空系统的密封剂，以及真空装备中的轴承、阀门、密封圈、链条、压缩机、齿轮箱等机械部件。要求产品挥发损失低。一般低真空时，其室温下的饱和蒸气压力应小于 $1.3 \times 10^{-2} \sim 1.3 \times 10^{-1}$ Pa；高真空时，应小于 $1.3 \times 10^{-5} \sim 1.3 \times 10^{-3}$ Pa。在这种环境下应用的润滑脂务必具有低挥发性，以获取高真空度。真空密封脂的挥发性主要取决于基础油，全氟聚醚具有很低的饱和蒸气压力。物理、化学和热稳定性好。在密封部位，还要求密封脂不会因合理的温升而产生软化、化学反应或挥发，甚至被大气冲破。此外，在某些环境下，真空密封脂还具有特殊的电气性能、绝缘性能、光学性能、磁性能和导热性能等。

5.4.2 润滑密封硅脂

(1) 产品特性

白色半透明均匀油膏。由硅胶稠化硅油并加有多种添加剂制成。无味、化学惰性、无毒。导热率高、散热效果好、除湿气性能好、密封防灰尘，不会对橡胶和塑料产生伤害。耐老化，介电强度高，在电子、电气部件上使用安全。还有具有优良的热稳定性和化学稳定性、黏附性、流变性和介电性能。在高温下不会变干结焦，低温下不会冻结。无滴点，不易氧化，使用温度高。在高温下，其润滑脂的稠度也比较稠。缺点是防护性比较差。润滑脂的摩擦性能较差。此外，还有机械安定性差、老化硬化及长期受热失去润滑作用等缺点。Ⅰ型产品适用于橡胶与金属间的密封和润滑，与某些化学品接触的玻璃、陶瓷或金属阀门旋器、接头等低速滑动部位的密封与润滑，电位器的阻尼、电器的绝缘与密封，液体联轴节的填充介质等，还可用于真空度达 1.33×10^{-4} Pa 的真空系统的润滑与密封。适用温度范围 $-54 \sim 205 ℃$，短期可达 260℃。Ⅱ型产品适用于用作黑色金属部件（带螺纹或不带螺纹）的配合面的腐蚀抑制剂和润滑剂，也可用于电器的防护与绝缘。适用温度范围 $-60 \sim 200 ℃$。

(2) 技术参数

Ⅰ型润滑密封硅脂的石化行业标准见表 5-37，Ⅱ型润滑密封硅脂的石化行业标准见表 5-38。

表 5-37　Ⅰ型润滑密封硅脂石化行业标准（NB/SH/T 0432—2013）

项目		质量指标	试验方法
外观		白色半透明均匀油膏	目测
锥入度/(0.1mm) 不工作锥入度 工作锥入度	≤	250～310 310	GB/T 269
压力分油(质量分数)/%	≤	5.0	GB/T 392
蒸发度(200℃,1h)(质量分数)/%	≤	2.0	SH/T 0337
腐蚀(100℃,3h) 45 号钢 LC9 超硬铝合金 T₂铜		合格 合格 合格	SH/T 0331[a]
相似黏度($-40℃,10s^{-1}$)/(Pa·s)	≤	1100	SH/T 0048

项目		质量指标	试验方法
分油及蒸发(204℃,30h)(质量分数)/%			NB/SH/T 0324[b]
钢网分油	≤	6.0	
蒸发损失	≤	2.0	
抗水密封性		合格	附录 A
高温稳定性试验(204℃,24h)			附录 B
1/4 锥入度/(0.1mm)		55～70	
不溶性(质量分数)/%			附录 C
蒸馏水	≤	0.4	
乙醇	≤	7.0	
橡胶相容性(NBR-L胶,70℃,168h)			SH/T 0691
体积变化(体积分数)/%		—10～10	
贮存稳定性(38℃,6个月)			SH/T 0452
1/4 锥入度/(0.1mm)		55～70	

[a] 腐蚀试验中金属试片尺寸为 25mm×25mm×3mm，烧杯容积为 50mL。

[b] 测定分油及蒸发时，镍丝锥网应挂在玻璃棒上，使镍丝锥网悬挂于烧杯内，试验后按下列两式计算钢网分油和蒸发损失值。

$$钢网分油（质量分数）= P_1/W$$
$$蒸发损失（质量分数）= P_2/W$$

式中　　P_1——烧杯中分出油的质量，g；

　　　　P_2——整个装置的质量损失，g；

　　　　W——试验样品质量，g。

表 5-38　Ⅱ型润滑密封硅脂石化行业标准（NB/SH/T 0432—2013）

项目		质量指标	试验方法
外观		白色半透明均匀油膏	目测
锥入度/(0.1mm)			GB/T 269
工作锥入度		250～320	
压力分油(质量分数)/%	≤	8.0	GB/T 392
蒸发度(200℃,1h)(质量分数)/%	≤	3.0	SH/T 0337
腐蚀(100℃,3h)			SH/T 0331[a]
45 号钢		合格	
LC9 超硬铝合金		合格	
T₂ 铜		合格	
相似黏度($-54℃,25s^{-1}$)/(Pa·s)	≤	250	SH/T 0048

项目	质量指标	试验方法
分油及蒸发(150℃,24h)(质量分数)/% 钢网分油　　　　　　　　　　≤ 蒸发损失　　　　　　　　　　≤	 4.0 2.0	NB/SH/T 0324[b]
抗水密封性	合格	附录A
不溶性(质量分数)/% 蒸馏水　　　　　　　　　　　≤	 1.0	附录C
橡胶相容性(NBR-L胶,70℃,168h) 体积变化 (体积分数)/%	报告	SH/T 0691
氧化安定性(0.78MPa氧压下,99℃,100h)　≤ 氧化后压力降/MPa 酸值变化/(mgKOH/g)	 0.034 5	SH/T 0335
贮存稳定性(38℃,6个月) 1/4锥入度/(0.1mm)	62～75	SH/T 0452

[a]腐蚀试验中金属试片尺寸为:25mm×25mm×3mm,烧杯容积为50mL。

[b]测定分油及蒸发时,镍丝锥网应挂在玻璃棒上,使镍丝锥网悬挂于烧杯内,试验后按下列两式计算钢网分油和蒸发损失值。

$$钢网分油（质量分数）＝P_1/W$$
$$蒸发损失（质量分数）＝P_2/W$$

式中　P_1——烧杯中分出油的质量,g;

　　　P_2——整个装置的质量损失,g;

　　　W——试验样品质量,g。

5.4.3　7805抗化学密封脂

(1) 产品特性

白色均匀油膏。以全氟聚醚为基础油,加入全氟树脂经精制加工制成。具有抗四氧化二氮、偏二甲肼等的抗化学性能,以及良好的润滑性能和低温启动性。适用于接触特殊介质的活门的密封与润滑。

(2) 技术参数

7805号抗化学密封脂的石化行业标准见表5-39。

表5-39　7805号抗化学密封脂石化行业标准 (NB/SH/T 0449—2013)

项目	质量指标	试验方法
外观	白色均匀油膏	目测

项目		质量指标	试验方法
滴点/℃	≥	120	GB/T 4929
1/4 锥入度/(0.1mm)		50～70	GB/T 269
蒸发度(100℃,1h)(质量分数)/%	≤	1	SH/T 0337[a]
分油量(200g±2g)(质量分数)/%	≤	7	GB/T 392
腐蚀(50℃,48h)		合格	SH/T 0331[b]
杂质含量/(颗/cm³) 　直径≥25μm 　直径≥75μm 　直径≥125μm	 ≤ ≤ 	 4000 120 无	SH/T 0336

[a] 恒温器使用自动恒温烘箱,蒸发皿放在烘箱内中间的一块玻璃板上。
[b] 本标准所用金属片(防锈铝合金)由 703 所提供。

5.4.4　套管、油管、管线管和钻柱构件用螺纹脂

(1) 产品特性

采用基础脂中加入石墨、铅粉、锌粉和鳞状铜粉等固体组分制成。适用于螺纹连接部位,可以起到辅助润滑、密封和保护作用,如 API 圆螺纹和偏梯形螺纹的套管、油管和管线管连接部位。

(2) 技术参数

套管、油管、管线管和钻柱构件用螺纹脂的国家标准中,螺纹脂的物理性能和化学性能见表 5-40,改进型螺纹脂控制和性能试验见表 5-41。

表 5-40　螺纹脂的物理性能和化学性能 (GB/T 23512—2015)

项目[a]		试验方法	指标要求[b]	
检验项目	检验状态		数据	要求
滴点/℃(℉)	M	ISO 2176 或 ASTM D2265	≥138(280)	S
蒸发量(体积分数)/% 100℃,24h	M	附录 D	≤3.75	S

项目[a]		试验方法	指标要求[b]	
检验项目	检验状态		数据	要求
逸气量/cm³ 66℃,120h	M	附录 G	≤20	S
分油量(体积分数)/% 100℃,24h(镍丝滤锥)	M	附录 E	≤10.0	S
锥入度/(0.1mm) 25℃,工作 60 次 产品可接受的范围(极差) -7℃,工作 60 次	M	附录 C	≤±15 报告数据	S R
质量密度/% 和产品平均测量值的差值	M	制造商控制	≤±5.0	S
水沥滤(质量分数)/% 66℃,2h	M	附录 H	≤5.0	S
涂刷和黏着 低温涂用 66℃(质量分数)/%	M	附录 F	-7℃(19℉)时能涂刷 ≤25	S R R
腐蚀性 规定腐蚀水平	M	ASTM D4048	1B 或更好	R
防腐蚀性(腐蚀面积)/% 38℃,500h	I	附录 L	<1.0	R
脂稳定性,12 个月储存 锥入度改变值/(0.1mm) 分油量(体积分数)/%	M	制造商控制 附录 C 附录 E	≤±30 ≤10.0	R R
脂稳定性,油田服役 138℃,24h(体积分数)/%	I	附录 M	≤25.0	R

注：本表中的值同附录 A，表 A.3 的值是不同的。表 A.3 上的值是 API RP 5A3 的原值和要求。由于油田操作高温要求和不同制造商螺纹脂配方之间质量密度的变化，它们已被修订并加入到说明中。

[a] M：强制性的，I：资料性的；

[b] S：规范性的，R：推荐性的。

表 5-41　改进型螺纹脂控制和性能试验（GB/T 23512—2015）

试验	要求
工作锥入度/(0.1mm) 25℃(77℉)(NLGI[a],等级 1♯) 在－18℃(0℉)冷却后 (见附录 C 中的步骤)	310～340 ≥200
滴点/℃(℉) (ASTM D566)	≥88(190)
蒸发量(质量分数)/% 100℃(212℉),24h (见附录 D)	≤2.0
分油量(质量分数)(镍丝滤锥)/% 66℃(151℉),24h (见附录 E)	≤5.0
逸气量/cm³ 66℃(151℉),120h (见附录 G)	≤20
水沥滤(质量分数)/% [66℃(151℉),2 h 后] (见附录 H)	≤5.0
涂刷性 (见附录 F)	在－18℃(0℉)能涂刷

注：在本表中所列的资料仅适用于 API 改进型螺纹脂配方。

a 美国润滑脂协会 4635 Wyandotte Street，Kansas City，MO 64112—1596。

第 6 章
润滑脂评定分析

润滑脂的使用范围很广，工作条件差异也很大，不同的机械设备对润滑脂性能要求很不相同。润滑脂性能是润滑脂组成及其制备工艺的综合体现。评定分析润滑脂的性能，不但在生产和研究工作上有决定性的意义，而且在使用部门对润滑脂的选择和使用也是必不可少的。润滑脂的评定分析主要包括理化指标测定、模拟试验、台架试验、结构与组成分析等几个方面。

6.1 理化指标测定

润滑脂的理化指标有物理性能指标和化学性能指标之分。物理性能指标主要有外观、锥入度、滴点、分油量、蒸发性、相似黏度、橡胶相容性、低温转矩、水淋试验、振动值、机械杂质、水分等。化学性能指标主要有防腐蚀性试验、防锈性试验、盐雾试验、湿热试验、氧化安定性等。

6.1.1 锥入度

(1) 指标意义

锥入度是衡量润滑脂稠度及软硬程度的指标。以在规定的负荷、时间和温度条件下，锥体落入试样的深度表示，单位 0.1mm。锥入度值越大，表示润滑脂越软，反之就越硬。锥入度有非工作锥入度和工作锥入度之分。

(2) 测试标准

GB/T 269《润滑脂和石油脂锥入度测定法》，以及 ISO 2137、ASTM D217。

(3) 方法概要

锥入度测定是在 25℃时，锥入度测定仪中锥体组合件从锥入度计上释放，使锥体下落 5s，并测定其刺入润滑脂的深度。

不工作锥入度是使试料在尽可能少搅动下，移入适宜于试验用的容器中进行测定。

工作锥入度是使试料在剪切试验机润滑脂工作器中 60 次往复工作后进行测定。

延长工作锥入度是使试料在润滑脂剪切试验机工作器中多于 60 次往复工作后进行测定。

块锥入度是用润滑脂切割器切割块状润滑脂，在新切割的立方体表面上进行测定。

6.1.2 滴点

(1) 指标意义

滴点是指润滑脂受热溶化开始滴落的最低温度，以℃表示。润滑脂的耐热性能，可以通过滴点来体现。具有较高滴点的润滑脂，在高温环境下能够保持较好的润滑性能，不易流失或蒸发，有助于延长设备的使用寿命；滴点较低的润滑脂，在高温条件下可能导致流失而影响润滑效果，导致设备的摩擦和磨损加剧。

(2) 测试标准

GB/T 4929《润滑脂滴点测定法》，以及 ISO/DP 2176、ASTM D566、IP31 GB/T 3498《润滑脂宽温度范围滴点测定法》，以及 ASTM D2265；SH/T 0115《润滑脂和固体烃滴点测定法》。

(3) 方法概要

将润滑脂装入滴点计的脂杯中，在规定的标准条件下，润滑脂在试验过程中达到一定流动性的温度，即为该润滑脂的滴点。

6.1.3 分油量

(1) 指标意义

润滑脂在使用或长期储存中会有少量的油析出，这种现象称为分油。分油量的大小由胶体稳定性所决定，是衡量润滑脂好坏的指标之一。如果润滑脂的胶体安定性差，则在受热、压力、离心力等作用下易导致严重分油，迅速缩短寿命，最终失去润滑作用。测量润滑脂分油量的方法主要有锥网分油、离心分油和贮存分油。

(2) 测试标准

NB/SH/T 0324《润滑脂分油的测定　锥网法》，以及 ASTM D6184、

DIN51817、IP121；NB/SH/T 0869《润滑脂离心分油测定法》，以及 ASTM D4425；SH/T 0682《润滑脂在贮存期间分油量测定法》，以及 ASTM D1742。

(3) 方法概要

NB/SH/T 0324：测定小于 340（0.1mm）的润滑脂在高温下的分油倾向。将已称量的试样放入一个锥形的镍丝、镍铜合金丝或不锈钢丝网中，悬挂在烧杯上，加热到规定的时间和温度。标准试验条件为 100℃±0.5℃ 下恒温 30h±0.25h 后进行测量。对分出的油进行称量，并以开始测量的试样的质量分数报告。

NB/SH/T 0869：测定润滑脂在高离心力下的分油倾向。将装有润滑脂试样的成对的离心管放入离心机中，润滑脂试样在 50℃±1℃ 下，在规定的时间内受到 G 值 36000 的离心力的作用。润滑脂分油率用试验时间内分油的体积分数来表示。

SH/T 0682：测定稠度大于 0 号的润滑脂在贮存期间的分油量。将润滑脂装在 75μm 滤网上，在 25℃±1℃ 温度、1.72kPa±0.07kPa 空气压力下持续试验 24h，称量分出并滴入盛油皿的油的质量。

6.1.4 蒸发性

(1) 指标意义

润滑脂中挥发分的蒸发损失，主要受到温度、时间、润滑脂成分以及环境条件的影响。润滑脂的蒸发，大部分是基础油的蒸发。润滑脂的蒸发性几乎完全取决于基础油种类、黏度、馏分组成和分子量。不同性质基础油制成的润滑脂，其蒸发性各有不同。

(2) 测试标准

GB/T 7325《润滑脂和润滑油蒸发损失测定法》，以及 ASTM D972；SH/T 0661《润滑脂宽温度范围蒸发损失测定法》，以及 ASTM D2595；SH/T 0337《润滑脂蒸发度测定法》。

(3) 方法概要

GB/T 7325：把放在蒸发器里的润滑剂试样，置于规定温度的恒温浴中，热空气通过试样表面 22h。根据试样失重计算蒸发损失。蒸发损失可以在 99～150℃ 的任一温度下进行测定。

SH/T 0661：测定在 93～316℃ 温度范围内润滑脂的蒸发损失，是把

GB/T 7325 方法的温度范围予以扩大。

SH/T 0337：使用时将盛有一定量的润滑脂的蒸发皿，置于专门的恒温器内，在规定的温度下保持 1h，测定其损失的质量。

6.1.5 相似黏度

(1) 指标意义

在一定温度下，润滑脂的黏度是一个随剪切速率而变的变量。润滑脂的这种黏度称为相似黏度，单位为 Pa·s。润滑脂在所受剪应力超过它的强度极限时，就会产生流动。润滑脂流动时也会出现内摩擦，相似黏度表征了润滑脂的内部摩擦特性。润滑脂的相似黏度，随着剪切速率的升高而降低。润滑脂的黏度对使用润滑脂的机械的动力消耗有很大的影响。如果使用的润滑脂的相似黏度较大，则摩擦损失也比较大。

(2) 测试标准

SH/T 0048《润滑脂相似黏度测定法》，以及 TOCT7163。

(3) 方法概要

利用弹簧作用于顶杆使试样管内试样经受压力，而从毛细管流出。随着弹簧的松弛，管内的压力逐步下降。变动流量式压力毛细管黏度计的一次试验，即可得到一系列平均剪切速率下的相似黏度值。其平均剪切速率范围，可根据毛细管的半径进行选择。根据系统的压力和毛细管半径及长度，可计算润滑脂在毛细管中受到的剪应力。利用一定线速度旋转的记录筒，记下工作曲线，曲线上的任意一点代表某一瞬间的黏度特性。由该点的切线与水平线的夹角的正切乘以记录筒的线速度，即为顶杆的下降速度。根据这个原理，可计算出润滑脂在毛细管中各个瞬间的平均剪切速率。于是，可计算润滑脂在各个瞬间的相似黏度。

6.1.6 表观黏度

(1) 指标意义

润滑脂的表观黏度是用泊肃叶（Poiseuille）方程式计算出的剪切应力与剪切速率之比，以 Pa·s 表示。剪切速率是润滑脂一系列相邻层彼此相对运动的速率，与流动的线速度同毛细管半径的比值成正比，单位为 s^{-1}。表观黏度是在规定温度下，由预先的稳定流量和测定系统中所施加的压力，根据泊肃叶方程式计算得到。

（2）测试标准

SH/T 0681《润滑脂表观黏度测定法》，以及 ASTM D1092。

（3）方法概要

用液压系统带动的浮动活塞迫使样品通过毛细管。表观黏度是由预先测定的流量和在系统中所施加的力，根据泊肃叶方程式计算得到。用直径不同的 8 个毛细管和两个泵速来测定在 16 个剪切速率下的表观黏度，试验结果以表观黏度对剪切速率的双对数曲线表示。

润滑脂相似黏度测定，采用的是非恒定流量毛细管黏度计；而润滑脂表观黏度的测定，采用的是恒定流量式的毛细管黏度计（SOD 黏度计）。

6.1.7　滚筒安定性

（1）指标意义

润滑脂滚筒安定性是通过润滑脂在滚筒试验机上工作后的稠度变化，用以判断润滑脂的机械剪切安定性的优劣。

（2）测试标准

SH/T 0122《润滑脂滚筒安定性测定法》，以及 ASTM D1831、MIL-G-10924SA。

（3）方法概要

取 50g 试样，在室温（21～38℃）下，在滚筒试验机上工作 2h 后，测定试验前后润滑脂的工作锥入度。把测定所得的 1/4 锥入度值换算成全尺寸锥入度值，报告工作锥入度变化值。

6.1.8　合成橡胶相容性

（1）指标意义

润滑脂在实际应用中，经常要与橡胶密封元件接触，有时要在金属与橡胶间进行润滑并起密封作用。因此，要求测定润滑脂与橡胶的相容性。润滑脂和橡胶的相容性，取决于基础油和橡胶的类型。橡胶在矿物油中体积增加的顺序为：天然橡胶＞丁苯橡胶＞丁基橡胶＞氯丁橡胶。在矿物油中，橡胶的膨胀都随油的苯胺点的增大而减少，只有丁腈橡胶在矿物油中体积基本不变。酯类油和芳烃油对丁腈橡胶有很强的膨胀作用，硅油对丁腈橡胶起收缩作用。当润滑脂与橡胶接触时，同时进行两个过程：增塑剂的析出和基础油的吸收。橡胶浸泡后是减重或增重，取决于哪种过程占优势。

(2) 测试标准

SH/T 0429《润滑脂和液体润滑剂与橡胶相容性测定法》，以及 ASTM D4289。

(3) 方法概要

将具有规定尺寸的标准合成橡胶试片，置于 100℃（对于标准氯丁橡胶）或 150℃（对于标准丁腈橡胶）的润滑脂试样中。经过 70h 试验后，用其体积变化和硬度变化来评定润滑脂与标准合成橡胶的相容性。

6.1.9　接触电阻

(1) 指标意义

普通润滑脂电阻率高，接触电阻大。电触点润滑脂基本上是电绝缘性的润滑脂，但电阻率比普通润滑脂要小些。导电润滑脂含有导电碳黑稠化剂并加有导电剂，从而大幅减小了接触电阻，增强了导电性能。

(2) 测试标准

SH/T 0596《润滑脂接触电阻测定法》。

(3) 方法概要

润滑脂接触电阻的测定，是将润滑脂试样涂在板状电极上，涂脂厚度为 0.2mm。使其与半球状电极接触，保证两极间承受 1.38N±0.01N 的力。用直流双臂电桥，测定高温（50℃±1℃）、室温（15～30℃）、低温（−20℃±2℃）时的接点电阻。以涂脂前后接触电阻的差值，作为润滑脂接触电阻值。

6.1.10　抗水喷雾性

(1) 指标意义

润滑脂抗水喷雾性是评定在水喷雾条件下，润滑脂对金属表面的黏附能力。

(2) 测试标准

SH/T 0643《润滑脂抗水喷雾性测定法》，以及 ASTM D4049。

(3) 方法概要

将润滑脂涂在一块不锈钢板上，用在规定试验温度和压力下的水喷雾。经 5min 后，测定润滑脂的喷雾失重百分数，作为润滑脂抗水喷雾性的量度。

6.1.11 抗水淋性能

(1) 指标意义

润滑脂的抗水性，能够保证润滑脂在有水存在的情况下，仍可起到良好的润滑作用。润滑脂的抗水性主要取决于稠化剂，其次是基础油。一般来说，以硅油为基础油的润滑脂的抗水性较好，其次是矿物油，而酯类油、聚醚类油的抗水性较差。对稠剂化来说，烃基脂、脲基脂等非皂基脂的抗水性好；铝基脂、钡基脂、钙基脂，以及复合铝、复合钡、复合钙基脂次之；再次是锂基脂；抗水性最差的是钠基润滑脂。

(2) 测试标准

SH/T 0109《润滑脂抗水淋性能测定法》，以及 ISO 11009、ASTM D1264、IP215 等。

(3) 方法概要

测定润滑脂抗水淋性能，是将润滑脂试样装入球轴承中，然后将该球轴承装入具有规定间隙要求的轴承套内，并以（600±30）r/min 的速度转动。控制水温在 38℃或 79℃，以（5±0.5）mL/s 的速度喷淋在轴承套内。用 60min 内被水冲掉的润滑脂质量，衡量该润滑脂试样的抗水淋能力。

6.1.12 低温转矩

(1) 指标意义

润滑脂的低温转矩是润滑脂低温性能的重要指标之一，反映润滑脂在低温下阻滞低速滚动轴承转动难易的程度。低温转矩由起动转矩和转动 60min 后转矩的平均值表示。润滑脂在低温下测得的起动转矩值越小，则起动功率消耗也越小；相反，如果某润滑脂的低温起动转矩大，则可能出现卡住轴承的现象，不适合在低温下使用。

(2) 测试标准

SH/T 0338《滚珠轴承润滑脂低温转矩测定法》，以及 ASTM D1478；NB/SH/T 0839《汽车轮毂轴承润滑脂低温转矩测定法》，以及 ASTM D4693。

(3) 方法概要

SH/T 0338：在滚珠轴承润滑脂低温转矩试验机上，测定温度为−20℃以下时润滑脂低温转矩。首先将一个合格的清洗干净的 D 204 型轴承，用装脂杯反复填满试样，在规定的温度下静止恒温 2h。然后以轴承内环 1r/min±0.05r/min 速度转动，测定其作用在轴承外环上的润滑脂阻力。由于这个阻力与转矩成正比，因此以所测定的起动转矩和运转转矩来表示，单位为 N·m。起动转矩是在开始转动时测得的最大转矩；运转转矩是在转动规定时间（60min）后转矩的平均值。

NB/SH/T 0839：测定经特殊制造的、有弹簧加载的汽车轮毂轴承装配中的润滑脂，在低温条件下的转矩值，单位为 N·m。

6.1.13　滚动轴承振动值

（1）指标意义

周期性的作用力会激起机械零部件的稳态振动，同时产生噪声，并以声波形式向四周辐射能量。轴承振动对轴承的损伤很敏感，例如剥落、压痕、锈蚀、裂纹、磨损等都会在轴承振动测量中反映出来。轴承套圈沟道、钢球、保持架、清洁度因素、润滑脂等因素，对轴承的减振降噪等方面都起到关键性作用。滚动轴承发出的噪声，主要原因是滚动轴承转动过程中，在负载作用下产生变形引起振动而发出的。摩擦噪声是由于物体之间的摩擦所引起的。采用脂润滑的轴承，当润滑性能不好时更容易发生摩擦噪声。滚动轴承摩擦声的产生，不仅与润滑脂性质有直接关系，而且与轴承外滚道的加工质量直接相关。微小型电机轴承振动（加速度）不同，分为 Z1、Z2、Z3、Z4 四个级别，振动值测定单位为 dB。

（2）测试标准

NB/SH/T 0854《润滑脂对滚动轴承振动性能的影响测量方法》，以及 ANSI/AFBMA Std.13。

（3）方法概要

在常温、试验机转速 1450r/min±50r/min 下，分别测得轴承的基础轴承振动加速度级和润滑脂润滑下轴承振动加速度级，取二者的差值作为润滑脂对轴承加速度级影响值的测定值。轴承振动加速度级：轴承轴线水平或铅直，轴承内圈端面紧靠芯轴轴肩，并以某一恒定转速旋转，外圈不旋转，承受一定的径向或轴向载荷时，在外圈外圆柱面宽度 1/2 处的径向振动加速度级为轴承振动加速度级，单位为 dB。基础轴承振动加速度级：轴承在规定的润滑油润滑下所测出的轴承振动加速度级，被定义为基础轴承振动加速度级，单位为 dB。

6.1.14　润滑脂流动压力

(1) 指标意义

润滑脂流动压力反映润滑脂从静止到开始流动时，外界克服内部阻力所产生的能量输出水平。通过流动压力指标，可以表征润滑脂的低温泵送性能，预测最低使用温度。

(2) 测试标准

NB/SH/T 6038《润滑脂流动压力的测定　自动法》，以及 DIN 51805。

(3) 方法概要

将装满润滑脂的试验喷嘴和自动测量装置连接起来。在规定的温度下，每隔 30s 内自动增加定量压力，直到喷嘴内挤出润滑脂并且喷出压缩气体为止。此时测得的压力即为流动压力。

6.1.15　机械杂质

(1) 指标意义

润滑脂机械杂质，指显微镜观察到一定程度的固体物质。其来源有生产、包装、储运以及使用过程中自外界混入的杂质，如灰尘、沙粒、金属屑等。这些杂质被带入机械摩擦部位，不但会降低润滑脂减摩作用，还会加剧被润滑摩擦点和工作面的磨损，并能造成摩擦面擦伤，同时造成跳动、振动、甩动或者摆动，致使所润滑的滚动轴承、精密机械、高速运行的润滑部位降低其精密度，缩短使用寿命。

(2) 测试标准

SH/T 0336《润滑脂杂质含量测定法（显微镜法）》，以及 ГОСТ 9270。

(3) 方法概要

润滑脂杂质的测定，是把润滑脂涂在血球计数板上，在透射光下利用显微镜观察润滑脂中呈不透明的外来杂质和半透明纤维状的杂质含量，以粒子的尺寸和数量表示。

6.1.16　润滑脂水分

(1) 指标意义

水分在润滑脂中有两种存在形式。一种为结构水，可以形成水合物结晶，起到稳定剂的作用。如钙基润滑脂含有结构水为 0.5%～3%，若失去水分，则破坏脂的结构，引起油皂分离，使润滑脂失去润滑作用。另一种是有害的游离水，被吸附或夹杂在润滑脂中，会降低润滑脂的润滑性、机械安定性和化学安定性，还会对机械部件产生腐蚀作用。

（2）测试标准

GB/T512《润滑脂水分测定法》。

（3）方法概要

润滑脂水分测定是将一定量的试样与无水溶剂相混合，进行蒸馏测定其水分含量，并以质量百分数表示。

6.1.17　润滑脂微量水分

（1）指标意义

润滑脂因脱水不完全或其他原因又会混入微量的水分，从而导致成品润滑脂在外观质量变差，以及在储存、使用中发生一系列问题。水分可以加速润滑脂的氧化变质，即使是含有 0.01% 的微量水分也会对轴承带来不良影响。

（2）测试标准

GB/T 7600《运行中变压器油和汽轮机油水分含量测定法（库仑法）》、SH/T 0246《轻质石油产品中水含量测定法（电量法）》、SH/T 0255《添加剂和含添加剂润滑油水分测定法（电量法）》。

（3）方法概要

采用卡尔费休（库仑）法，测定性质不同的液体中微量水分的含量。

6.1.18　润滑脂黏附性

（1）指标意义

润滑脂的黏附性可以分成内聚力和附着力两部分。内聚力是指润滑脂整体的稳定性，如分油率、拉丝性等。附着力是指润滑脂黏附在摩擦副上的能力，如水喷淋、水冲刷、离心旋转等外界环境的影响。

（2）测试标准

SH/T 0469《7407 号齿轮润滑脂》附录 A 润滑脂黏附性测定法。

(3) 方法概要

在规定的温度下经一定时间的离心作用后，测定润滑脂在试验金属件表面的黏附率。可根据实际需要，设定工作温度。

6.1.19　防腐蚀性试验

(1) 指标意义

对于滚动轴承，都要求润滑脂具有良好的防锈、防腐蚀能力，以防止轴承锈蚀。

(2) 测试标准

GB/T 5018《润滑脂防腐蚀性试验法》，以及 ASTM D1743 等。

(3) 方法概要

在潮湿条件下，使用涂有润滑脂的锥形滚柱轴承来测定润滑脂的防腐蚀性能。首先将新的清洗净的涂有润滑脂试样的轴承，在轻微负载推力下运转 60s±3s，使润滑脂如实际使用时分布。轴承在 52℃±1℃和100％相对湿度的条件下，存放 48h±0.5h，然后清洗并检查轴承外圈滚道的腐蚀痕迹。目测检查轴承外圈滚道腐蚀迹象，用合格和不合格来评价。不合格指标应是出现任何 1.0mm 的腐蚀斑点或更大的斑点。

6.1.20　盐雾试验

(1) 指标意义

盐雾试验是一种主要利用盐雾试验设备所创造的人工模拟盐雾环境条件，来考核产品或金属材料耐腐蚀性能的环境试验。在盐雾试验标准中，对盐雾试验条件如温度、湿度、氯化钠溶液浓度和 pH 值等做出明确的具体规定。

(2) 测试标准

SH/T 0081《防锈油脂盐雾试验法》，以及 JIS K2246。

(3) 方法概要

利用盐雾试验箱评定防锈油脂对金属的防锈性能。涂覆试样的试片，置于规定试验条件的盐雾试验箱内，经按产品规格要求的试验时间后，评定试片的锈蚀度。盐雾箱内温度 35℃±1℃；盐水溶液浓度（质量分数）5％±0.1％；盐雾沉降液的液量 $1.0 \sim 2.0 \text{mL}/ (\text{h} \cdot 80 \text{cm}^2)$。

6.1.21 防锈油脂湿热试验

（1）指标意义

湿热试验是指在高温高湿条件下，评定防锈油脂对金属的防锈性能。

（2）测试标准

GB/T 2361《防锈油脂湿热试验法》，以及 JIS K2246。

（3）方法概要

将涂覆试样的钢片，置于温度 49℃±1℃，相对湿度 95％以上的湿热试验箱内。经过按产品要求的试验时间后，评定试片的锈蚀度。

6.1.22 铜片腐蚀试验

（1）指标意义

活性硫化合物在高负荷下提供润滑脂以润滑保护。但是，这些硫化物与铜等有色金属接触会在金属表面上产生腐蚀。通过铜片腐蚀试验，对于理解铜腐蚀测试与润滑脂在实际中应用的相关性是具有重要意义的。

（2）测试标准

GB/T 7326《润滑脂铜片腐蚀试验法》，以及 ASTM D4048、FTM 791—5309。

（3）方法概要

把一块准备好的铜片全部浸入至润滑脂试样中，在烘箱或液体浴中加热一定的时间。一般条件是 100℃，24h。在试验期结束后，取出铜片，洗涤清洗。甲法是将试验铜片与铜片腐蚀标准色板进行比较，确定腐蚀级别。乙法检查试验铜片有无变色。

6.1.23 氧化安定性

（1）指标意义

润滑脂的氧化安定性，是指在长期储存或长期高温下使用时润滑脂抵抗热和氧的作用，而保持其性质不发生永久变化的能力。氧化往往发生游离碱含量降低或游离有机酸含量增大，滴点下降，外观颜色变深，出现异臭味，稠度、强度极限和相似黏度下降，生成腐蚀性产物和破坏润滑脂结构的物质，造成皂油分离等一系列问题。

（2）测试标准

SH/T 0325《润滑脂氧化安定性测定法》，以及 ASTM D942、IP 142、DIN 51808。

（3）方法概要

测定润滑脂在静态贮存于氧气密闭系统中的抗氧化性。将试样放在一个加热到 99℃，并充有 758kPa 氧气的氧弹中氧化。按规定时间间隔观察并记录压力。经规定时间周期后，由氧气压力的相应降低（kPa）来确定润滑脂的氧化程度。

6.1.24　动态防锈性

（1）指标意义

润滑脂动态防锈性，是在有水存在的情况下，其保护轴承抗腐蚀的能力。

（2）测试标准

SH/T 0700《润滑脂防锈性测定法》，以及 ASTM D6138、DIN 51802。

（3）方法概要

测定润滑脂在水基试验液存在条件下的防锈性。在特制的工作台上，按规定的条件，以 8h 周期将安装了涂覆有待测脂样轴承的轴台运行 3 次。结束后，检查轴台中轴承外滚道，用刻度盘测量锈蚀度并评级。

6.1.25　氧化诱导期

（1）指标意义

润滑脂进行的氧化反应属自由基型反应，自由基的引发过程称为氧化诱导期。采用较高的温度，有利于自由基的生成和氧化反应进行。氧化的起始点是由试样的突然放热来确定的。氧化诱导期是测定试样在升温至设定温度时刻起，到在氧气气氛内开始分解时刻止所需要的时间。

（2）测试标准

SH/T 0790《润滑脂氧化诱导期测定法（压力差示扫描量热法）》，以及 ASTMD 5483。

(3) 方法概要

利用压力示扫描量热法（PDSC 法），测定润滑脂的氧化诱导期。在样品皿中称取少量润滑脂，并放在测试池中。加热测试池至规定的温度，然后通入一定压力的氧气。氧气压力为 3.5MPa，温度在 155～210℃。保持测试池在规定的温度和氧气压力下直至氧化放热反应的发生。测定从开始接触氧化气氛到外推拐点的一段时间，作为润滑脂在规定试验温度下的氧化诱导期。

6.2　结构与组成分析

润滑脂由基础油、稠化剂、添加剂三部分组成，其中稠化剂又以特殊的纤维状结构分散于基础油中。对润滑脂的结构和组成分析，包括纤维状结构的观测、稠化剂和基础油类型的确定、所含各种金属和非金属元素的分析等。深入分析润滑脂的结构和组成，对于指导润滑脂的科研、生产以及监测润滑脂的使用状况等，都具有重要价值。

6.2.1　扫描电子显微镜（SEM）

(1) 指标意义

利用扫描电子显微镜（SEM）观测润滑脂微观结构状态，可以得到润滑脂稠化剂的几何形状和排列方式图像。因此，可推断出其在摩擦表面形成润滑膜的能力和稳定性。在润滑脂的生产过程中，SEM 可以帮助检测产品是否符合预期的结构标准。若发现结构缺陷或异常，则需要及时调整生产工艺和配方，优化产品质量；若发现纤维颗粒团聚现象严重，则需要改进均化工艺以提高分散效果。在润滑脂在使用中出现失效时，SEM 观察可以揭示结构的变化，帮助找出失效的原因。如观察到纤维结构的断裂或破坏，则表明润滑脂受到了过度的剪切力或高温的影响。

(2) 测试标准

尚无规范统一的标准方法。

(3) 方法概要

包括样品准备、导电处理、观察分析和数据分析等步骤。制样可采用悬浮法、冲洗法、浸泡法。通过制样除去润滑脂中所含有的基础油。进行喷金镀膜后，在真空条件下送入 SEM 进行观察。通过调整放大倍数、聚焦和对比度等参数，可得到清晰的 SEM 图像。对观察到的图像进行分析，研究润滑脂皂纤维的长度、形状和排列方式等结构特征，进而研究其与性能的关系。

6.2.2　原子力显微镜（AFM）

（1）指标意义

原子力显微镜（AFM）能够提供纳米级的分辨率，可以详细揭示润滑脂微观结构中稠化剂纤维、颗粒的形态和尺寸分布。尤其是能够在接近实际使用条件下，进行原位观察，实时监测润滑脂结构在不同环境因素（如温度、压力、湿度等）作用下的变化。对于不同配方和制备工艺对润滑脂结构和性能的影响，能够快速进行评估。

（2）测试标准

尚无规范统一的标准方法。

（3）方法概要

包括样品准备、开机与调试、下针、扫描与成像和数据分析等步骤。利用原子力显微镜（AFM）观测润滑脂微观结构，试样不需要处理，能直接进行观察并成像。最后，通过润滑脂中稠化剂纤维、颗粒、孔隙等微观结构特征，对润滑脂的性能和质量予以评估。

6.2.3　润滑脂中金属元素的测定（ICP法）

（1）指标意义

测定润滑脂中的金属元素含量，对于润滑脂质量控制和研发，以及设备的维护、故障诊断、都具有重要的指导意义。通过了解润滑脂配方中金属元素的含量和分布情况，有助于优化配方，提高润滑脂的性能和适应性。机械设备在运行过程中，零件的磨损会导致金属颗粒进入润滑脂。通过检测其中的金属元素含量，可以了解设备的磨损程度。

（2）测试标准

NB/SH/T 0864《润滑脂中元素的测定　电感耦合等离子体发射光谱法》，以及 ASTM D7303。

（3）方法概要

采用电感耦合等离子体发射光谱（ICP-AES）法，测定未使用过的润滑脂中多种金属元素的含量。金属元素包括铝、锑、钡、钙、铁、锂、镁、钼、硅、钠和锌，以及其他金属如铋、硼、镉、铬、铜、铅、锰、钾、钛等的测定，也可用于磷和硫非金属元素的测定。

将经过准确称量的润滑脂试样，经马弗炉硫酸盐灰分法或用酸在密闭容器中微波消解的办法进行分解，最后用 ICP-AES 对这些稀释的酸溶液进行分析。使用水溶性标准溶液。用自动吸入或蠕动泵将试样溶液导入 ICP 仪器进行测量。通过比较试样溶液与标准溶液中元素的发射强度，计算试样溶液中被测量元素的含量。

6.2.4　红外光谱分析方法

(1) 指标意义

通过红外光谱分析，可以确定润滑脂中各种化学成分的存在，包括基础油类型（如矿物油、合成油）、稠化剂种类（如锂基、钙基等）以及添加剂成分。通过监测润滑脂在生产或使用过程中的化学变化，从而评估其质量的稳定性。某些特征峰的强度发生了明显变化，则意味着润滑脂组分发生了化学结构的变化，如氧化、降解或消耗。

(2) 测试标准

GB/T 6040《红外光谱分析方法通则》，以及 JIS K0117。

(3) 方法概要

利用红外光谱仪吸收光谱法定性或定量分析有机物及无机物。适用于波数范围为 $4000 \sim 400 \mathrm{cm}^{-1}$（波长 $2.5 \sim 25 \mu \mathrm{m}$）的红外光谱分析。使用红外光谱的定性分析，包括吸收光谱解析方法和与已知化合物光谱进行比较的方法。吸收光谱解析的方法是基于各官能团、原子团具有特定波数范围的吸收，对比测定的吸收光谱与特定吸收的重合情况，推测解析测定物中是否有显示特定吸收的已知官能团、原子团存在。与已知化合物光谱进行比较的方法，是对比测定样品的吸收光谱与已知纯化合物的吸收光谱或标准谱图的相似程度，对化合物进行定性。使用红外吸收光谱的定量分析，是利用已知浓度样品的吸收强度与测定样品的吸收强度进行比较。

6.3　模拟试验

润滑脂的模拟试验，是在标准试验机上采用特定的试验条件（如温度、速度、载荷等）而进行的试验。所确定的试验条件，要尽量能模拟实际使用情况。润滑脂常见的模拟试验方法有四球摩擦磨损试验、梯姆肯试验、抗微动磨损试验、高频线性振动试验、汽车轮轴承润滑脂漏失量试验、润滑脂高温轴承寿命试验等。

6.3.1 四球摩擦磨损试验

(1) 指标意义

利用四球机的一个顶球，在施加负荷的条件下对油盒内的三个静止球旋转。测定最大无卡咬负荷 P_B、烧结负荷 P_D、负荷-磨损指数（LWI）、综合磨损值（ZMZ）及抗磨性能。最大无卡咬负荷（P_B）是在试验条件下，不发生卡咬的最大负荷。烧结点（P_D）是在试验条件下，转动球同下面三个静止球烧结在一起的最小负荷，表示已超过润滑剂的极限工作能力。负荷-磨损指数（LWI）是在所加负荷下润滑剂使磨损减少到最小的极压能力指数。综合磨损值（ZMZ）是润滑剂抗极压能力的一个指数，等于若干次校正负荷的算术平均值。评定润滑脂在钢对钢摩擦副上的抗磨性能，是四球机主轴在规定转数、负荷条件下，试验结束后测量下面三个钢球的磨痕直径，以磨痕直径平均值的大小来衡量。

(2) 测试标准

GB/T 12583《润滑剂极压性能测定法（四球法）》，以及 ASTM D2783；GB/T 3142《润滑剂承载能力的测定　四球法》；SH/T 0204《润滑脂抗磨性能测定法（四球机法）》，以及 ASTM D2266。SH/T 0202《润滑脂极压性能测定法（四球机法）》，以及 ASTM D2596。

(3) 方法概要

GB/T 3142：四个钢球按正四面体排列，上球以 1450r/min±50r/min 的转速旋转，下面三个球用油盒固定在一起，通过杠杆或液压系统由下而上对钢球施加负荷。在试验过程中四个钢球的接触点都浸没在润滑剂中。每次试验时间为 10s，试验后测量油盒内任何一个钢球的磨斑直径。按规定的程序反复试验，直到求出代表润滑剂承载能力的评定指标。本标准规定了测定润滑剂极压性能的三种试验，包括最大无卡咬负荷（P_B）、烧结负荷（P_D）和综合磨损值（ZMZ）三项指标的测定。

GB/T 12583：四球机的一个顶球，在施加负荷的条件下对着油盒内的三个静止球旋转。油盒内的试样浸没三个试验钢球。主轴转速为 1760r/

min±40r/min。试样温度为 18～35℃。按规定逐级加负荷，做一系列的 10s 试验直至发生烧结。烧结点以前做 10 次试验。本标准规定了测定润滑剂极压性能的三种试验，即负荷-磨损指数（LWI），烧结点（P_D）和最大无卡咬负荷（P_B）。

SH/T 0202：在规定的负荷下，上面一个钢球对着下面静止的三个钢球旋转，转数为 1770r/min±60r/min，润滑脂温度为 27℃±8℃。然后，逐级增大负荷进行一系列 10s 试验，每次试验后测量球盒内任何一个或三个钢球的磨痕直径，直到发生烧结为止。本标准适用于评定润滑脂的承载能力，评定指标包括综合磨损值 ZMZ 和烧结负荷 P_D。

SH/T 0204：在加载的情况下，上面的一个钢球对着表面涂有试验润滑脂（试样）的下面三个静止钢球旋转。在试验结束后，测量下面三个钢球的磨痕直径，以磨痕直径平均值的大小来判断润滑脂的抗磨性能。

6.3.2　梯姆肯试验

（1）指标意义

润滑脂承载能力（梯姆肯法）通常指在给定的试验条件下，摩擦副正常运转时，接触表面不产生刮伤、卡咬或者金属间的表面焊着等破坏形式的最大负荷或压力。

（2）测试标准

NB/SH/T 0203《润滑脂承载能力的测定　梯姆肯法》，以及 ASTM D2509。

（3）方法概要

试验时，一个钢制试环紧贴着一个钢制试块转动。使旋转的试环和固定的试块之间的润滑膜破裂而引起磨损的最小负荷，即刮伤值。使试环和试块之间的润滑膜不破裂而不引起磨损的最大负荷，即 OK 值。

6.3.3　抗微动磨损试验

（1）指标意义

微动磨损是因摩擦面磨掉的细小颗粒作特定振幅下的振动或摇摆运动，而产生的一种磨损形式。一般认为是包含有黏着磨损、氧化磨损、磨粒磨损以及疲劳磨损等多种形式磨损的复合型磨损，是两个接触表面在小幅度振动时所发生的表面损伤现象。微动磨损涉及许多部件，特别是飞机和汽车工业的各种紧固件、压紧件、万向节、齿槽配合、发动机轴承、钢丝绳、飞机控制机构、螺栓组合体、滚珠或滚柱轴承的滚道等。

(2) 测试标准

SH/T 0716《润滑脂抗微动磨损性能测定法》，以及 ASTM D4170。

(3) 方法概要

采用两套装有试验脂的推力球轴承，在弧度为 0.21、摆动频率为 30.0Hz、负荷为 2450N 以及室温条件下作摆动运动，试验时间为 22h。以两套轴承座圈的质量损失之和的平均值（单位为 mg），作为试验润滑脂抗微动磨损性能的评定。

6.3.4 SRV 摩擦磨损试验

(1) 指标意义

SRV 试验机是模拟在微动或振动运动形式下，进行润滑脂减摩抗磨及抗疲劳性能的模拟评定。该试验机包括往复和旋转两大模块，测试中可选往复或旋转接触形式。滑动往复摩擦模块，具有较宽的载荷、速度和温度范围。通过复杂条件下的仿真模拟测试，使得产品研发及测试数据有效性进一步提高。同时，也建立起摩擦磨损试验与台架的桥梁。

(2) 测试标准

SH/T 0721《润滑脂摩擦磨损性能的测定 高频线性振动试验机（SRV）法》，以及 ASTM D5707；SH/T 0920《高赫兹接触压力下润滑脂抗微动磨损能力的测定高频线性振动试验机法》，以及 ASTM D7594。

(3) 方法概要

SH/T 0721：在高频线性振动下，用高频线性振动试验机（SRV）测定润滑脂摩擦系数和磨损性能。试验条件：室温为 280℃，负荷 200N，频率 50Hz，冲程振幅 1.00mm，持续时间为 2h。如有特殊要求，也可采用其他条件：负荷 110~1400N，频率 5~500Hz，冲程振幅 0.1~3.3mm。报告试验球的平均磨痕直径和最小摩擦系数。适用于初始高赫兹点接触压力下并长期处于高速振动，或停-开运动的润滑脂磨损性能和摩擦系数的测定，如检验使用在汽车前轮驱动的恒速球节润滑脂和用于滚柱轴承的润滑脂。

SH/T 0920：采用 SRV 或类似试验机，用蘸有润滑脂的试验球在静止试验盘上作往复运动，运动频率及所加负荷（F_N）恒定，冲程振幅短且恒定，测定摩擦系数和磨斑直径。对于非强制性的极压试验，试验负荷以

100N 的增量增加，直至发生咬死，测量并记录报告发生咬死前瞬间的载荷值。通过集成在试验盘上的压电传感器测量摩擦力 F_f，对于 I 型和 II 型 SRV 试验机，以时间函数的形式测量并报告摩擦系数 f；对于 III 型和 IV 型 SRV 试验机，可以在试验结束之后显示整个试验过程的摩擦力或摩擦系数，并能够自动保存试验数据。试验结束后，试验机和图表记录仪停止，测量试验球上的磨斑。如果有表面轮廓仪，还可通过试验盘上的磨痕和试验球上的磨斑获得额外的磨损信息。磨损体积单位为 mm^3，试验盘和试验球的磨损率单位为 $mm^3/(N \cdot m)$。

6.3.5 汽车轮轴承润滑脂漏失量试验

(1) 指标意义

润滑脂在使用时可能出现从汽车轮轴承中漏失的现象，特别是高速滚动轴承更为明显。润滑脂的漏失不但会污染其他部件，而且影响轴承的工作性能。润滑脂的组成和性能、轴承转速、工作温度、轴承装脂量以及轴承类型等，都直接对润滑脂在轴承中的漏失量产生直接影响。

(2) 测试标准

SH/T 0326《汽车轮轴承润滑脂漏失量测定法》，以及 ASTM D1263；GB/T 25962《高速条件下汽车轮毂轴承润滑脂漏失量测定法》，以及 ASTM D4290。

(3) 方法概要

SH/T 0326：把试样装入经过修改的前轮轮毂及轴组合件内，轮毂在速度 660r/min±30r/min、轴逐渐升温并保持在 104.5℃±1.5℃ 的条件下，运转 360min±5min。测定润滑脂或油（或两者都有）的漏失量。

GB/T 25962：将试验润滑脂分布在改进的汽车前轮毂-轴-轴承组合件中，试验时轴承的轴向负荷为 111N，轮毂转速为 1000r/min，轴温保持在 160℃，运转 20h。试验结束后，测定润滑脂或（和）油的漏失量，并记录轴承表面的情况。

6.3.6 汽车轮毂轴承润滑脂寿命试验

(1) 指标意义

汽车轮毂轴承的作用，主要是承受汽车的重量及为轮毂的传动提供正确的向导。轮毂轴承既承受径向载荷又承受轴向载荷，是汽车上使用润滑脂的主要部位。如果轮毂轴承出现润滑故障，可能会引起噪声、轴承发热等现象，特别是前轮更为明显，容易导致方向失控等危险现象。随着汽车速度不断提高和 ABS 刹车盘的应用，造成轮毂轴承温度不断升高。汽车行驶或刹车时产生的摩擦热，使得润滑脂较长时间处在一个较高的温度，从而加速了润滑脂的氧化、酸败和变质，缩短了润滑脂和轴承的使用寿命。因此，要求汽车轮毂轴承润滑脂具有抗氧化、长寿命的特点。

(2) 测试标准

SH/T 0773《汽车轮毂轴承润滑脂寿命特性测定法》，以及 ASTM D3527；SH/T 0428《高温下润滑脂在球轴承中的寿命测定法》，以及 ASTM D3336。

(3) 方法概要

SH/T 0773：润滑脂寿命对于轮毂轴承润滑脂，是指在规定的负荷、转速与温度条件下运转，直到超过规定转矩的运行时间。将待测润滑脂，加入到改装后的汽车前轮毂-主轴-轴承组合体内。当轴承的轴向负荷加到 111N 时，轮毂以 1000r/min 转速转动，主轴温度保持在 160℃，操作周期为运转 20h，停止运转 4h。当由于润滑脂失效而造成驱动电机转矩超过设定电机中断值时，试验结束。润滑脂寿命以累计运转小时数表示。

SH/T 0428：评定高温、高转速条件下，润滑脂在轻负荷抗磨轴承中的工作性能，适用最高温度为 180℃。首先将一个装有试样的轴承，安装在润滑脂轴承试验机烘箱内的主轴上。然后将径向、轴向负荷加到固定的轴承外环，驱动轴承内环在高速下运转，并保持试验规定要求的温度。以运转时间的小时数，来评价润滑脂的轴承寿命。若有下列任何一种现象发生，则认为润滑剂失效：①摩擦力矩增大，使过载开关动作；②试验轴承卡死，表现为试验机起动时皮带打滑；③过度的流失，表现为在轴承套表面上有润滑脂；④主轴输入功率增加到比试验温度下稳定状态时功率大 300%；⑤当在任一周期内，试验轴承外环温度超过试验规定温度 11℃。

6.3.7 润滑脂流变性试验

(1) 指标意义

润滑脂在外力作用下表现出来的流动和形变的性质，称为润滑脂的流变性能。由于润滑脂是具有结构性的非牛顿流体，其黏度与温度、剪切应力有关。流变性能是润滑脂的重要基础性质，与润滑脂的使用关系密切。

齿轮和轴承在润滑过程中，因受到摩擦副相对滑动或滚动的作用，致使润滑脂的黏稠度下降；也就是在高剪力的作用下，摩擦面上的润滑脂可形成流体状。这种状态有利于机械部位润滑的改善。

（2）测试标准

DIN 51810-1《润滑脂流变性能试验　第 1 部分：采用旋转黏度计和锥/板系统测定剪切黏度》；DIN 51810-2《润滑脂流变性能试验　第 2 部分：采用带有平行板测量系统的震荡式流变仪的流点测定》。

（3）方法概要

DIN 51810-1：在恒定温度下，使用旋转模式通过测量确定转矩（M）和转速（n）并计算剪切应力（τ）和剪切速率（$\dot{\gamma}$），从而得到润滑脂的剪切黏度。

DIN 51810-2：在恒温条件下，使用振荡模式对润滑脂样品进行振荡试验。由此计算储能模量 G'、损耗模量 G'' 和损耗因子（$\tan\delta$）的值，并根据这些值确定进一步的黏弹性性质，如流动极限。

6.4　台架试验

台架试验是通过充分模拟润滑脂在实际机械设备的运转过程和条件，对填充的润滑脂的质量和性能进行的规范性测试。目前，国际上已经标准化的润滑脂台架试验主要有 SKF V2F 润滑脂试验、SKF ROF＋润滑脂轴承寿命测试、SKF RHF1 高速润滑脂试验、FE8 润滑脂测试试验、FE9 润滑脂评定试验等。通过台架试验，可以对润滑脂应用的可靠性、安全性、经济性等做出较为全面客观的预前评估。

6.4.1　SKF V2F 润滑脂试验

（1）指标意义

测定铁路轴承受到正常振动时，润滑脂从轴套泄露量。同时，其他的机器或者容易受到振动的机动车如卡车、汽车、振动筛、碎石机等，出现的润滑脂泄露问题。SKF V2F 用于评估润滑脂机械稳定性，该稳定性是振动状态下防止泄漏的必要条件。

（2）测试标准

德国 DIN EN 14865-2《轨道交通　轴箱润滑脂　第 2 部分：机车速度

不超过 200km/h 的机械稳定性的试验方法》，以及 SS 3653《铁路-轴箱滚动轴承-润滑脂机械稳定性测试》、CEN/TC 256/SC2/WG12 等标准。

(3) 方法概要

将润滑脂涂在两个轴承上，开始测试。采用 50kg 重量以 1 次/s 的速度撞击轴套。在整个 72h 运行周期内，轴承运转速度为 500r/min（速度相当于 100km/h）。根据 1 次测试的结果，第二次测试速度提高至 1000r/min。拆开试验台架，清洗并干燥轴承。如果泄露少于 50g，就接着进行第 2 次测试。在整个测试过程中，应该记录轴承温度。两次运行结束后，泄露少于 150g，则证明该润滑脂能够通过该测试。拆卸试验台架之后，去除轴承上的润滑脂，对比测试之后轴承与原始样品的区别。

6.4.2　SKF ROF⁺ 润滑脂轴承寿命测试

(1) 指标意义

润滑脂在一定的温度、载荷、转速条件下，经过长时间运转，直至轴承润滑脂失效。适用于测定润滑脂在高温、高载荷、高转速情况下轴承的使用寿命。通过此测试，可确定特殊润滑脂的最大加载、最大转速及温度。

(2) 测试标准

SKF 内部专用标准，以及 SH/T0428、ASTM D3336 等标准。

(3) 方法概要

有两种加载方式：一是径向加载系统，负荷范围 22.3～900N；二是轴向加载系统，负荷范围 66.7～1100N。速度控制范围：5000～25000r/min。温度范围：环境温度约 250℃。当试验过程中出现试验轴承温度和电机电流超过设定值时，自动停机。试验结果通过进行数据处理，可按 90% 的置信度计算出装有测试润滑脂的轴承的 10% 和 50% 失效概率的运行时间。通过此测试，可确定特殊润滑脂的最大承载、最大转速及运行温度。

6.4.3　SKF RHF1 高速润滑脂试验

(1) 指标意义

用于评价高速列车润滑脂的使用寿命，即测定润滑脂在高温、高载荷、高转速的工况下，轴承的使用寿命。通过在一定的温度、载荷、转速条件下运转，直至轴承润滑脂失效。

（2）测试标准

SKF 内部专用标准，以及 ASTM D3336 等标准。

（3）方法概要

测试速度：$5000 \sim 75000\text{r}/\text{min}$；测试温度：室温 230℃；轴向负载：$50 \sim 350\text{N}$。试验时间越长，则表明润滑脂质量越好。通过此测试，可确定特殊润滑脂的最大加载、最大转速及温度。

6.4.4　FE8 润滑脂测试试验

（1）指标意义

在较低的接触压力下，主要以滚动轴承的形式，选择不同的试验力大小，用于评定重型装备机械用润滑油、润滑脂的高温抗磨损性能，以及金属材料的摩擦磨损性能。

（2）测试标准

NB/SH/T 0944.2《润滑剂抗磨损性能的测定　FE8 滚动轴承磨损试验机法　第 2 部分：润滑脂》，以及 DIN51819.2 等标准。

（3）方法概要

使用 FE8 轴承磨损试验机进行润滑脂试验时，首先在试验机上安装两个涂过润滑脂的试验轴承，这两个轴承在规定轴承轴向负荷、试验转速和运行温度的条件下进行试验。试验启动时应开启加热系统，通过外部加热进行温度控制，试验温度设置应为 10℃ 的整数倍。试验过程中，当轴承由于润滑不良而导致的试验轴承的摩擦力矩连续超过限定摩擦力矩持续 10s，或连续运转时间达到试验周期 500h 时，试验结束。试验结束后称量轴承部件的质量并计算磨损质量损失（mg）。每个润滑脂样品进行两次试验，以磨损概率 50% 对应的滚子磨损值来评价润滑脂的抗磨损性能。测试转速：$75 \sim 3000\text{r}/\text{min}$；测试温度：室温为 200℃；轴向载荷：$5 \sim 80\text{kN}$；润滑脂测试周期 500h。

6.4.5　FE9 润滑脂评定试验

（1）指标意义

在 FE9 滚动轴承润滑脂试验机上，在模拟实际工况以及高温试验条件下，使用角接触球轴承测定润滑脂有效寿命性能。

(2) 测试标准

NB/SH/T 6010《滚动轴承润滑脂有效寿命的测定 FE9 法》，以及 DIN5182 等。

(3) 方法概要

首先在试验机 5 个试验单元上分别安装一个涂过润滑脂的试验轴承，轴承在转速 6000r/min、轴向力 1500N 和温度 120～220℃（温度设定应为 10℃的整数倍）的条件下进行试验。试验启动时应开启加热系统，通过温度控制器进行温度控制。试验过程中，当轴承润滑不良摩擦力矩增加，导致驱动电机功率超过限定值，并持续 6～8s，试验结束。试验结束后将试验结果输入威布尔（Weibull）分布数据评估软件，读出 5 个轴承寿命失效概率为 50％的运行时间，以轴承寿命失效概率为 50％的运行时间来评价润滑脂的有效寿命。

参考文献

[1] 黎小辉，张泽，杨露露，等．添加剂对聚脲润滑脂性能的影响 [J]．辽宁石油化工大学学报，2024，44（2）：7-13.

[2] 张婷婷，李璐，张欣瑞，等．绿色复合磺酸钙基润滑脂的制备及性能 [J]．合成润滑材料，2024，51（1）：20-23.

[3] 黎栋杰，谢雅丽．轧辊轴承润滑脂生产工艺的改进研究 [J]．广东石油化工学院学报 2023，33（6）：34-37.

[4] 刘丽君，张丽娟，毛菁菁，等．国内外复合磺酸钙基润滑脂的发展现状 [J]．当代化工，2023，52（10）：2449-2452.

[5] 黎小辉，胡远海，杨露露，等．聚脲基润滑脂发展研究（I）-组成、结构与性能 [J]．润滑与密封，2023，48（8）：196-205.

[6] 姚立丹，杨海宁．2022 年中国润滑脂生产情况调查报告 [J]．石油商技，2023，（4）：12-16.

[7] 杨露露．聚脲基润滑脂制备工艺及性能研究 [D]．西安：西安石油大学，2023.

[8] 黎小辉，杨露露，李晓鹏．预制法制备四聚脲润滑脂的工艺研究 [J]．石油炼制与化工，2023，54（5）：80-86.

[9] 毛菁菁，李建明，仇建伟，等．影响复合锂基润滑脂微观结构与流变性的关键工艺 [J]．润滑与密封，2022，47（8）：170-175.

[10] 李倩，辛虎，李杏涛，等．直链全氟聚醚润滑脂高温性能研究 [J]．合成润滑材料，2022，49（3）：7-11.

[11] 徐瑞峰，罗意，邰君飞，等．复合钛基润滑脂合成影响因素的探讨 [J]．润滑油，2022，37（3）：21-25.

[12] 任佳，徐状，王卓群，等．均质化处理对锂基润滑脂微观结构和性能的影响 [J]．润滑与密封，2022，47（1）：17-22.

[13] 刘丽君，刘玉峰，周玉学，等．高碱值磺酸钙对润滑脂性能的影响 [J]．润滑与密封，2022，47（1）：172-176.

[14] 李文杰，高艳青，张兰英，等．球笼式等速万向节润滑脂的研制 [J]．合成润滑材料，2021，48（3）：13-15.

[15] 李程志，何懿峰．酰胺类润滑脂研究进展 [J]．石油炼制与化工，2021，52（8）：122-128.

[16] 罗海棠，谢龙，凡明锦．基础油对润滑脂制备，性能及纤维结构的影响 [J]．合成润滑材料，2021，48（2）：41-46.

[17] 罗意，徐瑞峰，汪利平，等．对苯二甲酸/硬脂酸复合钛基润滑脂的制备及量子化学计算．石油炼制与化工，2021，52（6）：79-86.

[18] 袁志华，郭浩然，袁博，等 . 耐高温五聚脲润滑脂的制备及其性能 [J]. 石油学报
（石油加工），2021，37（5）：1182-1192.

[19] 张向英 . 低噪音润滑脂展望 [J]. 合成润滑材料，2021，48（1）：35-37.

[20] 蔡梦莹，刘韦江，左明明，等 . 稠化剂组成对聚脲润滑脂性能的影响 [J]. 润滑与
密封，2020，45（12）：119-124.

[21] 胡金涛，张安生，张恩惠 . 高温热效应对复合锂基润滑脂性能影响规律研究 [J].
摩擦学学报，2020，41（4）：447-454.

[22] 钟群宏 . 硅油聚脲润滑脂制备工艺的优化 [J]. 合成润滑材料，2020，47（1）：
22-25.

[23] 高宇航 . 风力发电机变桨距轴承润滑脂的研制 [J]. 合成润滑材料，2020，47（1）：
1-5.

[24] 刘大军，赵毅，庄敏阳，等 . 锂基润滑脂稠化剂热氧化机理 [J]. 石油学报（石油
加工），2020，36（3）：584-591.

[25] 王川，蒋明俊，郭小川，等 . 复合钛基润滑脂的研究现状 [J]. 合成润滑材料，
2019，46（4）：26-29.